U0389623

优秀建筑公司·田中公务店的住宅建造书

木造住宅空间设计与施工节点图解

日本株式会社X-Knowledge　日本株式会社田中工务店　编著
杜慧鑫　译

化学工业出版社
·北京·

北京市版权局著作权合同登记号：01-2021-0099

图书在版编目（CIP）数据

木造住宅空间设计与施工节点图解 / 日本株式会社 X-Knowledge，日本株式会社田中工务店编著；杜慧鑫译. — 北京：化学工业出版社，2022.6
ISBN 978-7-122-41166-2

Ⅰ. ①木… Ⅱ. ①日… ②日… ③杜… Ⅲ. ①木结构-住宅-空间规划-图解②木结构-住宅-工程施工-图解 Ⅳ. ①TU241-64 ②TU745.5-64

中国版本图书馆 CIP 数据核字（2022）第 059829 号

责任编辑：吕梦瑶　　文字编辑：冯国庆
责任校对：王　静　　装帧设计：金　金

出版发行：化学工业出版社（北京市东城区青年湖南街 13 号　邮政编码 100011）
印　　装：广东省博罗县园洲勤达印务有限公司
880mm×1230mm　1/16　印张 8　字数 232 千字　2023 年 1 月北京第 1 版第 1 次印刷

购书咨询：010-64518888　　售后服务：010-64518899
网　　址：http://www.cip.com.cn
凡购买本书，如有缺损质量问题，本社销售中心负责调换。

定　　价：78.00 元　

前言

田中工务店是我的祖父在 80 年前创立的，他曾建造许多茶室型建筑，目前在东京下町（平民区）的小岩从事木造定制住宅的新建与整修工作。由于施工的地方大多位于市区，所以在建造住宅的同时，还要考虑如何应对“狭小土地多、防火规范难以实施、严格的斜线限制（注：建筑物的高度限制之一）、地基松软”等诸多难题。

虽然我是田中工务店的第三代经营者，但我当初并没有打算继承公司。大学毕业后，我在土木公司工作了三年。在某个契机下，我才决定到建筑设计事务所工作，并在这里体验到了住宅设计的乐趣。

后来，我开始在田中工务店工作。我于 1990 年进入该公司，与祖父的时代不同——那时公司建造住宅的方式与量产工厂没什么两样，建造的都是些没有特色的住宅。不过，由于几年后公司加盟了 OM 太阳能协会，所以遇见了许多具备优秀施工能力和设计能力的工务店与设计师。通过向他们学习，公司彻底改变了住宅建造方式。尤其是在与伊礼智先生合作的过程中，我学习到了很多新思想。在“对建筑呈现方式的坚持、细节的追根究底方式”等方面，他对我产生了很大的影响。

在建造住宅时，田中工务店坚持“兼顾设计性与功能性”，即使是工务店本身也坚持这个理念。而且，在设计方面讲究就意味着，为了确保外观与空间的美观，除了设计品位、建材知识外，在结构工艺方面也要非常讲究。当然，设计之外，还要确保其功能性。因此，保温性能、耐震性能、耐久度、维修便利性等长期优良住宅所具备的“4 项性能 + 理念”一样都不能少。本公司的理念是：在追求设计性能的同时，建造高水准的住宅。

我把在《建筑知识 Builders No.21-22》上登载的内容进行整理后，又添加了大量内容并编写了《木造住宅的实用结构工法图鉴》。由于该书广受好评，于是对其内容进行了再次修改和添加并整理成书，这才有了《木造住宅空间设计与施工节点图解》的诞生。

本书的内容围绕着“本公司所研发的细节结构工艺”而展开，添加了伊礼智先生等建筑家们总结出的细节结构工艺等。另外，由于工务店具有地域性，所以除了设计之外，我们还非常重视“住宅出现问题时的对策、可维修性、使用便利性”等方面的内容。希望本书有助于大家提升住宅建造技术。

田中工务店　田中健司

田中工务店
东京都江户川区西小岩 3-15-1
电话 :03-3657-3176　传真 :03-3657-3110　网站 : http://www.tanaka-kinoie.co.jp/

目录

第1章 门窗隔扇的定制 001

第2章 木质装饰·楼梯 017

第3章 家具·收纳空间 …… 043

第4章 厨卫空间 …… 063

第 5 章
外墙·外部结构 079

第 6 章
屋檐·屋顶 97

第 7 章
阳台 105

案例 116

第 1 章

门窗隔扇的定制

如果注重通风、采光、开放的视野、房间的连接方式、无障碍设计等要素的话，就必须重视门窗隔扇中的拉门（包括悬吊门）设计。另外，为了便于控制尺寸，最好采用定制的木制门窗隔扇。此外，由于门槛、门楣的外观、把手等也会对设计产生很大影响，所以既要兼顾使用的便利性，也要留意结构工艺与设计这些细节。

1-1 门窗隔扇的定制

门楣的倒角

在榻榻米上方（天花板上）设置横楣，为了使外观看起来简洁大方，选用单根支柱作为横楣，并用两端的墙体进行支撑。

在该设计中，利用拉门把榻榻米空间和餐厅隔开。拉门的门楣采用倒角设计，看起来简洁大方。

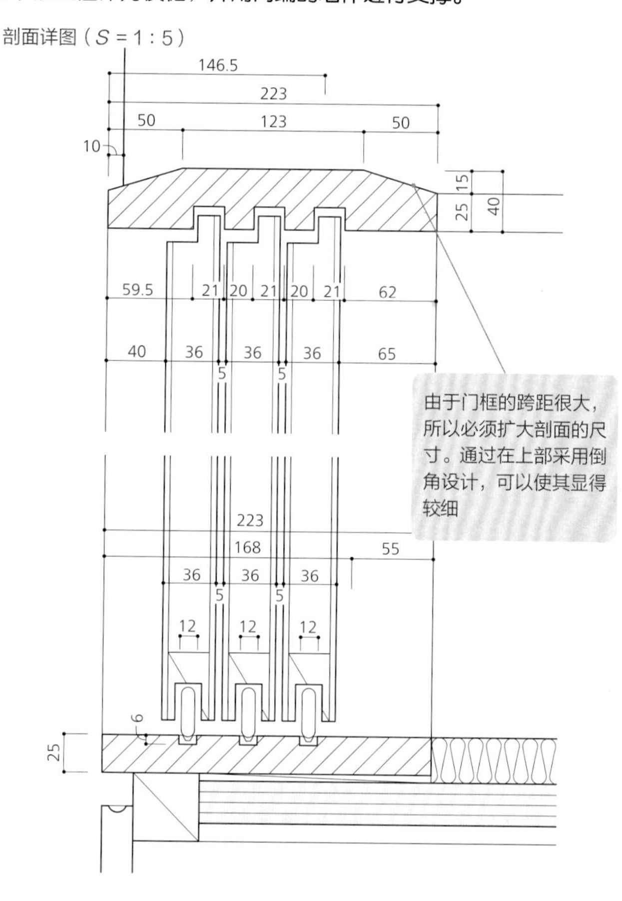
剖面详图（S＝1：5）
146.5
223
50
123
50
10
15
25
40
59.5
21
20
21
20
21
62
40
36
36
36
65
5
5
由于门框的跨距很大，所以必须扩大剖面的尺寸。通过在上部采用倒角设计，可以使其显得较细
223
168
55
36
36
36
5
5
12
12
12
6
25

1-2 门窗隔扇的定制

悬吊门的门楣外露5mm

悬吊门既可以关上出入口，也可以关上右侧的窗户。

处于打开状态的悬吊门。虽然门楣从天花板处向外凸出5mm，但是并不影响整体外观，反而使空间显得非常清爽。悬吊门不仅可以使地板铺装十分整体，而且施工方便。

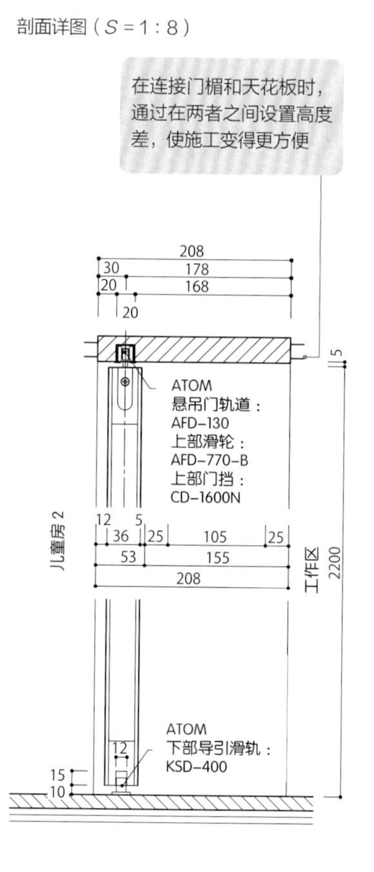
剖面详图（S＝1：8）
在连接门楣和天花板时，通过在两者之间设置高度差，使施工变得更方便
208
30
178
20
168
20
5
ATOM
悬吊门轨道：
AFD-130
上部滑轮：
AFD-770-B
上部门挡：
CD-1600N
12
5
36
25
105
25
53
155
208
儿童房2
工作区
2200
ATOM
下部导引滑轨：
KSD-400
12
15
10

1-3 门窗隔扇的定制

悬吊门的门楣与天花板齐平

椴木胶合板与门楣齐平的设计案例。打开悬吊门后可使整个空间呈现一体感。

处于打开状态的悬吊门。通过在天花板上粘贴5mm厚的椴木胶合板，使其与悬吊门的门楣齐平（设计：伊礼智设计室）。

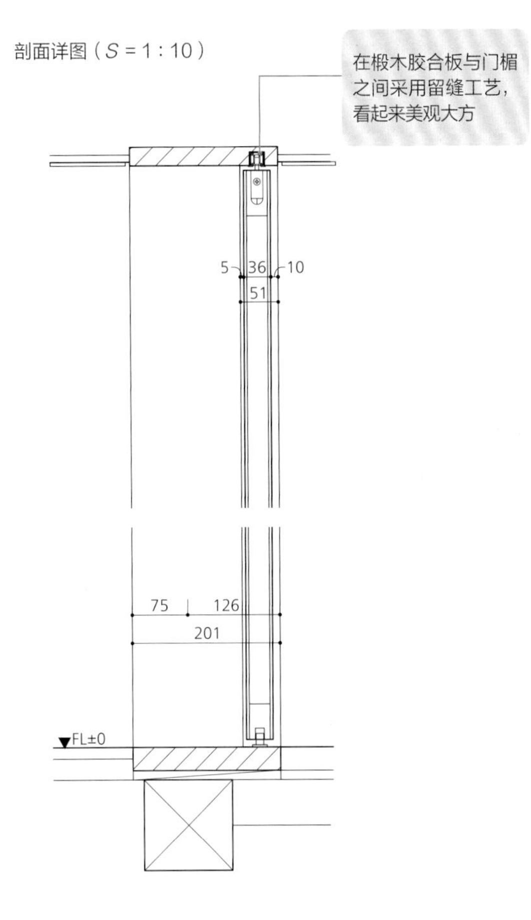
剖面详图（S＝1：10）
在椴木胶合板与门楣之间采用留缝工艺，看起来美观大方
5
36
10
51
75
126
201
FL±0

1-4 门窗隔扇的定制

悬吊门的门楣直接装在天花板上

在天花板上直接装设悬吊门的门楣，可节约大量成本和工时。

用来分隔房间的4扇悬吊门。将门楣直接安装在天花板中的设计方式虽然会露出门楣上的沟槽，但是由于门楣本身比较长，所以不会令人介意。

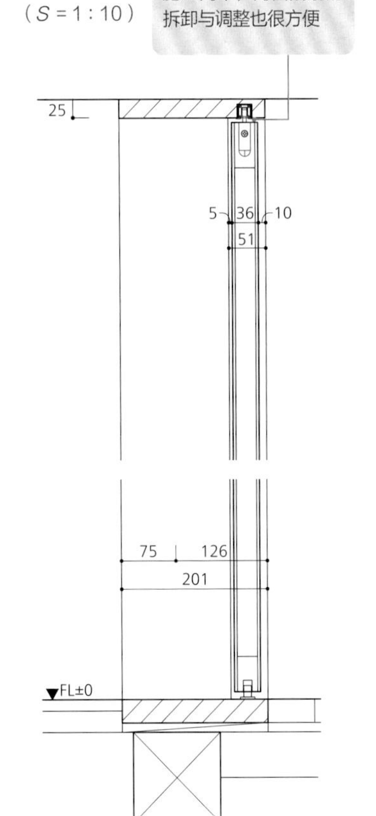
剖面详图（S＝1：10）
施工简单，门窗隔扇的拆卸与调整也很方便
25
5
36
10
51
75
126
201
FL±0

1-5 门窗隔扇的定制

外露5mm的门框外框

在该设计中，门框外框采用了1-2中悬吊门的结构工艺。门框内部安装了卷帘。

扫除窗（日式房间中，为将室内垃圾清扫出去而在紧接地板的地方开设的窗子）四周装上了外框，虽然露出了5mm的高度差，但是瑕不掩瑜，丝毫不影响外观。

剖面详图（$S=1:10$）

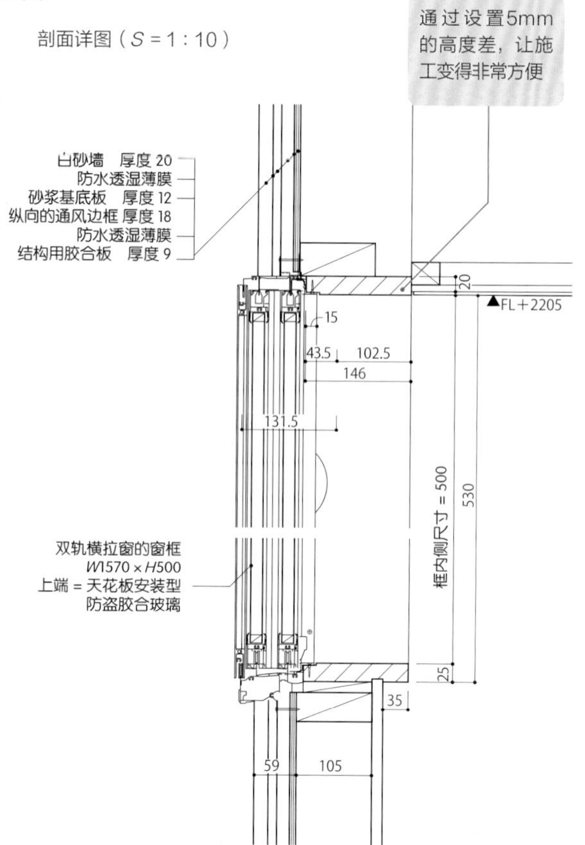
通过设置5mm的高度差，让施工变得非常方便
臼砂墙　厚度20
防水透湿薄膜
砂浆基底板　厚度12
纵向的通风边框 厚度18
防水透湿薄膜
结构用胶合板　厚度9
双轨横拉窗的窗框
W1570×H500
上端＝天花板安装型
防盗胶合玻璃
FL＋2205
20
15
43.5
102.5
146
131.5
框内侧尺寸＝500
530
25
35
59
105

1-6 门窗隔扇的定制

门楣中央的沟槽

门窗隔扇中央有V形滑轨等轨道的沟槽。

将拉门的门楣做成中央沟槽的设计案例。

剖面详图（$S=1:3$）

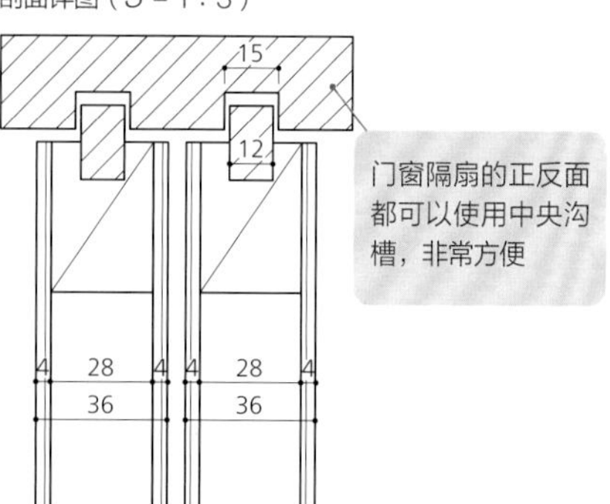
15
12
门窗隔扇的正反面都可以使用中央沟槽，非常方便
4
28
36

1-7 门窗隔扇的定制

门楣/门槛沟槽

一般的门楣、门槛的结构工艺。

将隐藏式的日式双面和纸拉门打开后就成了书房。

剖面详图（$S=1:3$）

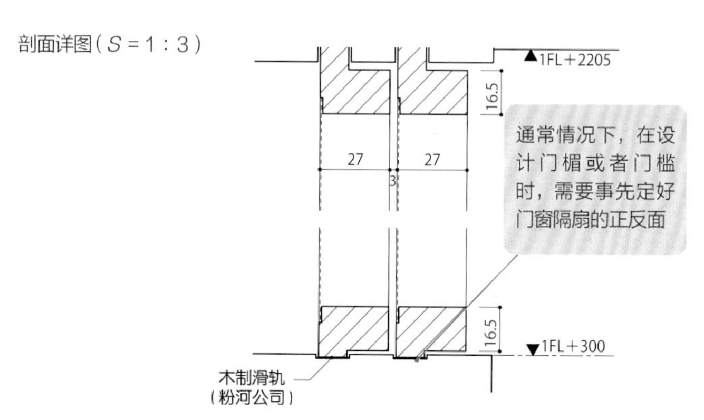
1FL＋2205
16.5
通常情况下，在设计门楣或者门槛时，需要事先定好门窗隔扇的正反面
27
3
1FL＋300
木制滑轨
（粉河公司）

1-8 门窗隔扇的定制

拉门上侧安装L形金属条

在拉门上侧安装L形金属条，并在门楣上开沟槽的设计案例。

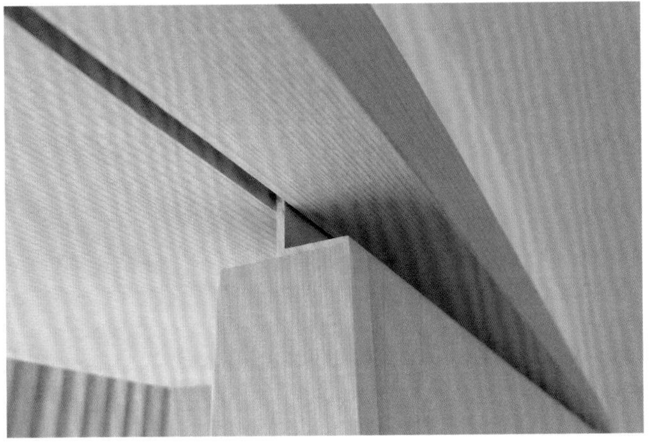

在门窗隔扇上部的中央位置配置L形金属条，门槛用V形滑轨。

门楣剖面详图（S＝1：2）

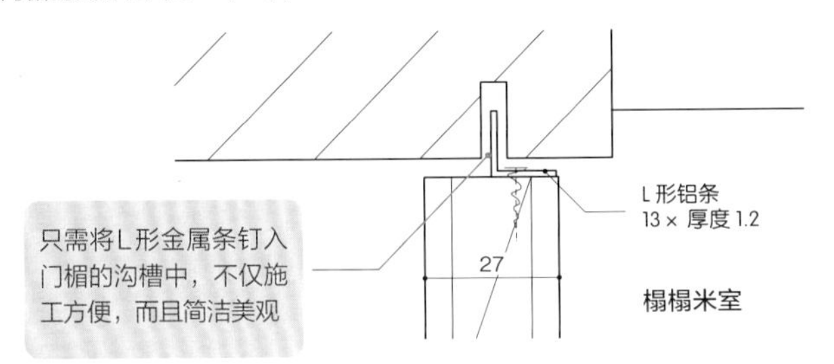

L形铝条
13×厚度1.2
27
榻榻米室
只需将L形金属条钉入门楣的沟槽中，不仅施工方便，而且简洁美观

1-9 门窗隔扇的定制

门楣上安装L形金属条

在门楣上安装L形金属条的拉门设计案例。

因为制作门楣沟槽时需要仰头作业，所以为避免麻烦而安装L形金属条。门槛的沟槽需要现场制作。

门楣剖面详图（S＝1：2）

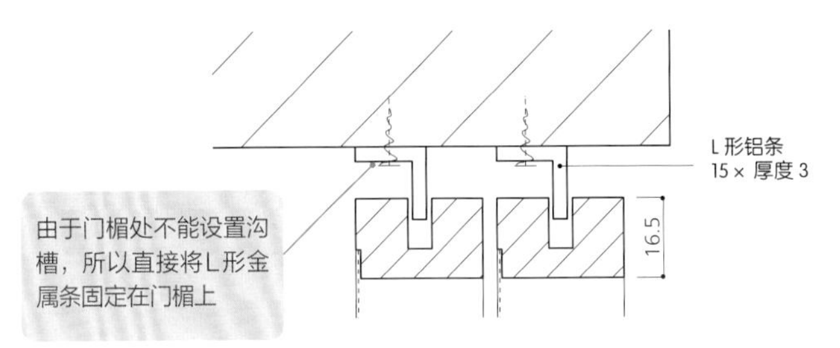

L形铝条
15×厚度3
16.5
由于门楣处不能设置沟槽，所以直接将L形金属条固定在门楣上

1-10 门窗隔扇的定制

在门槛沟槽上设计V形滑轨

一般的V形滑轨结构容易对准芯，也容易开关门。

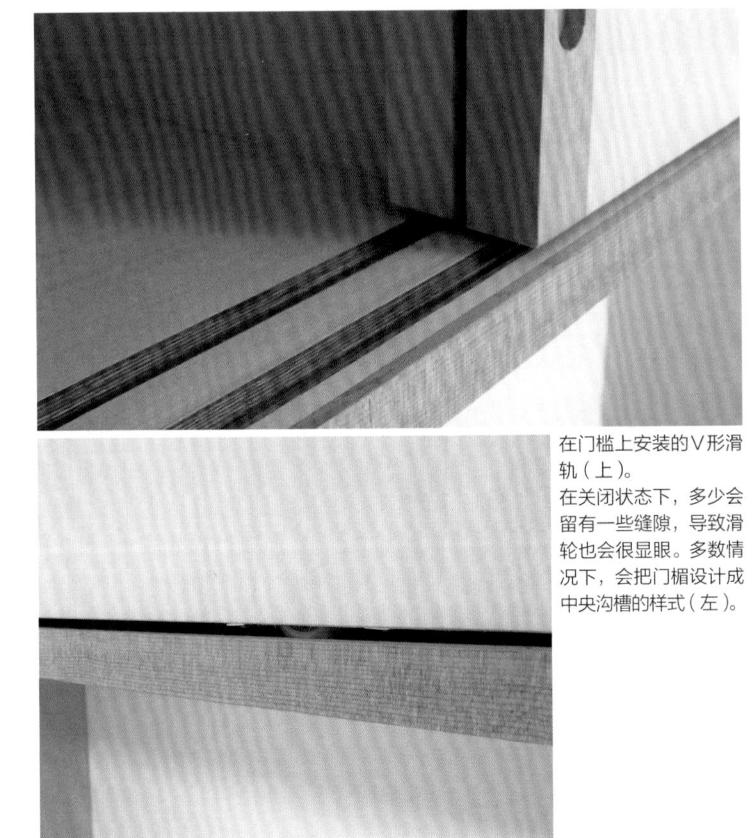

在门槛上安装的V形滑轨（上）。
在关闭状态下，多少会留有一些缝隙，导致滑轮也会很显眼。多数情况下，会把门楣设计成中央沟槽的样式（左）。

剖面详图（S＝1：1）

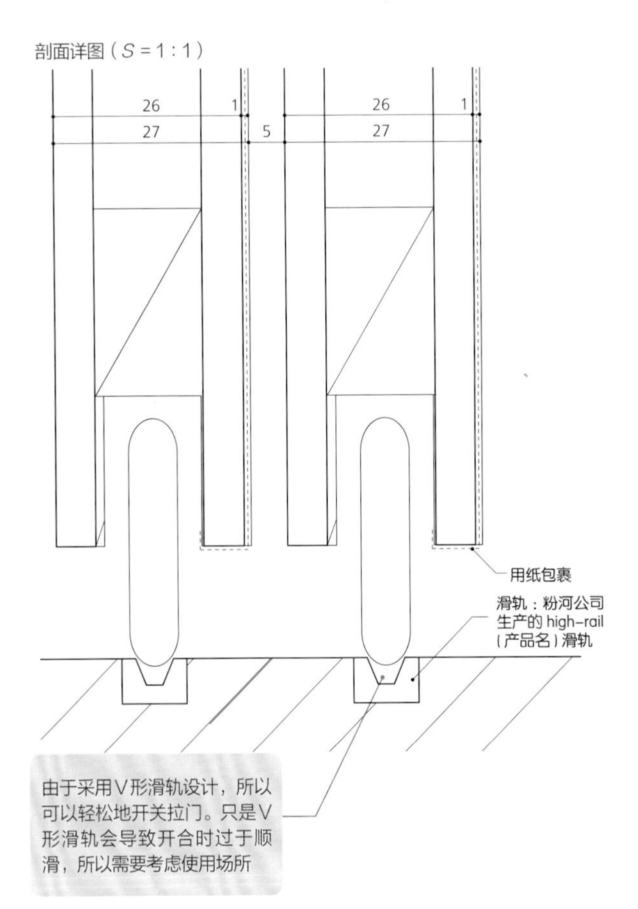

26
1
27
5
26
1
27
用纸包裹
滑轨：粉河公司生产的 high-rail（产品名）滑轨
由于采用V形滑轨设计，所以可以轻松地开关拉门。只是V形滑轨会导致开合时过于顺滑，所以需要考虑使用场所

1-11 门窗隔扇的定制

直接将V形滑轨嵌入木质地板中

将V形滑轨直接嵌进地板，可节约成本和工时，并确保地板设计的一体感。

直接嵌入地板的V形滑轨轨道（上图）。由于没有门槛，所以地板看起来是一个连贯的整体（左图）。

剖面详图（$S=1:3$）

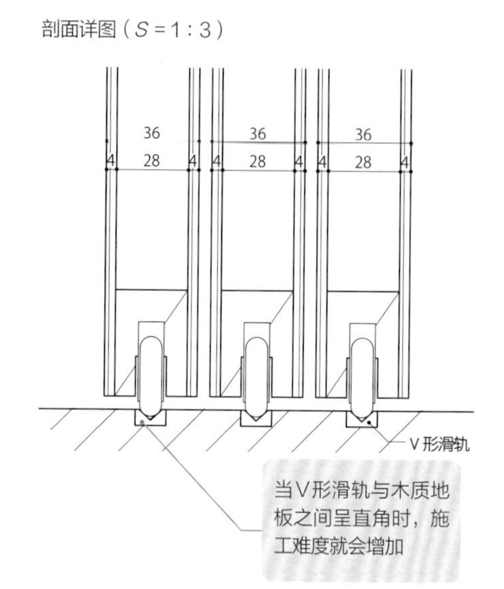
36
28
4
V形滑轨
当V形滑轨与木质地板之间呈直角时，施工难度就会增加

1-12 门窗隔扇的定制

无框日式拉门

因为无框，所以看起来很简洁。可用于小型和纸日式拉门或平面门。

设有嵌入式矮桌的书房中安装了和纸日式拉门，打开后就和走廊形成了一个整体。

剖面详图（$S=1:5$）

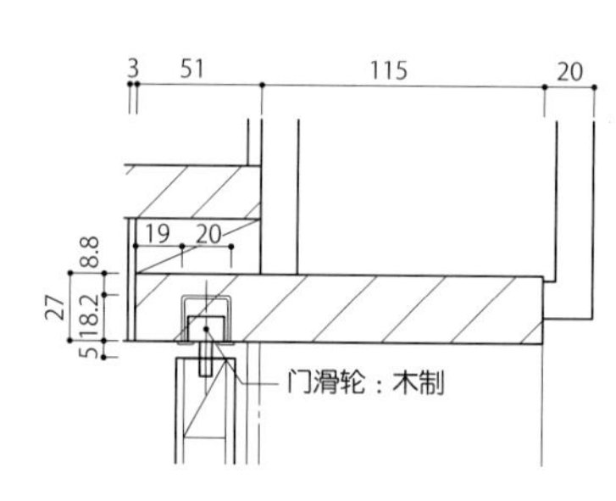
3
51
115
20
19
20
8.8
27
18.2
5
门滑轮：木制

下部导引滑轨详图（$S=1:2$）

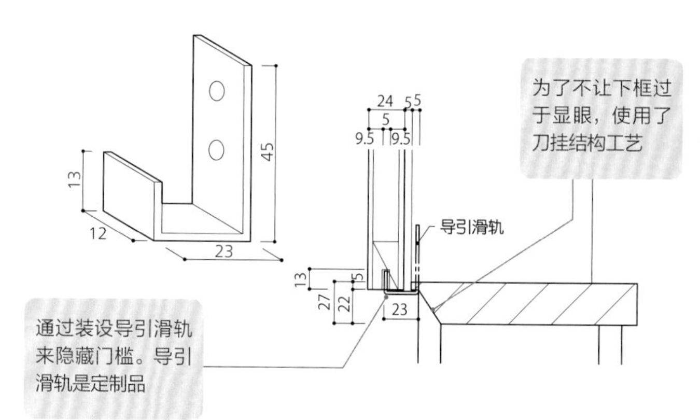
13
45
12
23
24
5
5
9.5
9.5
导引滑轨
13
27
22
5
23
为了不让下框过于显眼，使用了刀挂结构工艺
通过装设导引滑轨来隐藏门槛。导引滑轨是定制品

玻璃框门与固定窗

在该设计案例中，设置玻璃框门与固定窗作为墙壁，这样可以使玄关变得明亮。

必须使用半透明玻璃或聚碳酸酯板，以避免从玄关看到整个隔壁房间。

剖面详图（$S=1:12$）

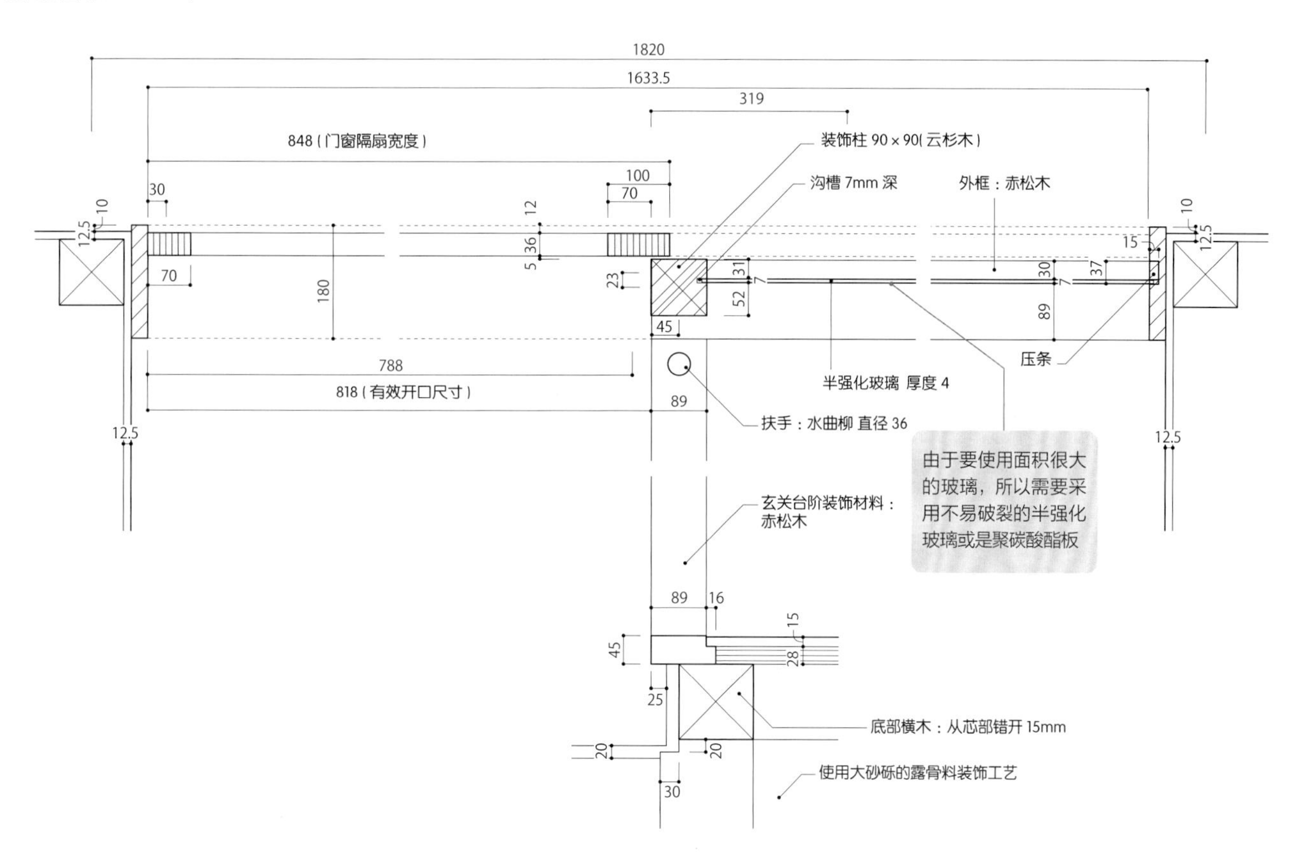

1820
1633.5
319
848（门窗隔扇宽度）
装饰柱 90×90（云杉木）
沟槽 7mm 深
外框：赤松木
100
70
30
10
12.5
12
5 36
15
37
70
180
23
31
7
52
30
89
45
压条
788
818（有效开口尺寸）
半强化玻璃 厚度 4
89
扶手：水曲柳 直径 36
12.5
由于要使用面积很大的玻璃，所以需要采用不易破裂的半强化玻璃或是聚碳酸酯板
玄关台阶装饰材料：赤松木
89
16
15
45
28
25
底部横木：从芯部错开 15mm
20
20
使用大砂砾的露骨料装饰工艺
30

带有双层格拉窗的平面门

用等间隔的栅条做成双层格拉窗，左右移动内侧装有栅条的拉门即可实现双层格拉窗的开关。

双层格拉窗是历来就有的门窗隔扇形式，即使关上门也能确保通风。在该设计案例中，设置双层格拉窗既能控制宠物出入，也有利于通风。

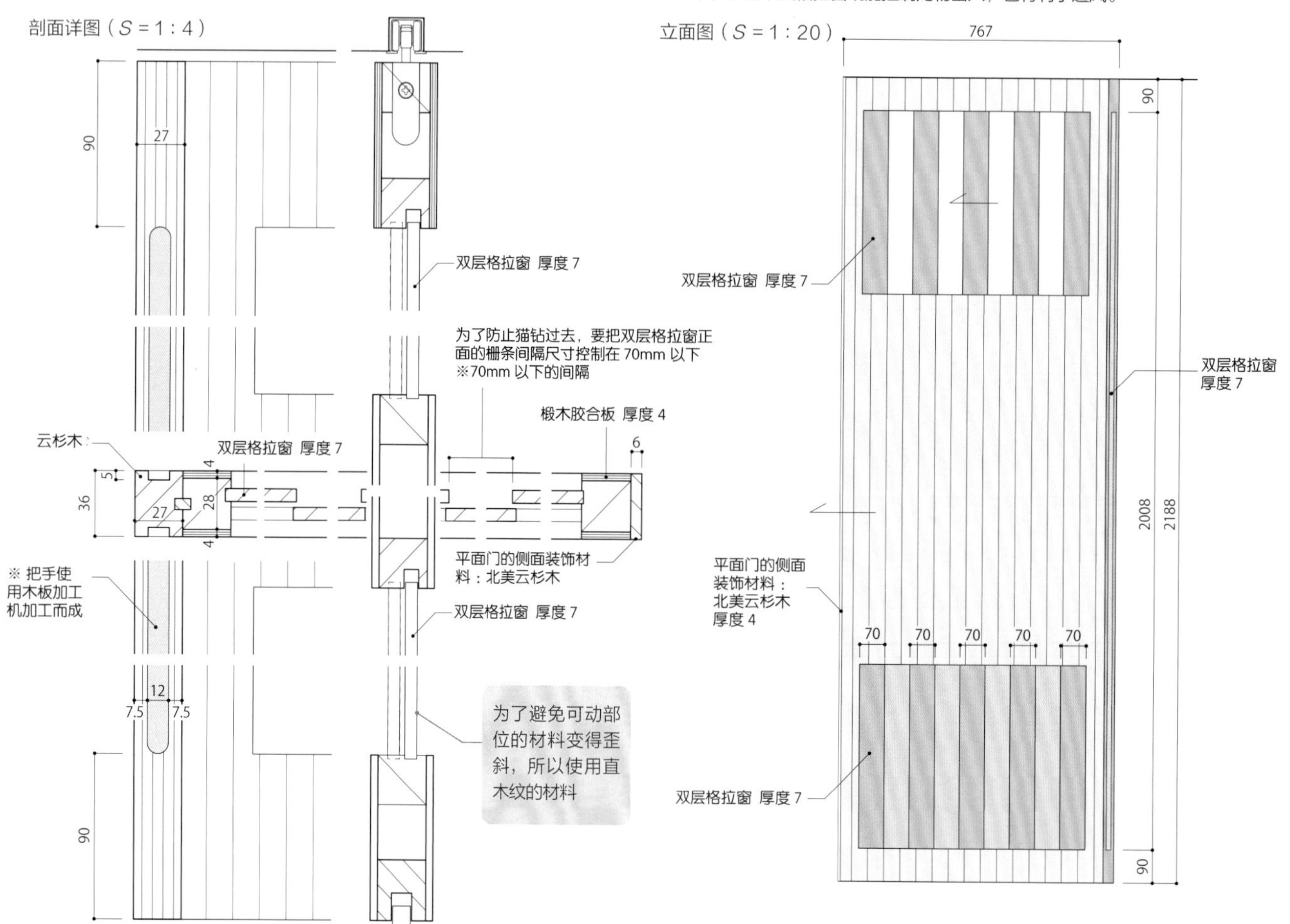

剖面详图（S＝1：4）
立面图（S＝1：20）
767
90
27
双层格拉窗 厚度 7
为了防止猫钻过去，要把双层格拉窗正面的栅条间隔尺寸控制在 70mm 以下
※70mm 以下的间隔
椴木胶合板 厚度 4
6
云杉木
5
4
36
27
28
平面门的侧面装饰材料：北美云杉木
※ 把手使用木板加工机加工而成
12
7.5
7.5
为了避免可动部位的材料变得歪斜，所以使用直木纹的材料
双层格拉窗 厚度 7
平面门的侧面装饰材料：北美云杉木 厚度 4
70
70
70
70
70
2008
2188

1-15 门窗隔扇的定制

薄胶合板制门窗隔扇＋玻璃门滑轨

薄椴木胶合板装上原木把手制成的简易拉门，仅作为橱门等小型门窗使用。

采用薄椴木胶合板制作而成的拉门，这种结构的门窗隔扇可以使胶合板自由滑动。

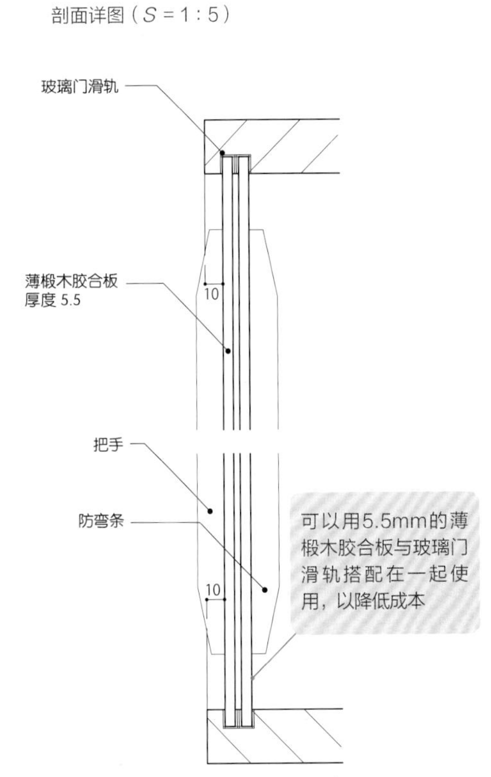

剖面详图（S＝1：5）
玻璃门滑轨
薄椴木胶合板
厚度 5.5
10
把手
防弯条
10
可以用5.5mm的薄椴木胶合板与玻璃门滑轨搭配在一起使用，以降低成本

1-16 门窗隔扇的定制

薄胶合板制门窗隔扇＋水曲柳把手

与1-15相同的设计案例，把手采用水曲柳，显得更高级。另外，将把手做成细条形更能彰显品位。

水曲柳胶合板比椴木胶合板更有高级感。由于是薄胶合板的隔扇，所以必须安装把手，其造型最好设计得简单一些。

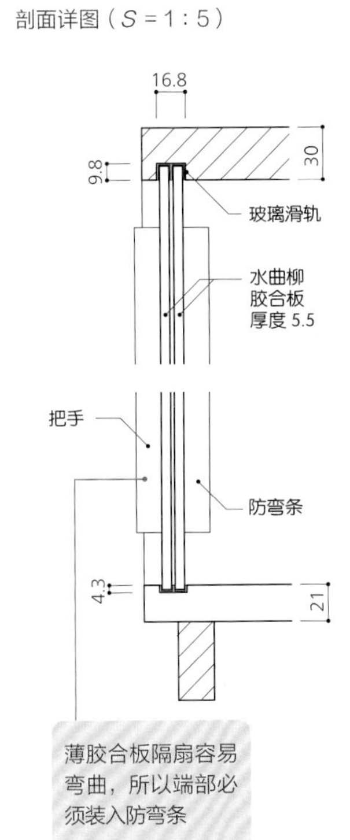

剖面详图（S＝1：5）
16.8
9.8
30
玻璃滑轨
水曲柳
胶合板
厚度 5.5
把手
防弯条
4.3
21
薄胶合板隔扇容易弯曲，所以端部必须装入防弯条

双层聚碳酸酯板+玻璃门滑轨

双层聚碳酸酯板加上原木把手制作而成的简易拉门，仅限于在小型家具中使用。

双层聚碳酸酯板制成的拉门。与玻璃相比，给人以轻快的灵动感，由木匠制作而成。

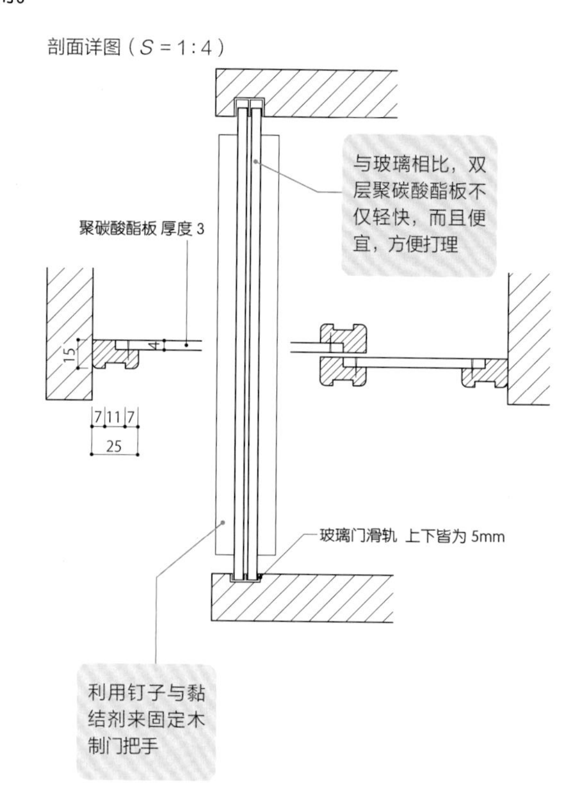
剖面详图（S＝1:4）
与玻璃相比，双层聚碳酸酯板不仅轻快，而且便宜，方便打理
聚碳酸酯板 厚度3
15
4
7 11 7
25
玻璃门滑轨 上下皆为5mm
利用钉子与黏结剂来固定木制门把手

中间夹有幕布的强化玻璃拉门

强化玻璃拉门中夹有由和纸编成的幕布，光线穿过后会变得柔和。

夹在强化玻璃内的材料遮挡视线，用于分隔两个房间。

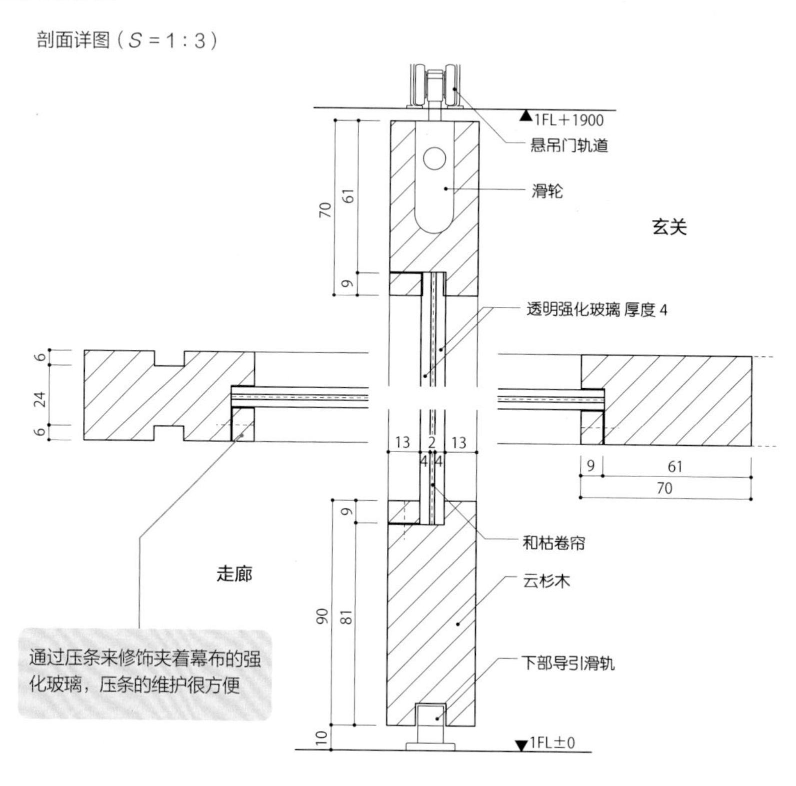
剖面详图（S＝1：3）
1FL＋1900
悬吊门轨道
滑轮
玄关
70
61
9
透明强化玻璃 厚度4
6
24
6
13 2 13
4 4
9 61
70
和枯卷帘
云杉木
走廊
90
81
下部导引滑轨
10
1FL±0
通过压条来修饰夹着幕布的强化玻璃，压条的维护很方便

木制拉门（玻璃框门）

用作入户门的玻璃框门，最好使用防盗玻璃。由于入户门没有隔热和气密效果，所以玄关和内部空间之间最好设置一道玄关门。

把玻璃框门当作入户门，这样可以使玄关的内侧变得明亮。为了方便关门时轻松地找到把手，可以让拉门的一小部分外露出来。

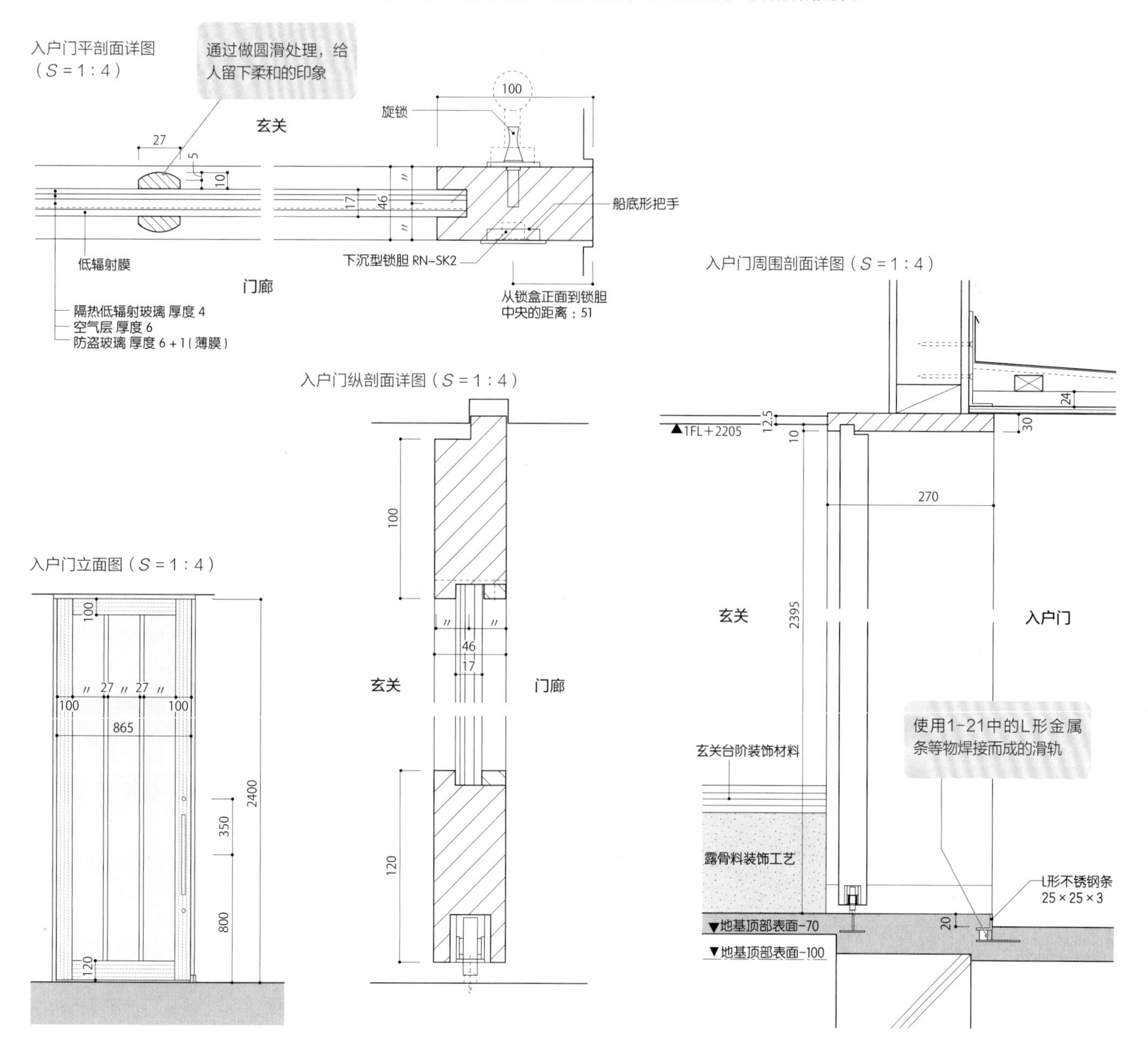
入户门平剖面详图（S＝1：4）
通过做圆滑处理，给人留下柔和的印象
玄关
门廊
旋锁
船底形把手
低辐射膜
下沉型锁胆 RN-SK2
从锁盒正面到锁胆中央的距离：51
隔热低辐射玻璃 厚度4
空气层 厚度6
防盗玻璃 厚度6＋1（薄膜）
入户门周围剖面详图（S＝1：4）
入户门纵剖面详图（S＝1：4）
入户门立面图（S＝1：4）
1FL＋2205
玄关
入户门
门廊
使用1-21中的L形金属条等物焊接而成的滑轨
玄关台阶装饰材料
露骨料装饰工艺
L形不锈钢条 25×25×3
地基顶部表面-70
地基顶部表面-100

木制拉门＋拉门收纳套

用作入户门的木制拉门。采用与拉门收纳套相同的材料，看上去有整体感。

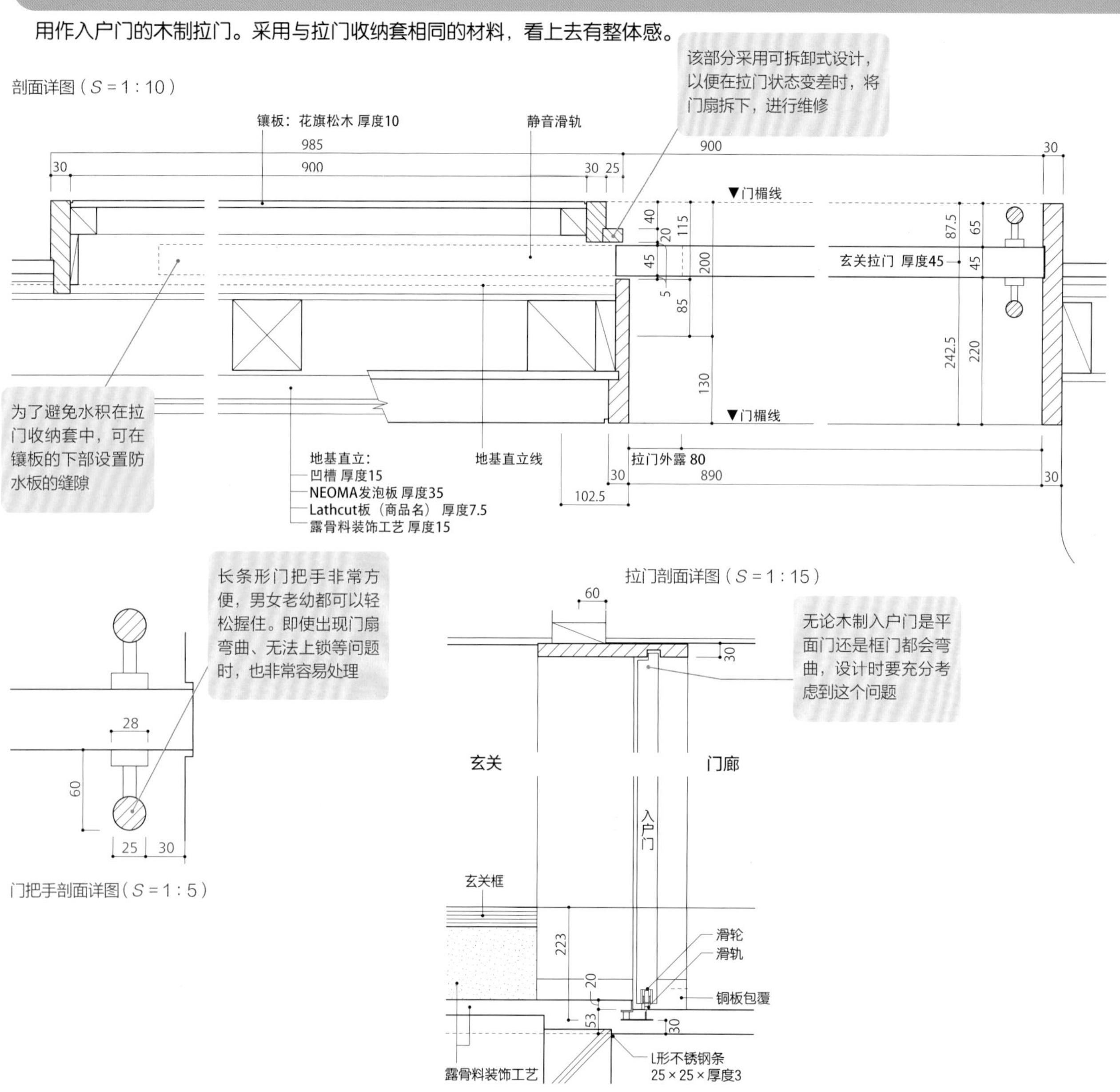

剖面详图（S＝1：10）
该部分采用可拆卸式设计，以便在拉门状态变差时，将门扇拆下，进行维修
镶板：花旗松木 厚度10
静音滑轨
985
900
30
30 25
900
30
▼门楣线
40
20
115
45
200
5
85
130
▼门楣线
87.5
65
玄关拉门 厚度45
45
242.5
220
为了避免水积在拉门收纳套中，可在镶板的下部设置防水板的缝隙
地基直立：
凹槽 厚度15
NEOMA发泡板 厚度35
Lathcut板（商品名） 厚度7.5
露骨料装饰工艺 厚度15
地基直立线
拉门外露 80
30
890
30
102.5
长条形门把手非常方便，男女老幼都可以轻松握住。即使出现门扇弯曲、无法上锁等问题时，也非常容易处理
28
60
25
30
门把手剖面详图（S＝1：5）
拉门剖面详图（S＝1：15）
60
30
无论木制入户门是平面门还是框门都会弯曲，设计时要充分考虑到这个问题
玄关
门廊
入户门
玄关框
223
20
53
30
滑轮
滑轨
铜板包覆
L形不锈钢条
25×25×厚度3
露骨料装饰工艺

正面的入户门。门套与拉门采用相同的装修，呈现出整体的美感。

入户门打开时的状态。由于门把手外露，所以使用时要注意。

1-21 门窗隔扇的定制

木制拉门与滑轨＋导引滑轨的装饰建材

拉门滑轨与水泥的装饰建材，用以防止水进入玄关。装饰建材与滑轨焊接为一体。

施工完的玄关水泥地滑轨与导引滑轨的装饰建材。通过高度差可以减少雨水和灰尘进入玄关内部（上图）。
刚装好导引滑轨的样子。L形金属条与整体装饰建材融为一体（左图）。

下部导引滑轨的剖面详图（$S=1:5$）

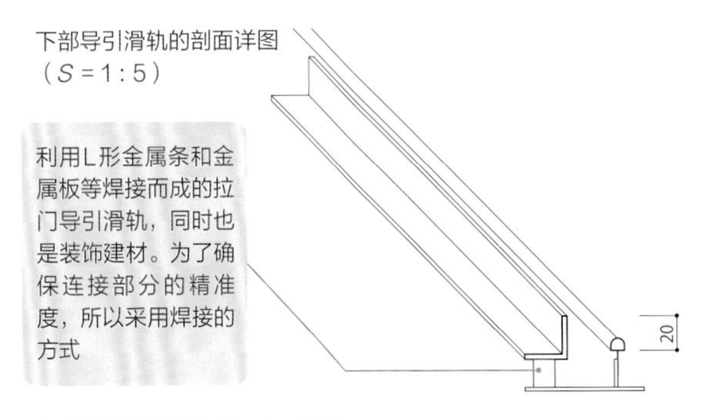

20

利用L形金属条和金属板等焊接而成的拉门导引滑轨，同时也是装饰建材。为了确保连接部分的精准度，所以采用焊接的方式

入户门剖面详图（$S=1:10$）

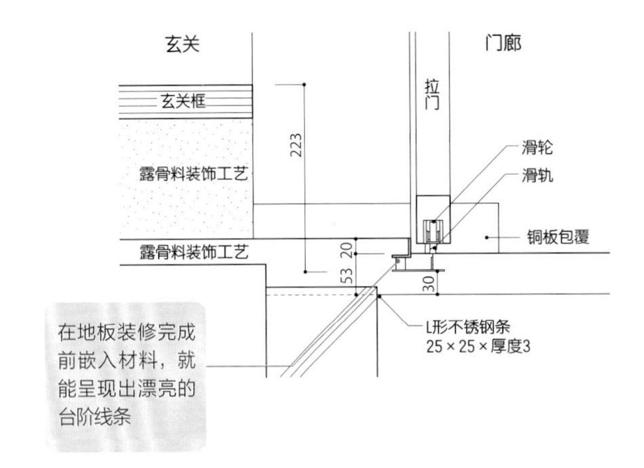

玄关
门廊
玄关框
拉门
223
露骨料装饰工艺
滑轮
滑轨
铜板包覆
露骨料装饰工艺
20
53
30
L形不锈钢条
25×25×厚度3

在地板装修完成前嵌入材料，就能呈现出漂亮的台阶线条

1-22 门窗隔扇的定制

两面都能看见窗格的吉村拉窗

将框和窗格的外侧对齐，将窗格宽舒地布局在窗框上的形式，通称为“吉村拉窗”。

为了放入WARLON拉门纸而设置的沟槽。

两面都能看到窗格的吉村拉窗，正反面都可以使用。

剖面详图（$S=1:8$）

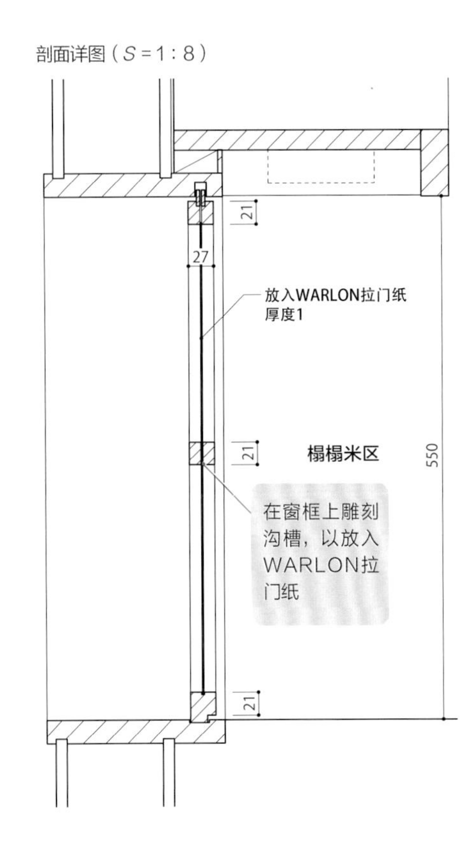

21
27
放入WARLON拉门纸
厚度1
21
榻榻米区
550
21

在窗框上雕刻沟槽，以放入WARLON拉门纸

1-23 门窗隔扇的定制

平面门+纯木材把手

椴木胶合板平面门只有拉手部分使用了铁杉原木。

处于关闭状态的平面门。把手部分设计成沟槽的形式，看起来简洁大方。

剖面详图（S=1:3）

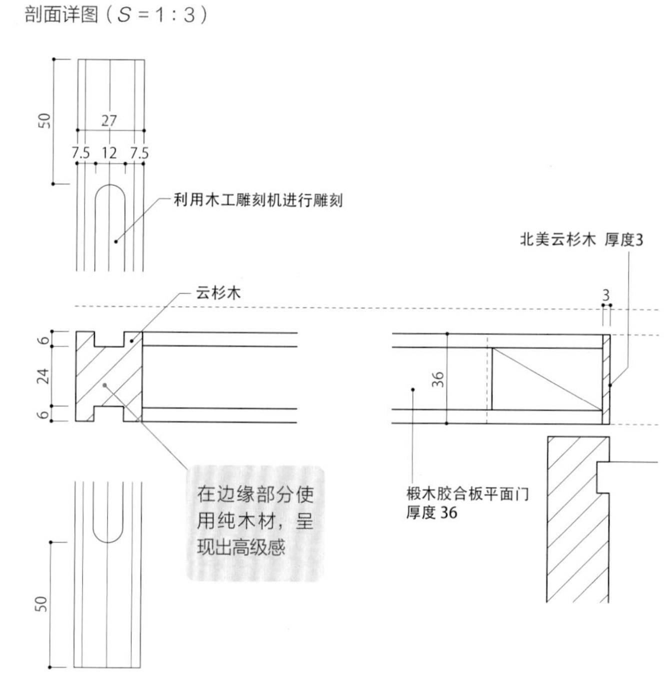

50
27
7.5 12 7.5
利用木工雕刻机进行雕刻
北美云杉木 厚度3
云杉木
3
6
24
6
36
在边缘部分使用纯木材，呈现出高级感
椴木胶合板平面门
厚度 36
50

1-24 门窗隔扇的定制

贴有和纸的平面门+纯木材把手

在 1-23 设计案例的基础上贴上和纸后制作而成。

直接使用木工雕刻机来雕刻纯木材的设计案例。照片中的纯木材是云杉木，通过使用与平面门不同的材料，可以增加设计上的亮点。该设计案例参考了伊礼智设计室的结构工艺。

剖面详图（S=1:3）

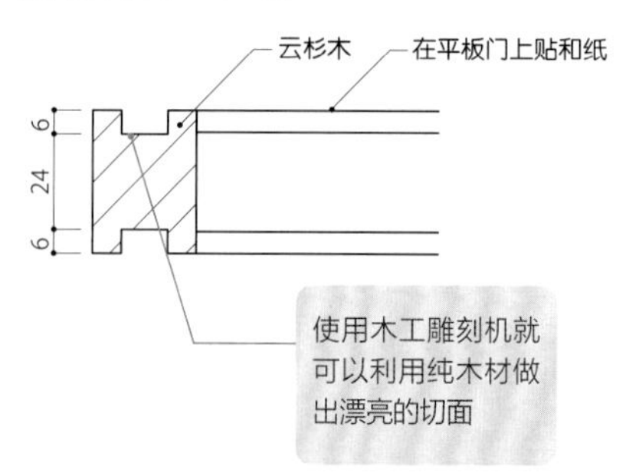

云杉木
在平板门上贴和纸
6
24
6
使用木工雕刻机就可以利用纯木材做出漂亮的切面

1-25 门窗隔扇的定制

用木工雕刻机在平面门上做把手

椴木胶合板平面门表面直接雕刻把手的设计案例。

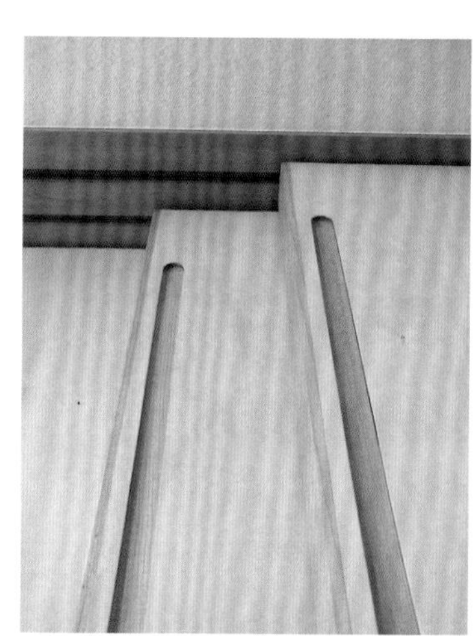

在该设计案例中，利用木工雕刻机直接在椴木胶合板平面门的表面制作出把手。虽然可以看到基底木材，但不会让人感到突兀。当然，成本也不是很高。

剖面详图（S=1:3）

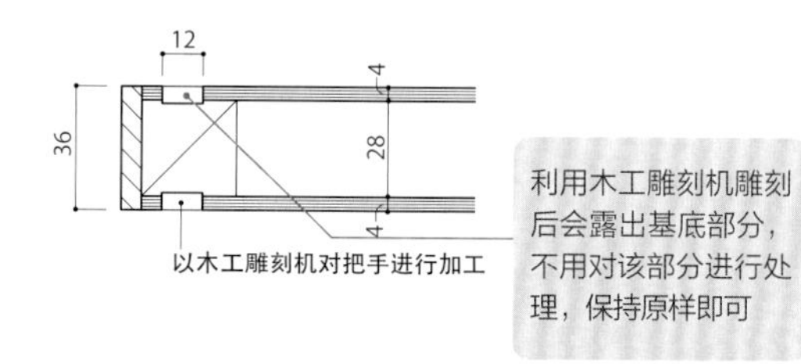

12
36
4
28
4
以木工雕刻机对把手进行加工
利用木工雕刻机雕刻后会露出基底部分，不用对该部分进行处理，保持原样即可

1-26 门窗隔扇的定制

拉门的磁力门扣

磁力门扣使拉门扣得严丝合缝。

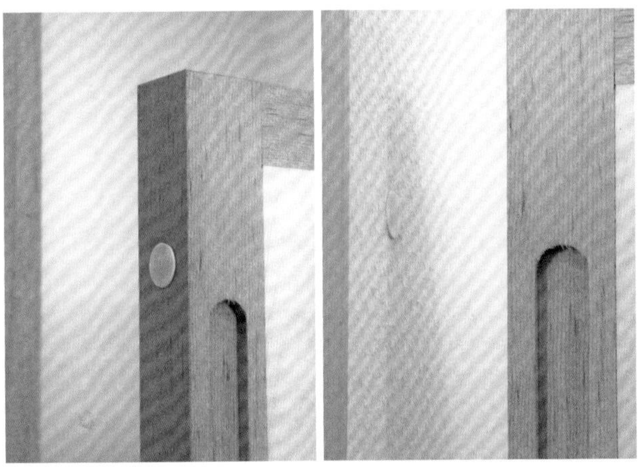

安装在拉门及墙壁上的磁力门扣。选用照片中的颜色时，则不会特别显眼，同时可以关紧拉门。

1-27 门窗隔扇的定制

铰链门上直接安装闭门器

铰链门上安装的闭门器。

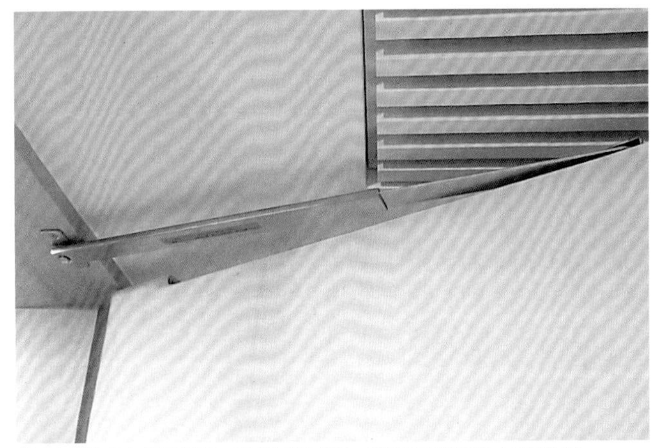

装设在铰链门上的闭门器，通过这样的设计，就不需要在地板上装设门挡。

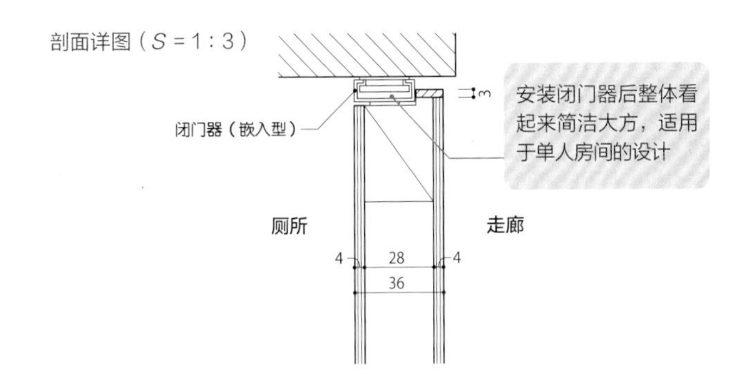
剖面详图（S＝1：3）
闭门器（嵌入型）
3
安装闭门器后整体看起来简洁大方，适用于单人房间的设计
厕所
走廊
4
28
4
36

1-28 门窗隔扇的定制

悬吊门的橡胶门挡

悬吊门与地面接触端设置的橡胶门挡。

安装在悬吊门地板处的橡胶门挡。只要体积小，就不会显眼，而且可以防止悬吊门轨道下部导引滑轨的脱落。

1-29 门窗隔扇的定制

楼梯拉门处的木制门挡

拉门接触墙壁的部分上安装的门挡。

设置楼梯拉门可以防止有人摔落，以及阻挡空调的气流。与墙壁相接的部分装上用柚木、栎木、水曲柳等硬木制成的木制门挡，低调中透露出美感（设计：伊礼智设计室）。

1-30 门窗隔扇的定制

天窗

斜线限制严格时，斜壁上安装的天窗，可以用作卧室窗户。

将阁楼和室的窗户当成天窗的设计案例。

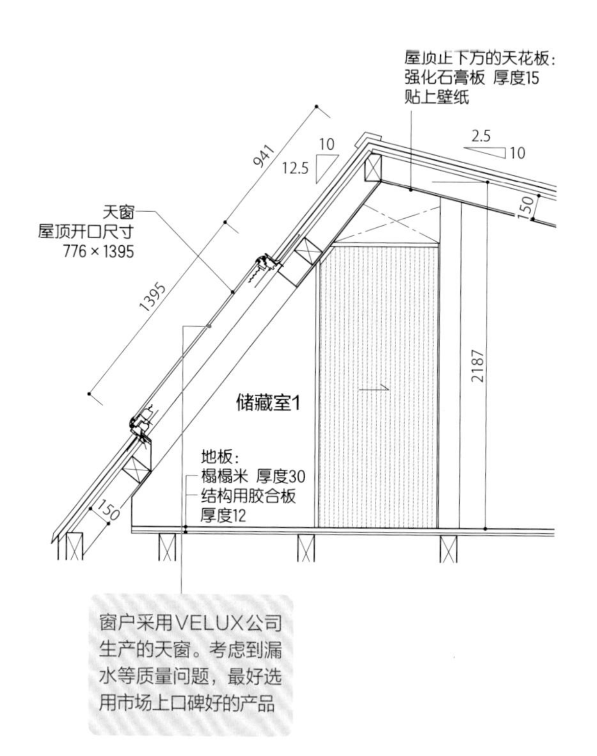

和室剖面详图（S = 1：30）
屋顶正下方的天花板：
强化石膏板 厚度15
贴上壁纸
941
10
12.5
2.5
10
150
天窗
屋顶开口尺寸
776 × 1395
1395
2187
储藏室1
地板：
榻榻米 厚度30
结构用胶合板
厚度12
150
窗户采用VELUX公司
生产的天窗。考虑到漏
水等质量问题，最好选
用市场上口碑好的产品

1-31 门窗隔扇的定制

落地窗

为避免与路人和邻居视线交汇而设置落地窗。

在该设计案例中，为了避开周围的视线，同时兼顾通风与采光，而设置了落地窗。此外，也可以欣赏到靠近地面的景色。另外，考虑到防盗及设计感，利用木制百叶护栏来包覆阳台外侧部分。

1-32 门窗隔扇的定制

高侧窗

高侧窗也是为避免与邻居视线交汇而设置的。

为了避开周围的视线，多数情况下还会选择安装高侧窗。与落地窗相比，高侧窗可以把室外光线引入房间深处。虽说是高侧窗，但为了方便开关与清扫，会尽量将其设置在伸手可及的位置。

第2章

木质装饰·楼梯

木质装饰的要点在于：要控制正面部分的宽度，在消除线条的同时进行修饰。不仅如此，还必须掌握性能或功能上必要的结构与尺寸。另外，楼梯最好也采用定制的，使其融入周围的设计中。尤其是在不打算将楼梯下方当成收纳空间或房间等时，最好采用省略楼梯竖板的无竖板楼梯，这样光线和风就能自由穿梭于上下楼层之间。

外框下方的压缝板条

阳台门下端高出地板时，在高出的墙壁上贴压缝板条来装饰的设计案例。

为了设置阳台的直立式防水层而建造的台阶，并通过压缝板条对其进行修饰（上左图）。
外框下方的压缝板条详图（右侧剖面详图）(与上右图不同的例子)。

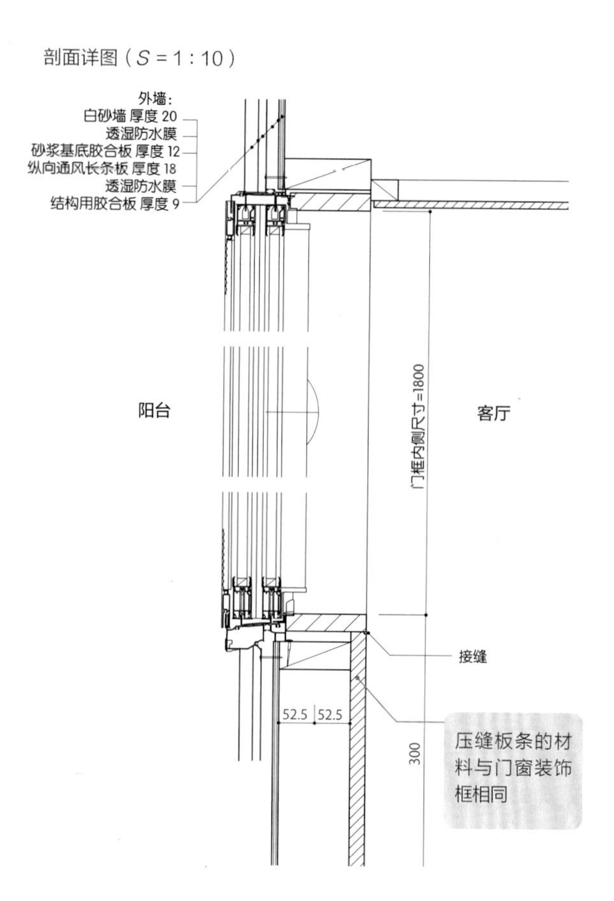

剖面详图（S＝1：10）
外墙：
白砂墙 厚度 20
透湿防水膜
砂浆基底胶合板 厚度 12
纵向通风长条板 厚度 18
透湿防水膜
结构用胶合板 厚度 9
阳台
客厅
门框内侧尺寸=1800
接缝
52.5
52.5
300
压缝板条的材料与门窗装饰框相同

外框上方的压缝板条

在该设计案例中，由于上部高度多余，因此装上了与外框相同的材料。

将压缝板条安装在外框上方的例子，通过这种设计能让门窗装饰框呈现出整体感。

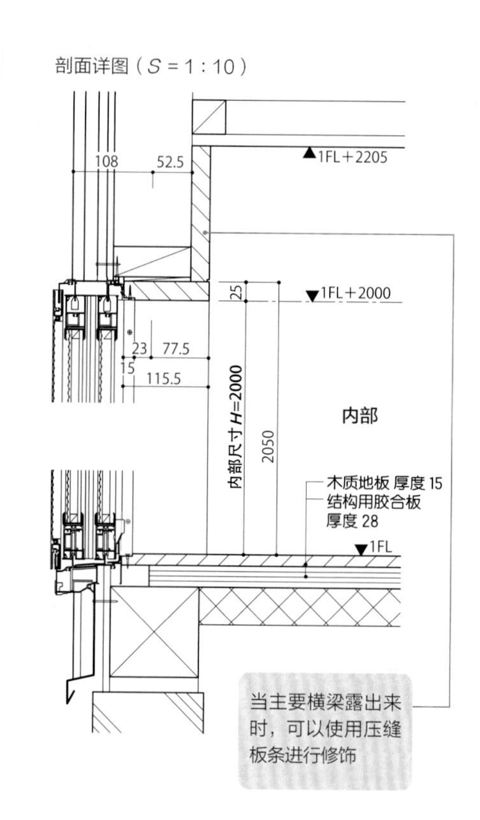

剖面详图（S＝1：10）
108
52.5
1FL＋2205
25
1FL＋2000
23
77.5
15
115.5
内部尺寸H=2000
2050
内部
木质地板 厚度 15
结构用胶合板
厚度 28
1FL
当主要横梁露出来时，可以使用压缝板条进行修饰

2-3 木质装饰・楼梯

外框内的压缝板条

窗上下连续时，在中间安装压缝板条实现一体窗的设计案例。

在上下窗户之间安装压缝板条的设计案例。这种做法可以让门窗装饰框呈现出整体感和高级感。

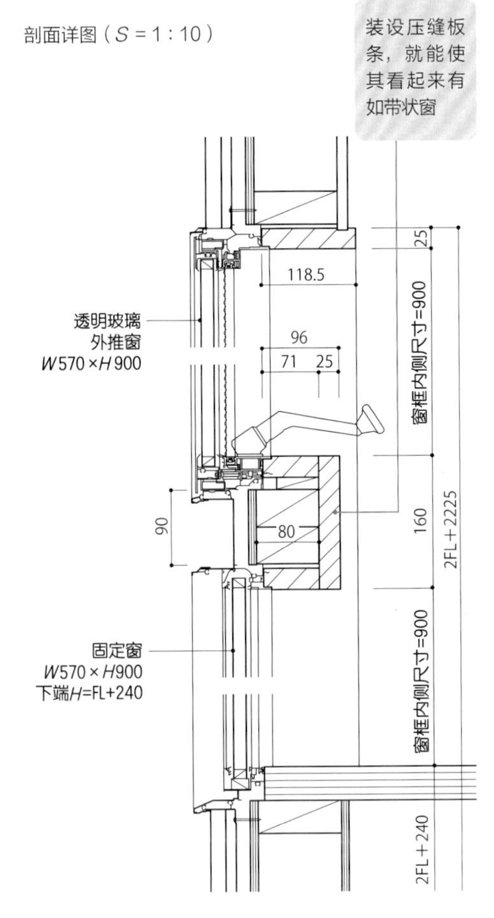
剖面详图（S＝1：10）
装设压缝板条，就能使其看起来有如带状窗
透明玻璃
外推窗
W570×H900
固定窗
W570×H900
下端H=FL+240
118.5
96
71
25
80
90
160
窗框内侧尺寸=900
2FL＋2225
2FL＋240

2-4 木质装饰・楼梯

门窗隔扇间的压缝板条

将压缝板条装设在外框之间，能让门窗装饰框呈现整体感。

在门窗隔扇间装设压缝板条的设计案例。门窗隔扇的外框和木材呈现整体感，比做成墙壁更具有连贯性。

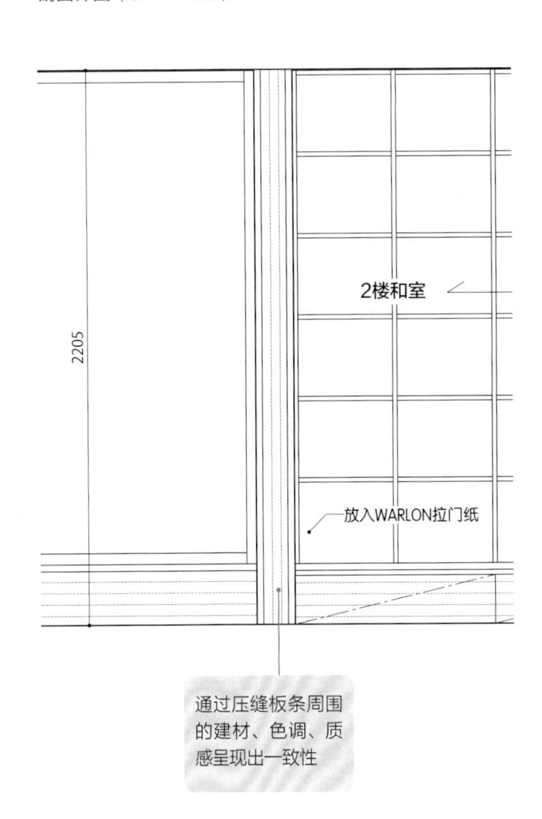
剖面详图（S＝1：30）
2205
2楼和室
放入WARLON拉门纸
通过压缝板条周围的建材、色调、质感呈现出一致性

2-5 木质装饰·楼梯

室内中庭的压缝板条

室内中庭窗上下连续时，在中间装一块压缝板条来实现一体窗的设计案例。

在室内中庭的上下窗户之间的墙壁上贴压缝板条。

剖面详图（S＝1：8）

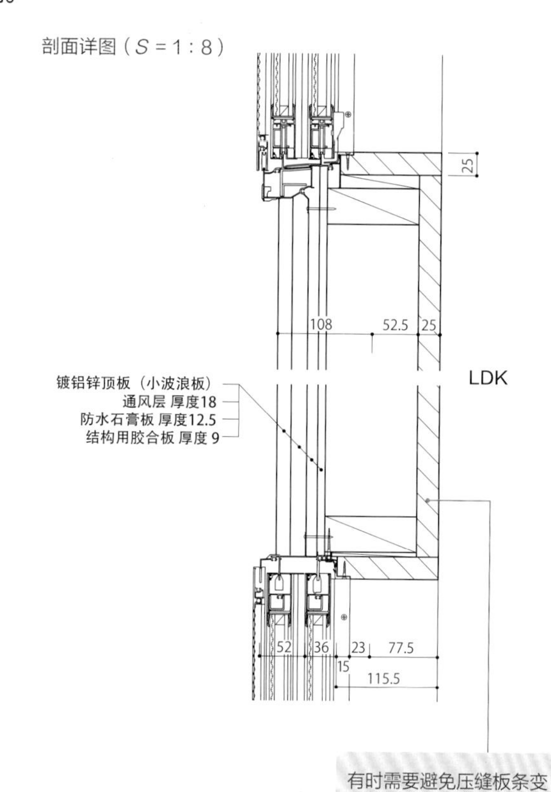
25
108
52.5
25
LDK
镀铝锌顶板（小波浪板）
通风层 厚度18
防水石膏板 厚度12.5
结构用胶合板 厚度 9
52
36
23
77.5
15
115.5

有时需要避免压缝板条变得过大。最好依照上下窗框之间的尺寸与窗框宽度之间的平衡来决定

2-6 木质装饰·楼梯

转角

转角的保护材料不做成两个而做成一个的设计案例。

将纯云杉木贴在墙壁转角的例子。如此一来，就能防止污损。表面的沟槽是为了让正面部分看起来较小。

剖面详图（S＝1：12）

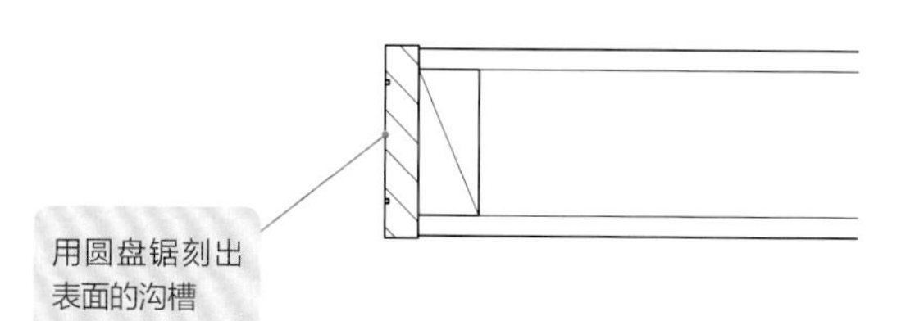

用圆盘锯刻出表面的沟槽

2-7 木质装饰·楼梯

柱子外壳（准防火结构）

在石膏板包裹的柱子上铺板的设计案例。

采用准防火结构的木质装饰时，会先用石膏板把柱子包裹起来。此外，为了呈现木材的质感，会再贴上一层纯云杉木。

剖面详图（S＝1：10）

装饰板 厚度10
石膏板 厚度15
柱子 105×105

贴上胶合板的外侧转角部分，即使露出切面也没有关系

2-8 木质装饰·楼梯

将角撑上的螺栓隐藏起来

在该设计案例中，采用将压紧金属零件的螺栓安装在角撑的顶部以使其隐藏的方法。

只要依照一般的方式事先裁切就能在侧面钻孔，所以在施工现场，工匠以手工方式就可以对螺栓孔进行加工。

2-9 木质装饰·楼梯

不锈钢制斜支柱(准防火建筑)

在该设计案例中，窗户的斜支柱用不锈钢制作而成。

用不锈钢制斜支柱作为窗户支撑的例子。即使是木造的准防火建筑，只要斜支柱采用不锈钢制材质，露出支柱也没有关系，所以在窗户、承重墙处多采用这种结构工艺。

2-10 木质装饰・楼梯

采用大壁型墙壁结构外露的设计(横梁)

隐藏横梁上安装的压紧金属零件的螺栓的设计案例。

大壁型墙壁上外露的横梁通常都比较显眼，为了避免这种情况，可以在综合考虑钻孔位置的基础上隐藏压紧金属零件的螺栓。可以采用D螺栓等能够内置于横梁内的金属零件。

2-11 木质装饰・楼梯

采用大壁型墙壁结构外露的设计(屋顶骨架)

屋顶骨架如果比较简单，可以直接露出来作为一种外观设计。

采用大壁型墙壁时，通过让屋顶骨架外露可以在空间中营造出木造住宅的气氛。如果空间需要兼具屋顶隔热等用途时，则必须将其设计成斜梁等结构，以确保足够的性能。

地板、墙壁、天花板的连接工艺

尽可能省略天花板的线板，缩小收边条，使视觉效果简洁。

在天花板与墙壁上贴长条状杉木板。地板采用纯落叶松木，没有设置地板收边条。

住宅建築

天花板和墙壁上贴了壁纸，地板则采用纯落叶松木。

天花板和墙壁上贴了壁纸并采用软木地板。

天花板采用椴木胶合板，墙壁采用壁纸，地板则选用榻榻米。

天花板、墙壁：长条状杉木板
地板：木质地板 × 无地板收边条

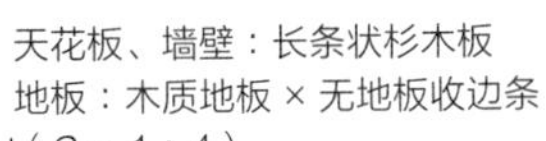

（S＝1：4）

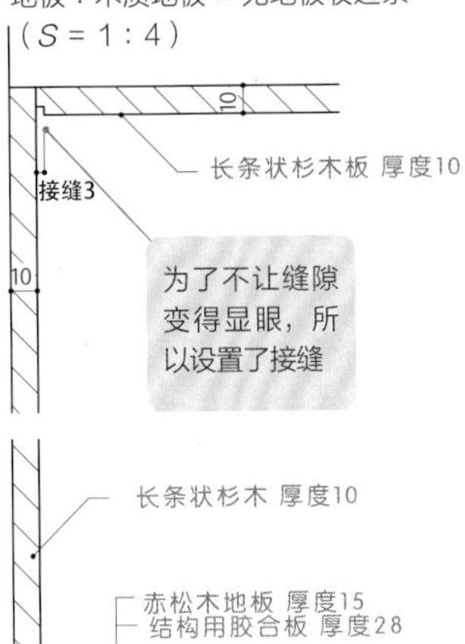

10
长条状杉木板 厚度10
接缝3
10
为了不让缝隙变得显眼，所以设置了接缝
长条状杉木 厚度10
赤松木地板 厚度15
结构用胶合板 厚度28
1FL±0
15
28

天花板、墙壁：壁纸
地板：木质地板 × 有地板收边条
（S＝1：4）

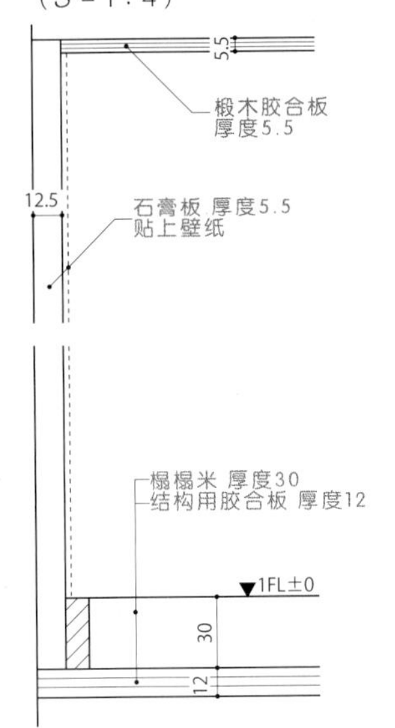

5.5
椴木胶合板
厚度5.5
12.5
石膏板 厚度5.5
贴上壁纸
榻榻米 厚度30
结构用胶合板 厚度12
1FL±0
30
12

天花板、墙壁：壁纸
地板：木质地板 × 有地板收边条
（S＝1：4）

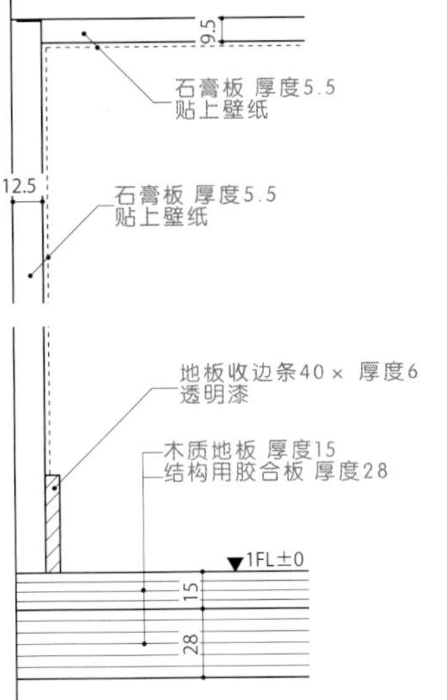

9.5
石膏板 厚度5.5
贴上壁纸
12.5
石膏板 厚度5.5
贴上壁纸
地板收边条40 × 厚度6
透明漆
木质地板 厚度15
结构用胶合板 厚度28
1FL±0
15
28

天花板：椴木胶合板　墙壁：壁纸
地板：榻榻米 × 榻榻米边缘横木
（S＝1：4）

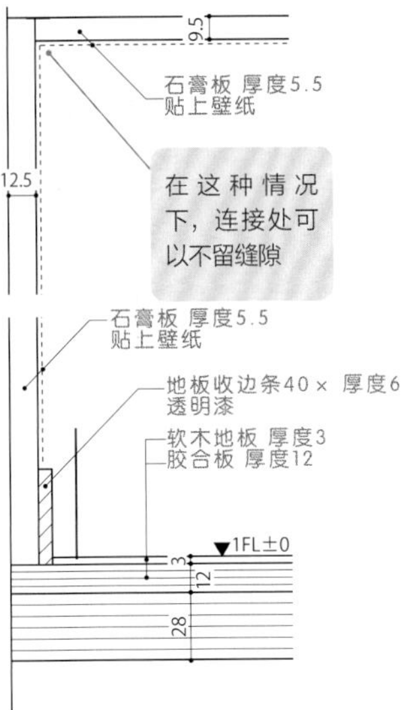

9.5
石膏板 厚度5.5
贴上壁纸
12.5
在这种情况下，连接处可以不留缝隙
石膏板 厚度5.5
贴上壁纸
地板收边条40 × 厚度6
透明漆
软木地板 厚度3
胶合板 厚度12
1FL±0
3
12
28

2-13 木质装饰 · 楼梯

墙壁上的软木板

想要在厨房和客厅设置留言区的话，可在墙壁上铺一块以石膏板作为底材的软木板。

在墙壁上部贴软木板的设计案例。色调沉稳大气，和周围软装非常搭配。

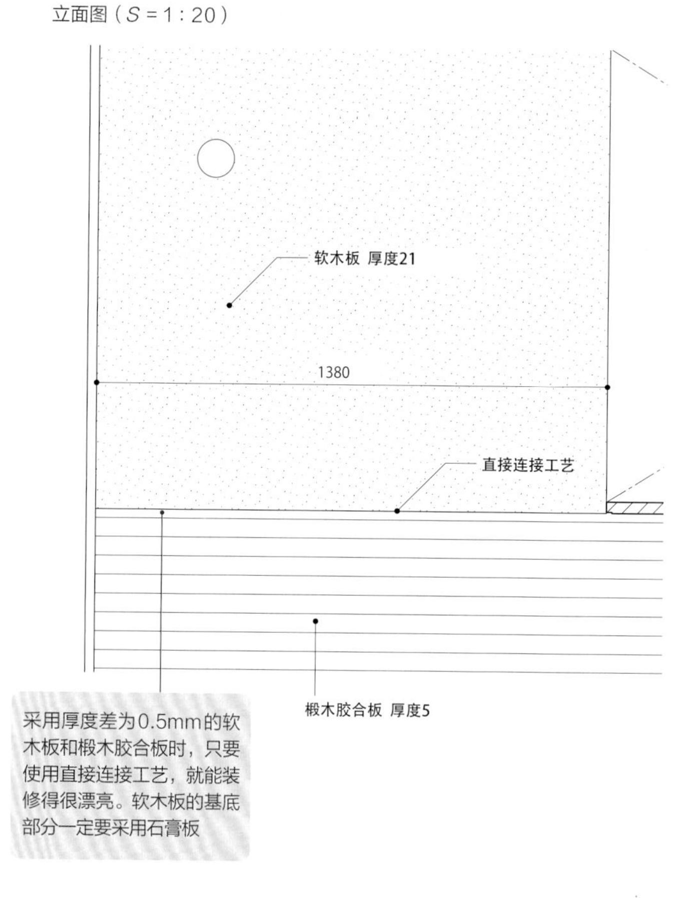
立面图（S＝1：20）
软木板 厚度21
1380
直接连接工艺
椴木胶合板 厚度5
采用厚度差为0.5mm的软木板和椴木胶合板时，只要使用直接连接工艺，就能装修得很漂亮。软木板的基底部分一定要采用石膏板

2-14 木质装饰 · 楼梯

室内中庭的顶部盖板

中庭 2 楼的扶手墙上最好用木制的顶部盖板盖起来以防止顶部表面被弄脏，但要考虑视觉效果。

将顶部盖板装设在室内中庭2楼的扶手墙上。通过将顶部盖板隐藏起来，使外观变得简洁。 参考了伊礼智设计室的结构工艺。

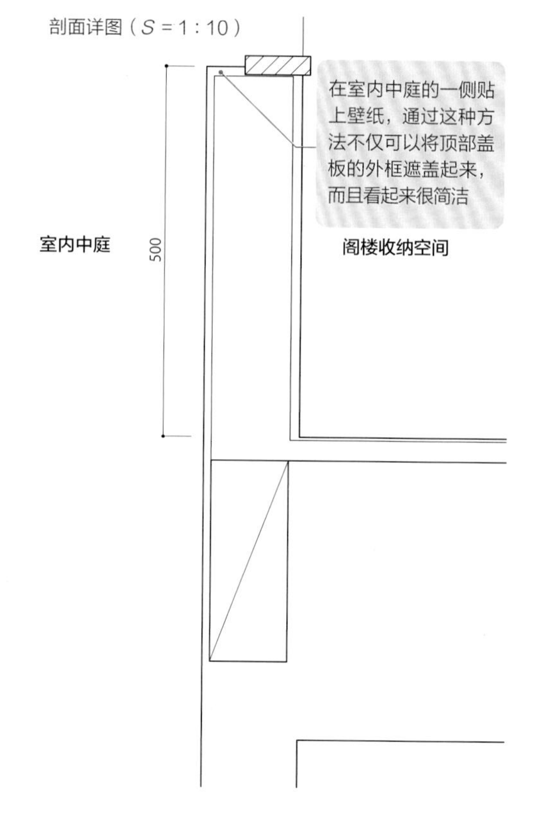
剖面详图（S＝1：10）
在室内中庭的一侧贴上壁纸，通过这种方法不仅可以将顶部盖板的外框遮盖起来，而且看起来很简洁
室内中庭
500
阁楼收纳空间

2-15 木质装饰·楼梯

矮墙隔断

以矮墙和柱子构成的隔断自然地分隔了空间，其与房屋结构无关。

分别从客厅（上图）和书房（下图）方向看隔断的效果。柱子由柳桉木切削加工而成。

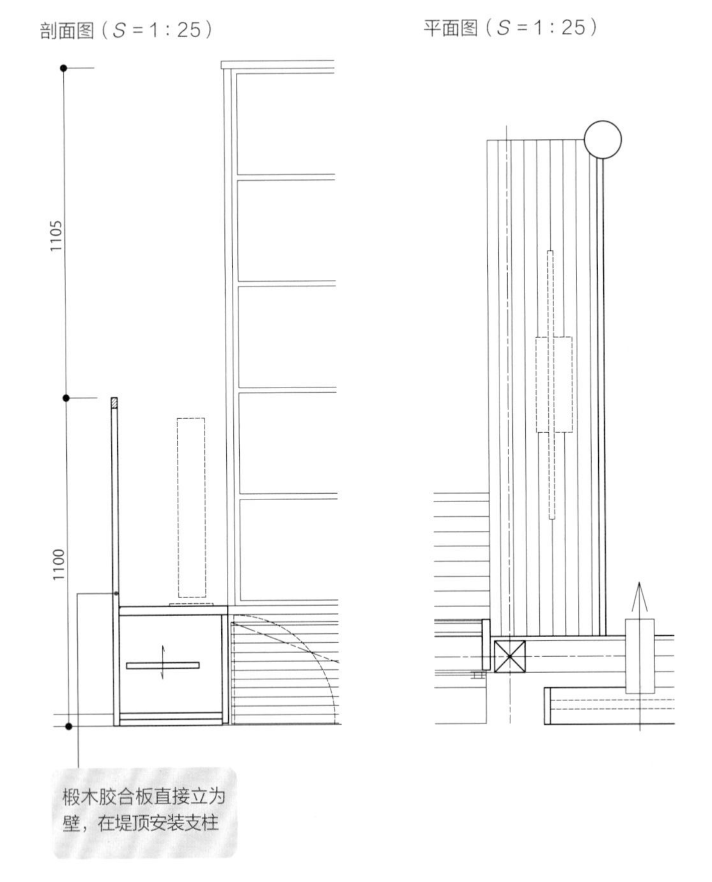
剖面图（S＝1：25）
平面图（S＝1：25）
1105
1100

椴木胶合板直接立为壁，在堤顶安装支柱

2-16 木质装饰·楼梯

天花板边缘的间接照明

在靠近墙壁的天花板上装入LED灯具实现间接照明，以改善走廊的氛围。

LED灯具嵌入靠近墙壁的天花板边缘，让光反打在墙上。

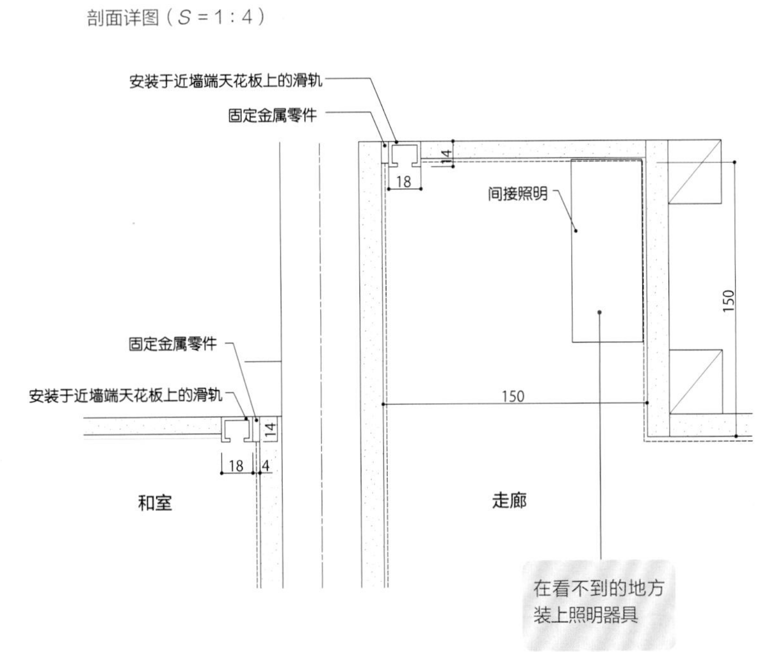
剖面详图（S＝1：4）
安装于近墙端天花板上的滑轨
固定金属零件
18
14
间接照明
150
150
固定金属零件
安装于近墙端天花板上的滑轨
14
18
4
和室
走廊

在看不到的地方装上照明器具

2-17 木质装饰・楼梯

在地板上贴胶合板

想节约成本，或者只把这里当作收纳用空间而非卧室时，只铺一层针叶树胶合板就可以直接使用了。

右上图为赤松木胶合板，其余为欧洲落叶松胶合板。在所有无地板横木的胶合板上都贴了12mm厚的胶合板。只要挑选美观的室内装修专用胶合板，即使不进行涂装等加工也可以直接当作地板来用。另外，由于椴木胶合板等色调较明亮的胶合板容易显脏，所以要进行充分涂装或者尽量避免使用这种胶合板。

2-18 木质装饰・楼梯

在墙壁和天花板上贴杉木板

可在墙壁和天花板上铺上杉木板作为室内装饰。

在墙壁和天花板上贴杉木板的设计案例。如果按照杉木板的纹理横向铺设的话会显得过于普通，所以多数情况下会采用竖向张贴的方式。考虑到外观的美观性，最好不用地板收边条。

2-19 木质装饰・楼梯

玄关台阶装饰材料

玄关台阶装饰材料的基本规格，应尽量选择有质感的、颜色良好的硬木。

在水泥地的露骨料装饰工艺基础上直接设置玄关台阶的设计案例。

剖面详图（S = 1：10）

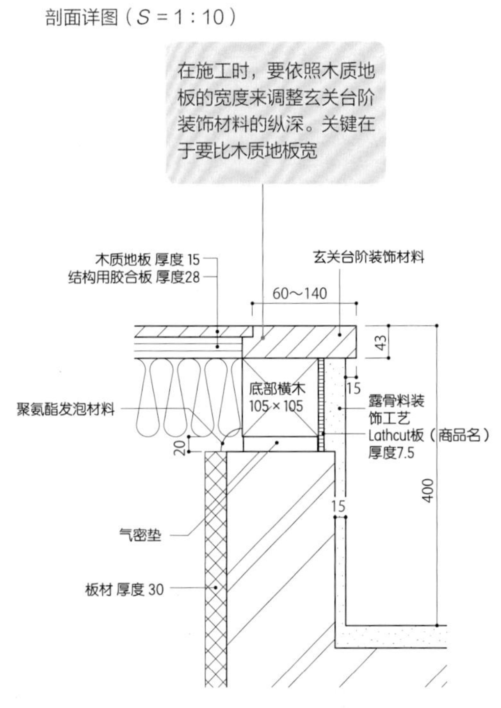
在施工时，要依照木质地板的宽度来调整玄关台阶装饰材料的纵深。关键在于要比木质地板宽
木质地板 厚度15
结构用胶合板 厚度28
玄关台阶装饰材料
60～140
43
15
底部横木
105×105
聚氨酯发泡材料
露骨料装饰工艺
Lathcut板（商品名）
厚度7.5
20
400
15
气密垫
板材 厚度30

2-20 木质装饰・楼梯

玄关的木板台阶1

木质基底上设置木板台阶的设计案例。用于在玄关通道长度不足时减少玄关和室内的高差。

安装木板台阶的玄关，通道较短时通常会采用这种设计。

剖面详图（S = 1：10）

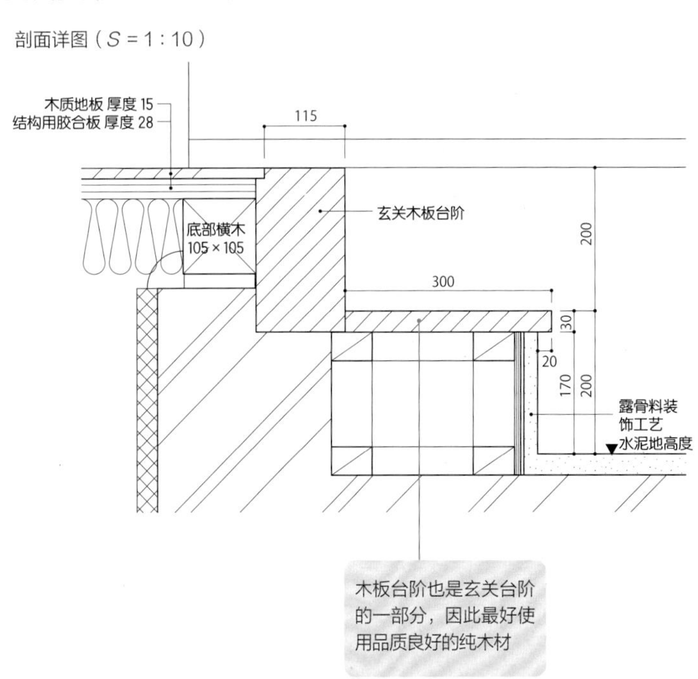
木质地板 厚度15
结构用胶合板 厚度28
115
底部横木
105×105
玄关木板台阶
200
300
30
20
170
200
露骨料装饰工艺
水泥地高度
木板台阶也是玄关台阶的一部分，因此最好使用品质良好的纯木材

玄关的木板台阶2（有间接照明）

将木板台阶固定在两侧的墙壁上，看起来很轻快，还可以在木板台阶内侧加入照明。

木板台阶内侧安装照明的状态。木板台阶的材料使用木瓜海棠原木。

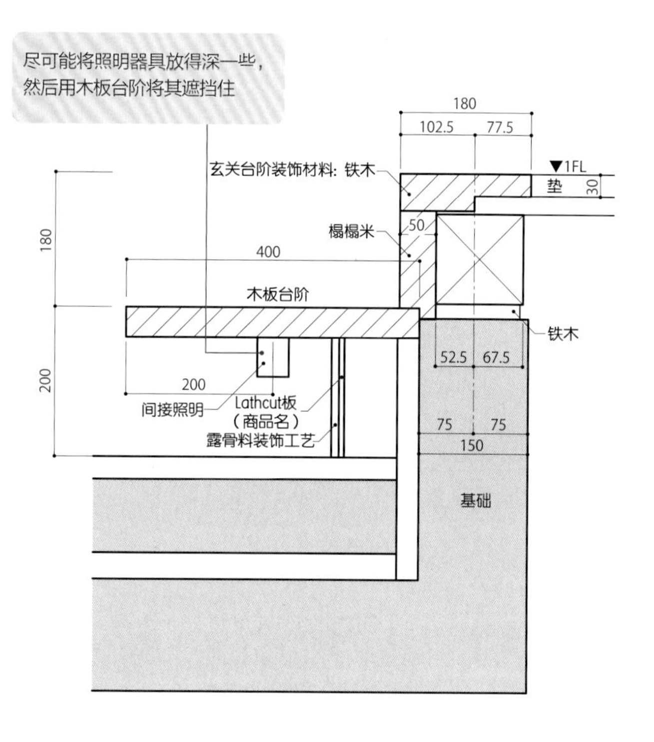
剖面详图（S＝1:10）
尽可能将照明器具放得深一些，然后用木板台阶将其遮挡住
玄关台阶装饰材料：铁木
榻榻米
木板台阶
间接照明
Lathcut板（商品名）
露骨料装饰工艺
铁木
基础
垫
▼1FL
180
102.5
77.5
400
200
52.5
67.5
75
150

以补强板为基底的木板台阶

想将木板台阶抬高使之可见时，在基底加入补强板的设计案例。

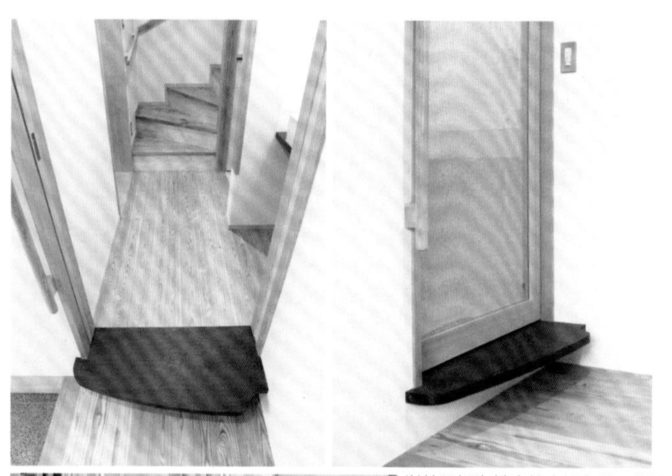

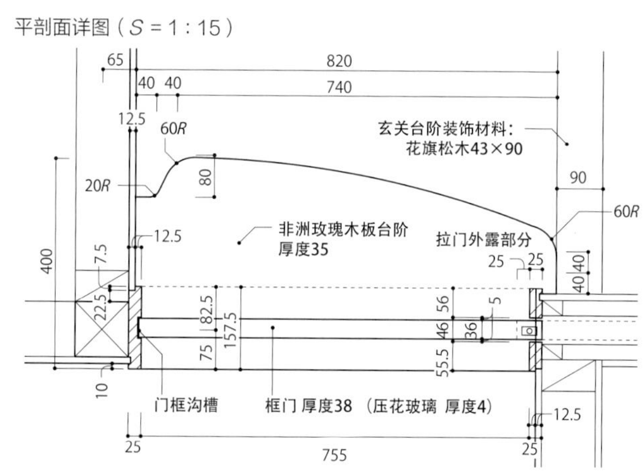
平剖面详图（S＝1：15）
玄关台阶装饰材料：花旗松木43×90
非洲玫瑰木板台阶 厚度35
拉门外露部分
门框沟槽
框门 厚度38 （压花玻璃 厚度4）
820
740
755

以补强板为基底的木板台阶。使用非洲玫瑰木这种高级材料（左上图和右上图）。
用来当作基底的补强板是由专门的钢骨加工人员加工而成的（左图）。

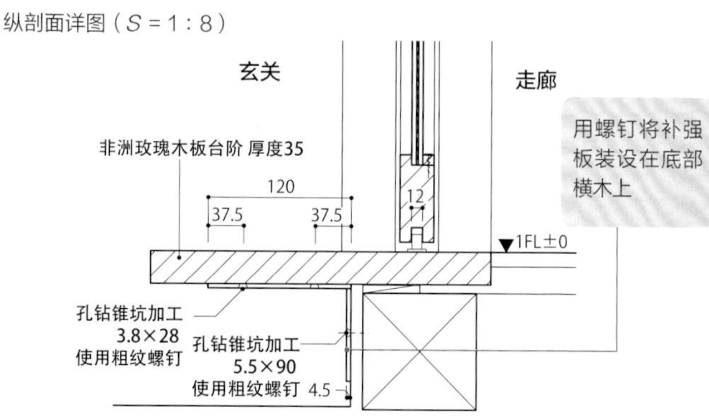
纵剖面详图（S＝1：8）
玄关
走廊
用螺钉将补强板装设在底部横木上
非洲玫瑰木板台阶 厚度35
▼1FL±0
孔钻锥坑加工 3.8×28 使用粗纹螺钉
孔钻锥坑加工 5.5×90 使用粗纹螺钉
120
37.5
37.5

2-23 木质装饰·楼梯

玄关的纵向扶手1（无防摇）

设置于玄关的纵向扶手。从地板到天花板仅设置了1根扶手，这种设置方式降低了扶手的存在感，使其与装修和谐地融为一体。

从地板延伸到天花板的玄关纵向扶手。不仅可供不同身高的人使用，而且附近没有墙壁的位置也可以装设。

剖面详图（S＝1：5）

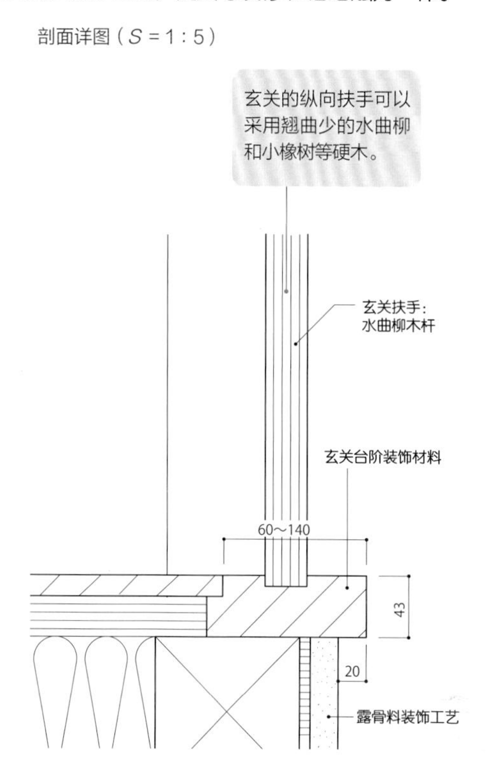

玄关的纵向扶手可以采用翘曲少的水曲柳和小橡树等硬木。
玄关扶手：
水曲柳木杆
玄关台阶装饰材料
60～140
43
20
露骨料装饰工艺

2-24 木质装饰·楼梯

玄关的纵向扶手2（有防摇）

玄关的纵向扶手设置防摇的设计案例。设置防摇不仅可以增加稳定感，还可以补足扶手的直径。

在玄关的墙壁边缘设置的纵向水曲柳扶手，其长度相当于从木板台阶到天花板的距离。

平剖面详图（S＝1：20）　侧面图（S＝1：20）

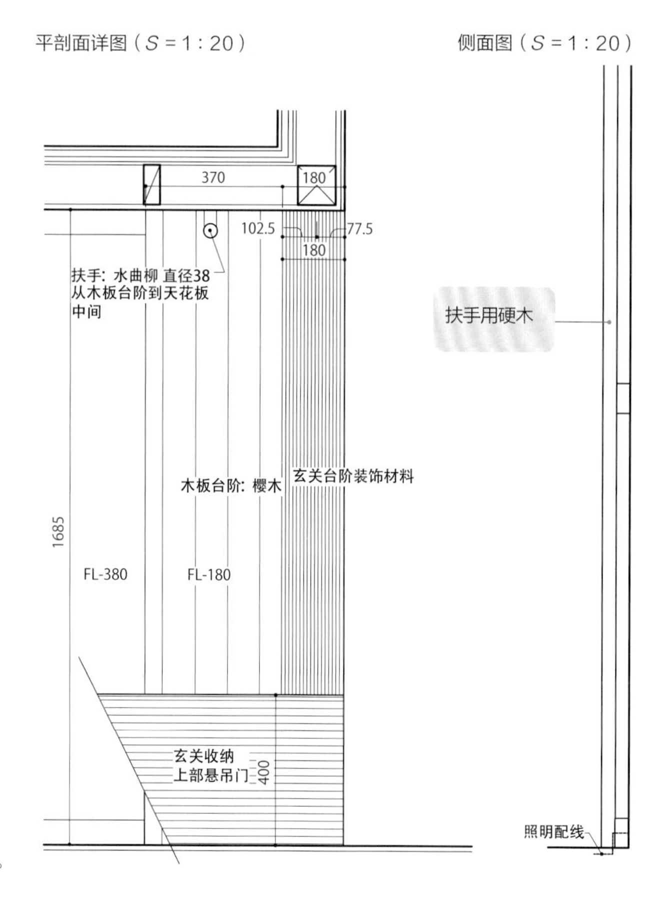

370
180
102.5
77.5
180
扶手：水曲柳 直径38
从木板台阶到天花板
中间
扶手用硬木
木板台阶：樱木
玄关台阶装饰材料
1685
FL-380
FL-180
玄关收纳
上部悬吊门
400
照明配线

2-25 木质装饰・楼梯

猫走道的木制扶手/支柱

为方便开关窗户和清扫而设置的猫走道（Catwalk），使用的是一种简约的木作结构工艺。

猫走道（Catwalk）既能强化结构，也能当成清理窗户的立足处。为了确保采光，最好在安全的范围内设置空隙。

平剖面详图（S＝1：30）

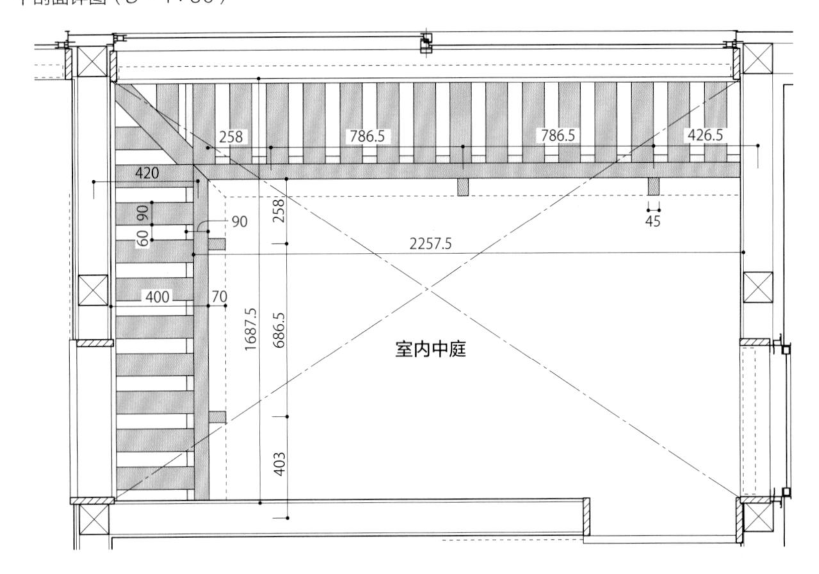

258
786.5
786.5
426.5
420
90
60
90
258
45
2257.5
400
70
1687.5
686.5
室内中庭
403

剖面详图（S＝1：15）

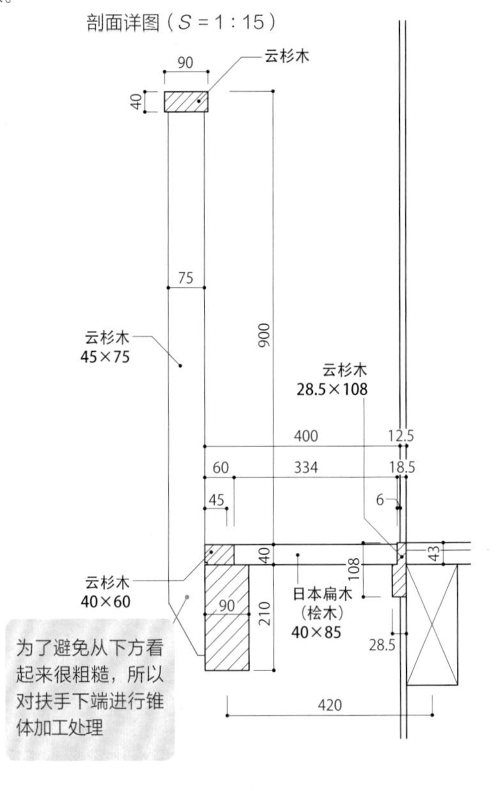

90
云杉木
40
75
云杉木
45×75
900
云杉木
28.5×108
400
12.5
60
334
18.5
45
6
40
108
43
云杉木
40×60
90
210
日本扁木
（桧木）
40×85
28.5
420
为了避免从下方看起来很粗糙，所以对扶手下端进行锥体加工处理

2-26 木质装饰・楼梯

猫走道的木制扶手/金属支柱

不仅能用于开关窗户和清扫，也可实际供猫走动。金属扶手看起来很清爽。

在客厅的大型室内中庭内设置猫走道的例子。通过金属支柱与扶手来呈现简洁的风格。

剖面详图（S＝1：30）

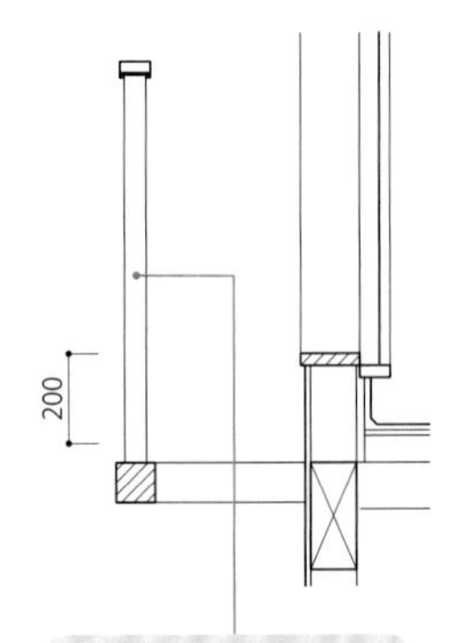

200

虽然扶手支柱采用扁钢条制成，但是基于手感的考虑，扶手的顶部最好使用木质材料

平剖面详图（S＝1：30）

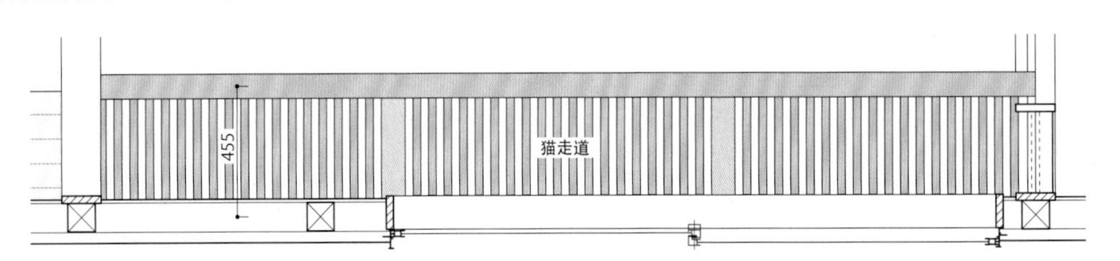

455
猫走道

2-27 木质装饰・楼梯

室内中庭的木制扶手(竖护栏)

用木制扶手代替室内中庭墙壁的设计案例。纵向扶手不仅通风透光，而且能使视野变得开阔。扶手支柱可以做得细些。

在面向室内中庭的位置设置木制扶手的例子。2楼的走廊位于此处，为了避免有人摔落，所以在细型百叶护栏的上方设置了扶手。让百叶护栏的木材宽度与空隙尺度相同，看起来会很漂亮。

剖面详图（S = 1：20）

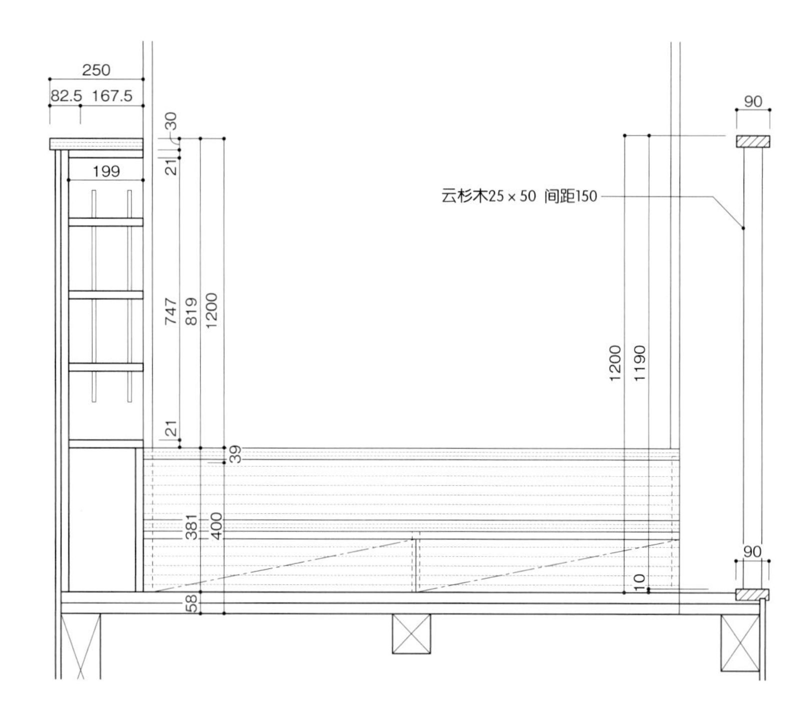
250
82.5 167.5
199
30
21
747
819
1200
21
39
381
400
58
云杉木25 × 50 间距150
90
1200
1190
10
90

2-28 木质装饰・楼梯

走廊的木制扶手(横护栏)

用横条制作扶手的设计案例。为了减少横条的数量而采用稍厚的材料。

正视图（S = 1：30）

在扶手连接处采用斜接加工等工艺，以呈现出经过刨切的实心木板的质感

1820
80
900
80
900
65
13
2FL
1740
12

使用木质材料来呈现实心木板质感的扶手。在这种情况下，横条最好不要设置得过于密集，而是要通过较大的空隙来呈现沉稳感。

2-29 木质装饰・楼梯

音乐室的吸音天花板

将包覆着布料的玻璃棉板用木框压住，呈现格子天花板的风格。

在此例中，先将包覆着布料的玻璃棉板贴在天花板上，然后再用格状木材将其固定住。玻璃棉板是帕拉玛温特玻璃工业公司的产品，产品名为GC板。

剖面详图（S = 1：20）

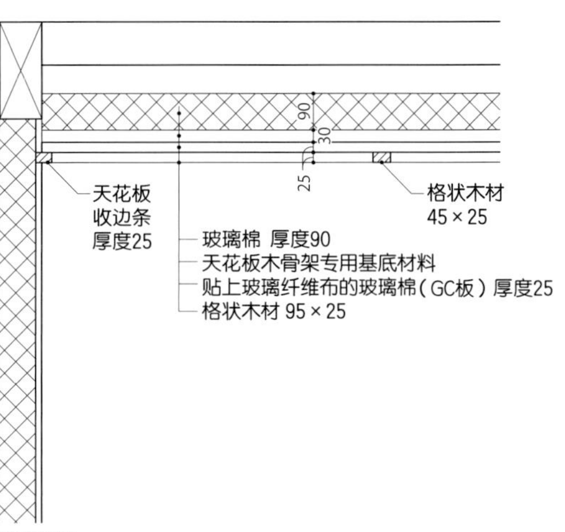
90
30
25
天花板
收边条
厚度25
格状木材
45 × 25
玻璃棉 厚度90
天花板木骨架专用基底材料
贴上玻璃纤维布的玻璃棉（GC板）厚度25
格状木材 95 × 25

施工步骤

① 依照40 × 30的规格，将天花板的骨架专用基底材料与天花板收边条的基底材料装设在天花板上。
② 装上天花板收边条与中层木骨架，并使其基底之间留下25mm的空隙(GC板的厚度)。
③ 通过临时钉，将调整好尺寸的GC板固定在天花板基底上。
④ 通过暗榫与胶黏剂，将格状木材粘在中层木骨架与天花板收边条上，并通过暗钉与楔木来固定。

2-30 木质装饰・楼梯

小型室内中庭

当空间狭小且窗户采光不足时，设置一个小的中庭就可以大大提高白天的亮度。

设置在小型住宅中的室内中庭。照片都是同一个室内中庭，由左到右依序为：2楼，从2楼往下看，1楼。像这样，即使大小只有0.25~0.5㎡，在通风、采光、视野的开阔度方面，还是具备足够的效果的。

2-31 木质装饰・楼梯

用壁柱作为配线空间

柱子周围要设置开关的话，可做一个中空的壁柱，内部用于放置配线和插座盒等。

拉门中央设置插座和开关。作为多个拉门占据大半墙壁时的解决方法。

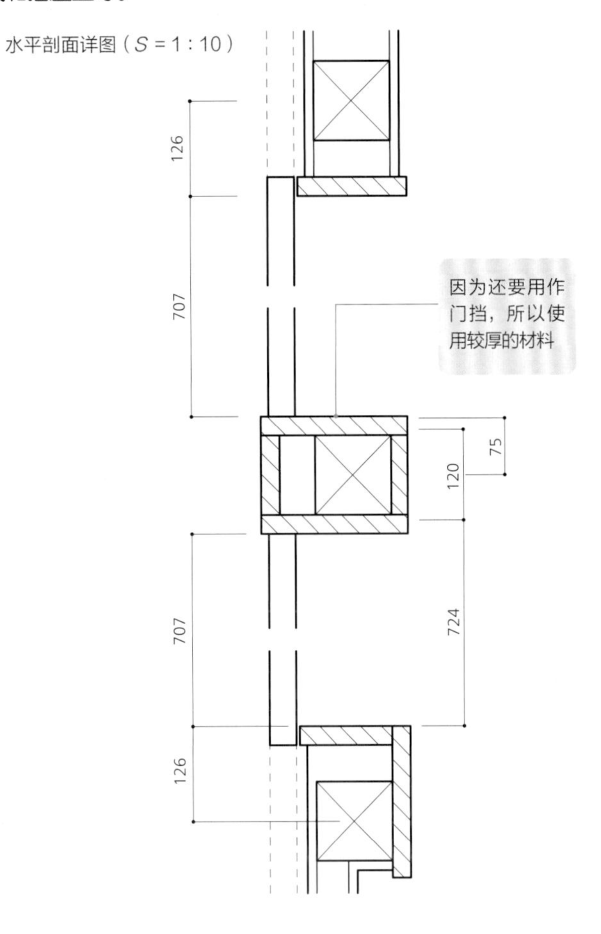

水平剖面详图（S＝1：10）
126
707
因为还要用作门挡，所以使用较厚的材料
75
120
707
724
126

2-32 木质装饰・楼梯

吊灯挂

在中庭等天花板非常高的情况下，为了悬挂吊灯而制作的支撑部件。

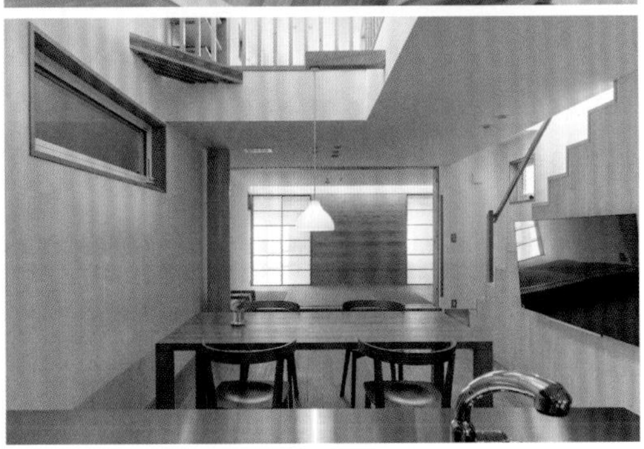

从2楼看到的餐厅（上）和从1楼厨房看到的卧室（下）。木造的吊灯挂与整体装修风格相统一。

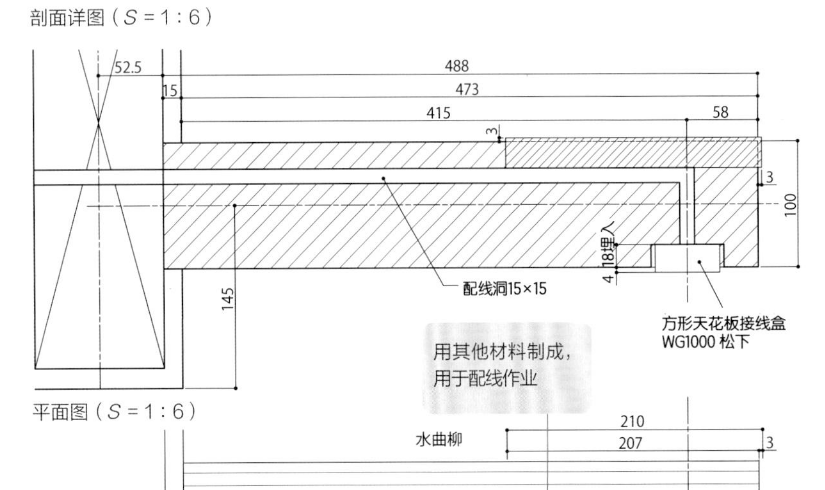

剖面详图（S＝1：6）
52.5
488
15
473
415
58
3
3
100
18埋入
4
配线洞15×15
145
方形天花板接线盒
WG1000 松下
用其他材料制成，
用于配线作业
平面图（S＝1：6）
水曲柳
210
207
3
21
15
473

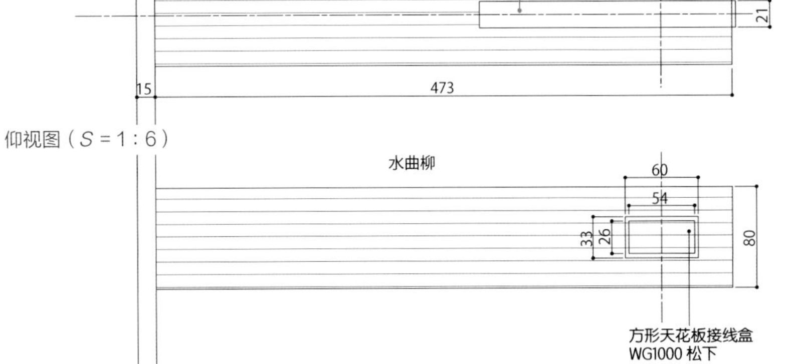

仰视图（S＝1：6）
水曲柳
60
54
33
26
80
方形天花板接线盒
WG1000 松下

无竖板楼梯

木制的无竖板楼梯。梯段斜梁的造型虽然看起来有些笨拙，但可获得良好的通风、采光等效果。

定制而成的无竖板楼梯。主要采用北美云杉木制作。由于无竖板楼梯能够让2楼的光线透射过来，也具备通风作用，所以能够代替室内中庭。

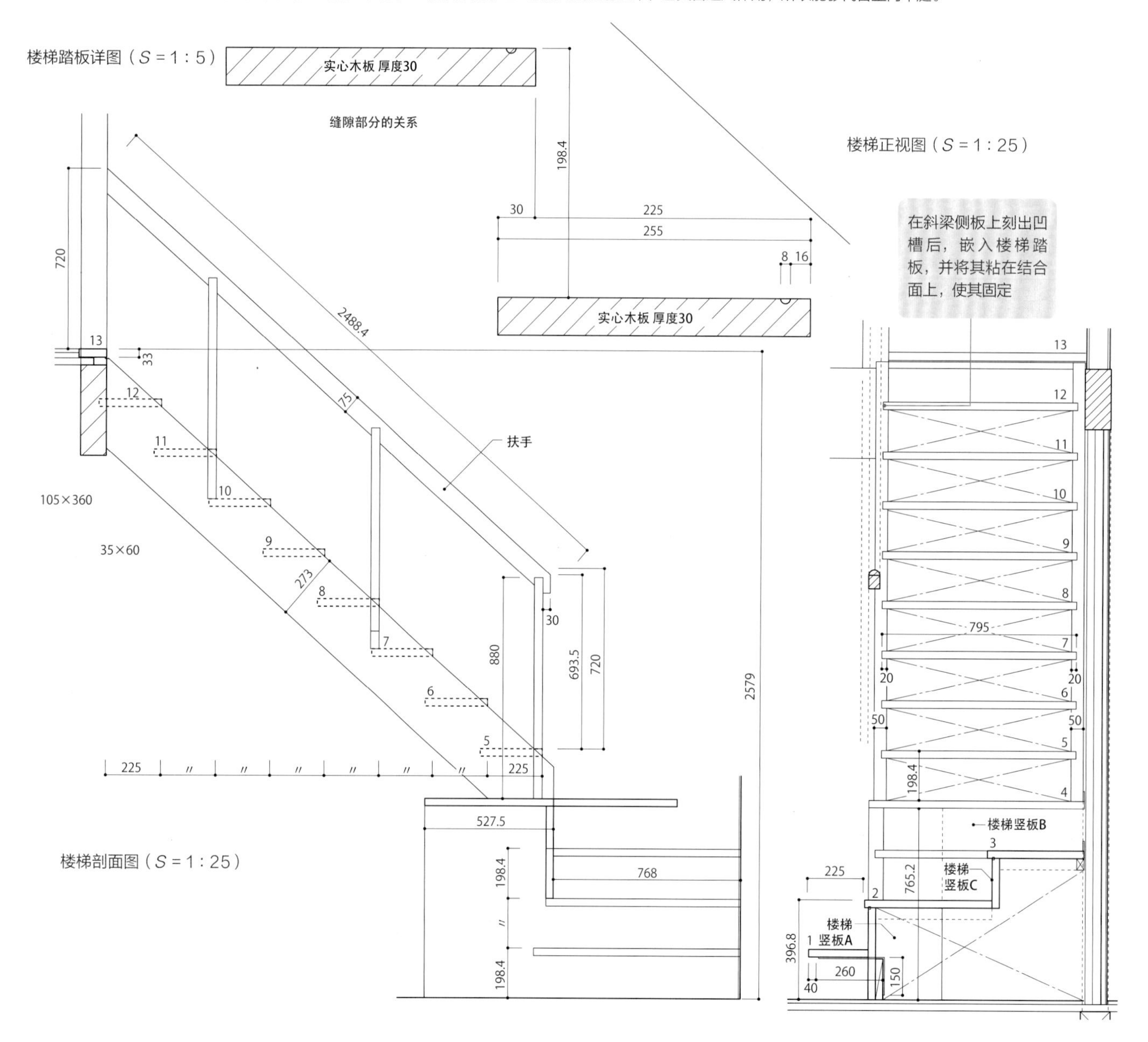
楼梯踏板详图（S＝1：5）
实心木板 厚度30
缝隙部分的关系
198.4
30
225
255
8
16
实心木板 厚度30
楼梯正视图（S＝1：25）
在斜梁侧板上刻出凹槽后，嵌入楼梯踏板，并将其粘在结合面上，使其固定
720
13
33
2488.4
75
扶手
105×360
35×60
273
880
693.5
720
30
2579
225
527.5
768
198.4
楼梯剖面图（S＝1：25）
795
20
50
楼梯竖板B
楼梯竖板C
楼梯竖板A
765.2
396.8
260
40
150

突出楼梯

这里指楼梯的一部分突出墙外。在必须露出或希望露出部分楼梯时使用。

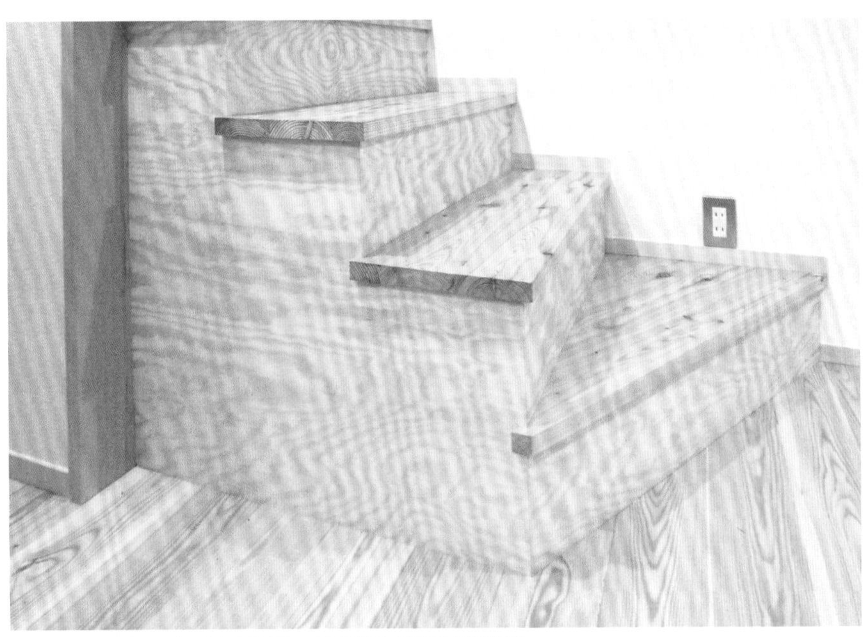

下部突出的楼梯。因为可以看到侧面，所以最好与周围的装修相配。

剖面图（S＝1：15）

立面图（S＝1：15）

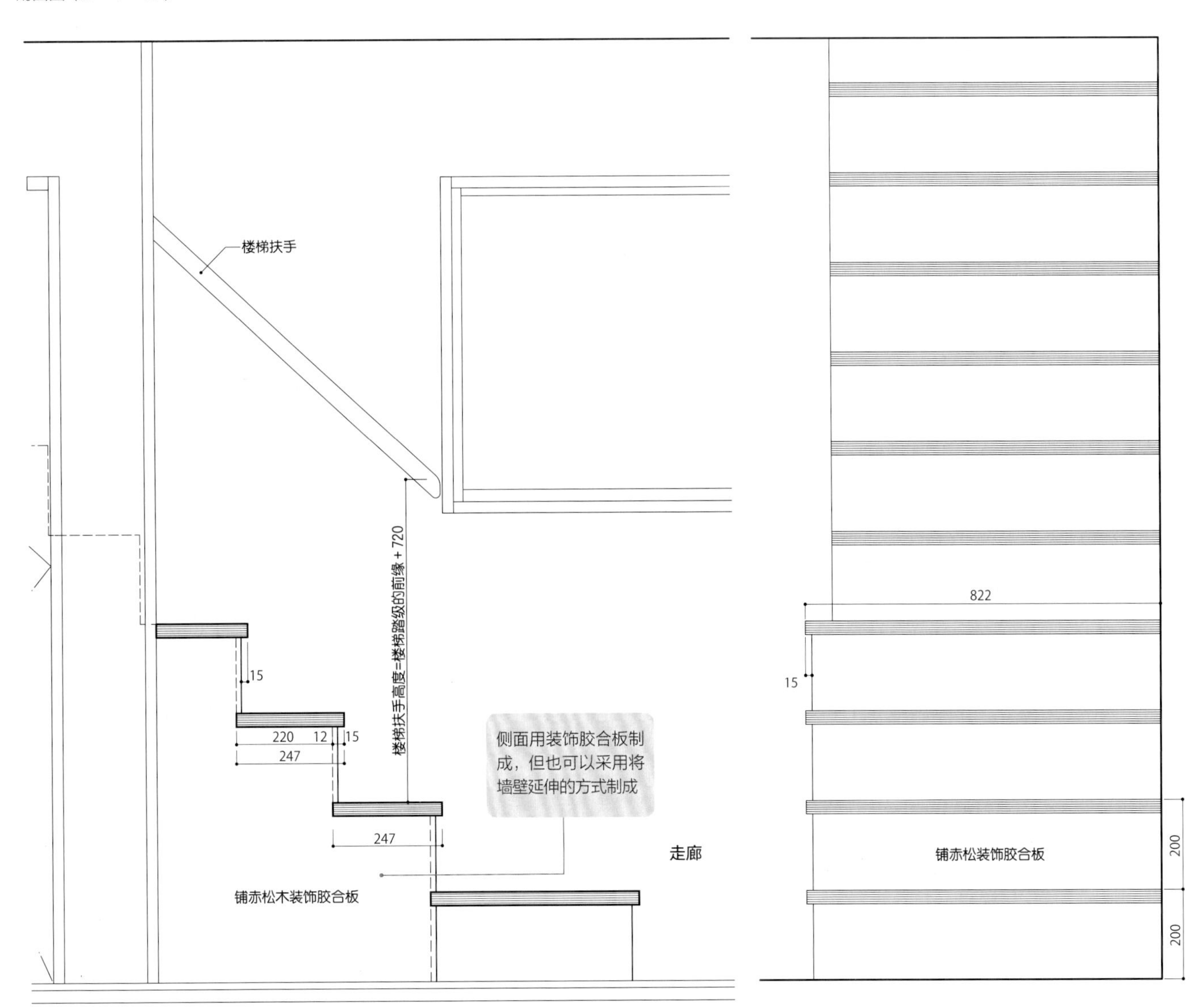
楼梯扶手
楼梯扶手高度=楼梯踏级的前缘＋720
15
220
12
15
247
247
侧面用装饰胶合板制成，但也可以采用将墙壁延伸的方式制成
走廊
铺赤松木装饰胶合板
822
15
200
200
铺赤松装饰胶合板

2-35 木质装饰・楼梯

楼梯收边条的简化

设置和楼梯踏板长度相匹配的收边条的设计案例。比设置锯齿收边条省时，且外观也好看。

装设在楼梯踏板部位的收边条。比设置锯齿收边条简单，效果也不错。材质为云杉木。

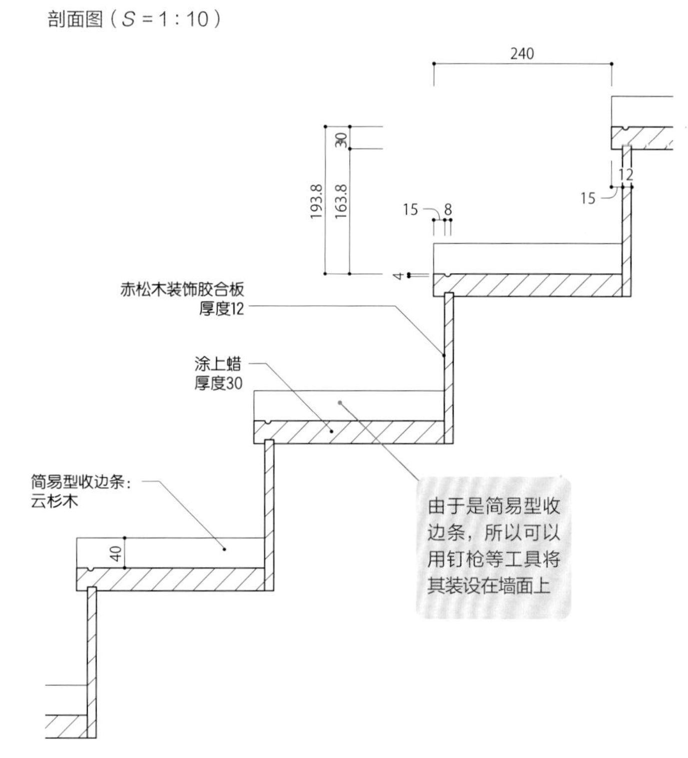

剖面图（S＝1：10）
240
30
193.8
163.8
15
8
12
15
4
赤松木装饰胶合板
厚度12
涂上蜡
厚度30
简易型收边条：
云杉木
40
由于是简易型收边条，所以可以用钉枪等工具将其装设在墙面上

2-36 木质装饰・楼梯

设置准防火构造薄壁的螺旋梯

叠加 2 片由 3 层板制成的准防火构造薄壁的螺旋梯的设计案例。如果不是准防火构造，可以采用 30mm 的厚度。

从上方看到的螺旋梯。通过使翼墙变薄，从而让楼梯变得更宽。

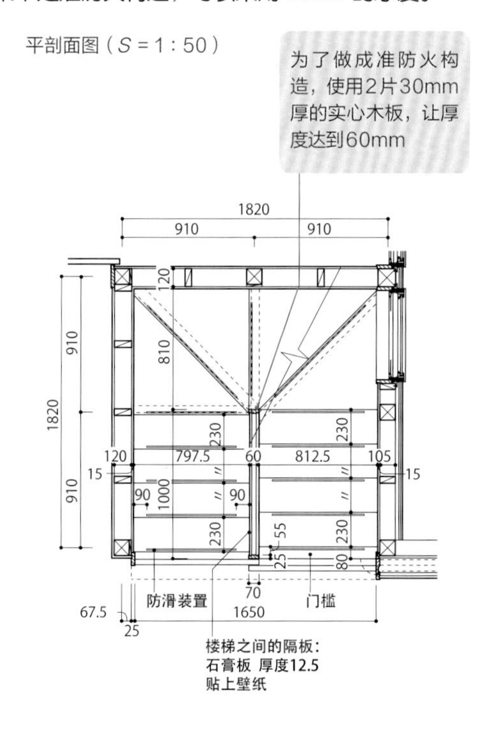

平剖面图（S＝1：50）
为了做成准防火构造，使用2片30mm厚的实心木板，让厚度达到60mm
1820
910
910
120
810
910
1820
910
230
230
120
797.5
60
812.5
105
15
15
90
1000
90
230
55
230
25
80
70
1650
67.5
25
防滑装置
门槛
楼梯之间的隔板：
石膏板 厚度12.5
贴上壁纸

2-37 木质装饰・楼梯

可用于准防火/防火建筑的合成梯(嵌入钢板)

将基底的钢板弯曲，并安装按照钢板形状加工的原木木材的楼梯踏板。

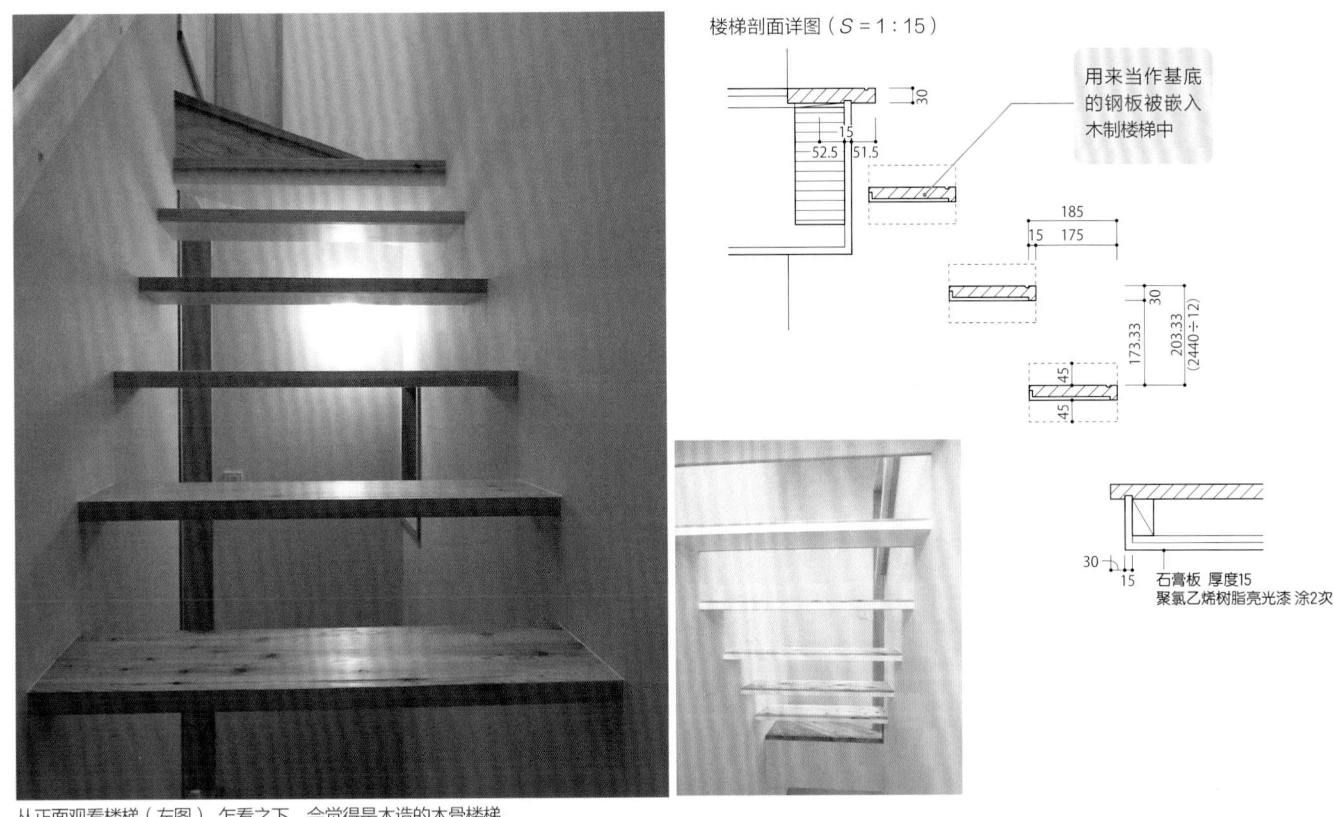

楼梯剖面详图（S＝1：15）
用来当作基底的钢板被嵌入木制楼梯中
30
15
52.5
51.5
185
15 175
30
173.33
203.33 (2440÷12)
45
45
30
15
石膏板 厚度15
聚氯乙烯树脂亮光漆 涂2次

从正面观看楼梯（左图）。乍看之下，会觉得是木造的木骨楼梯。
从内侧观看的话（右图），可以清楚地看到钢板。白色涂装能够使钢板与周围环境融为一体，而且不显眼。

2-38 木质装饰・楼梯

可用于准防火/防火建筑的合成梯(直接贴上钢板)

在基底的钢板上直接安装原木木材的楼梯踏板。原木木材选用 30mm 的较厚材料，以确保稳定性。

从下往上看楼梯。

楼梯踏板部分的细节图。直接将钢板与踏板粘在一起。

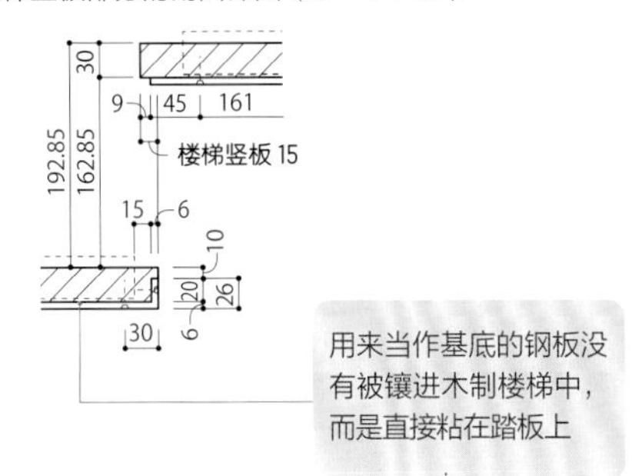

楼梯竖板部分的剖面详图（S＝1：10）
30
9
45
161
楼梯竖板 15
192.85
162.85
15
6
10
26
30
6
用来当作基底的钢板没有被镶进木制楼梯中，而是直接粘在踏板上

楼梯纵向扶手

螺旋楼梯中心设置的纵向扶手，设计得非常大气，直接设置在墙壁内。

3层板的墙壁，扶手使用原木并做旋切处理。

纵向扶手细节图。使用原木（日本铁杉或松木）作为材料。

扶手详图（$S=1:2$）

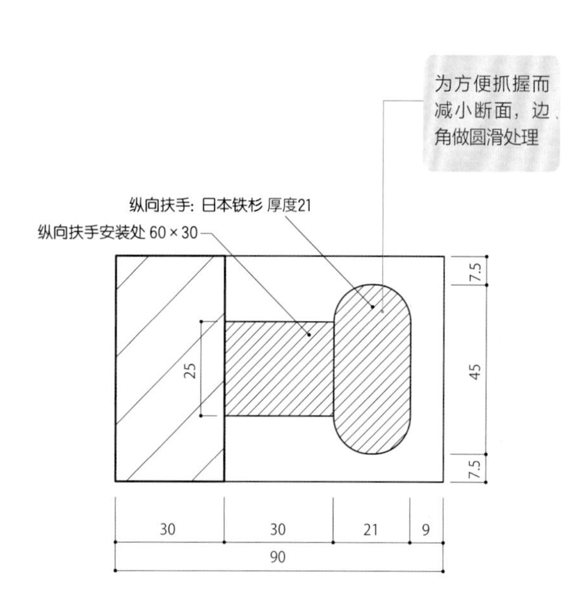
为方便抓握而减小断面，边、角做圆滑处理
纵向扶手：日本铁杉 厚度21
纵向扶手安装处 60×30
25
7.5
45
7.5
30
30
21
9
90

剖面详图（$S=1:20$）

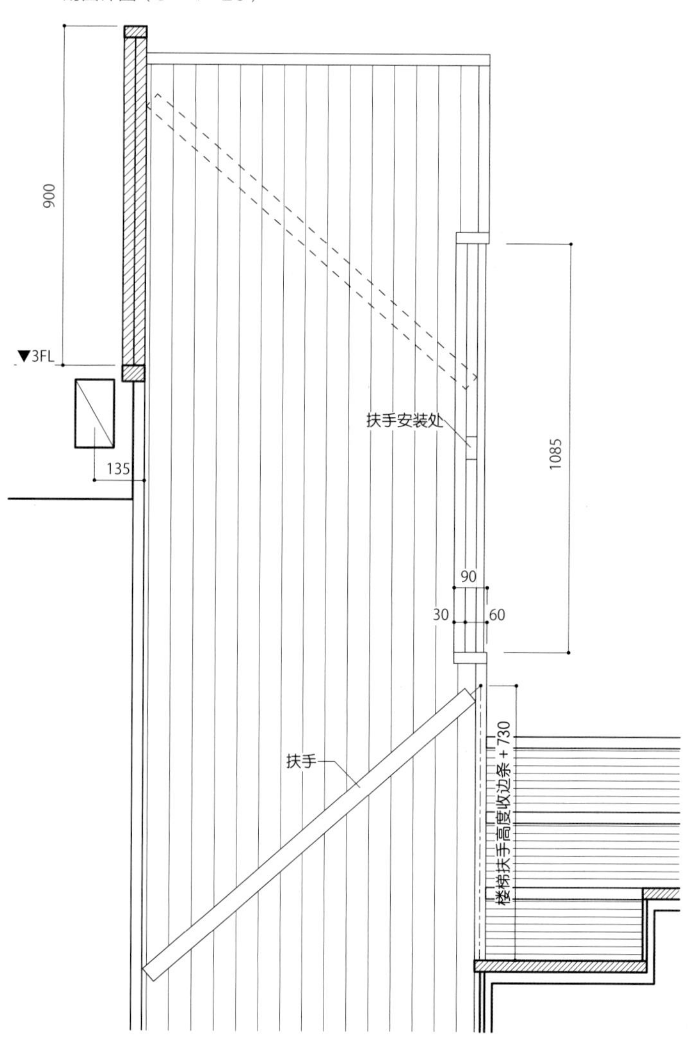
900
▼3FL
135
扶手安装处
1085
90
30
60
扶手
楼梯扶手高度收边条+730

2-40 木质装饰・楼梯

楼梯扶手

原木楼梯扶手。因为经常用手触摸，所以最好选用硬木。

楼梯扶手的细节图。为了使手感变好，所以在棱角处进行打磨处理。
另外，只要将木楔拔出，就能够拆卸此扶手。
在走廊上搬运大型物品时，如果扶手碍事的话，就可以利用此设计来拆卸扶手。

剖面详图（S＝1：4）

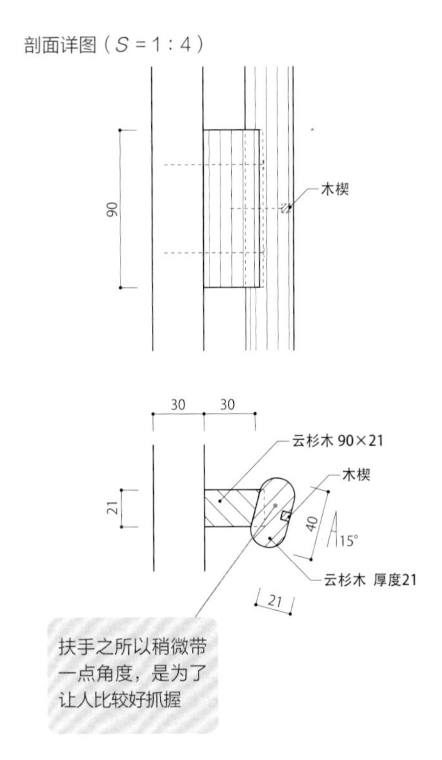
90
木楔
30
30
云杉木 90×21
木楔
21
40
15°
云杉木 厚度21
21

扶手之所以稍微带一点角度，是为了让人比较好抓握

2-41 木质装饰・楼梯

楼梯所在的架高地板

在小型榻榻米座区开口的楼梯，有时会巧妙利用柜台等定制的家具（从而达到一物多用的效果）。

将楼梯第一层的地板升高的例子。此台阶除了能当作长椅外，还具备多种用途，如作为收纳空间等。

剖面详图（S＝1：20）

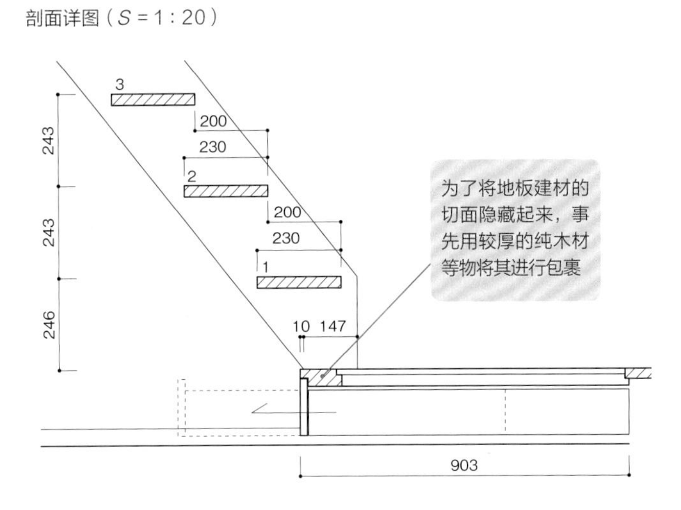
3
200
230
2
200
230
1
243
243
246
10 147
903

为了将地板建材的切面隐藏起来，事先用较厚的纯木材等物将其进行包裹

楼梯口的半高拉门与外框沟槽

半高拉门上设置门挡，另外，在与拉门接触的位置挖一道沟槽，这样关门时可以紧密地填满缝隙。

半高拉门打开时与关闭时的状态对比。可以防止儿童摔落与冷暖气流流动（设计：伊礼智设计室）。

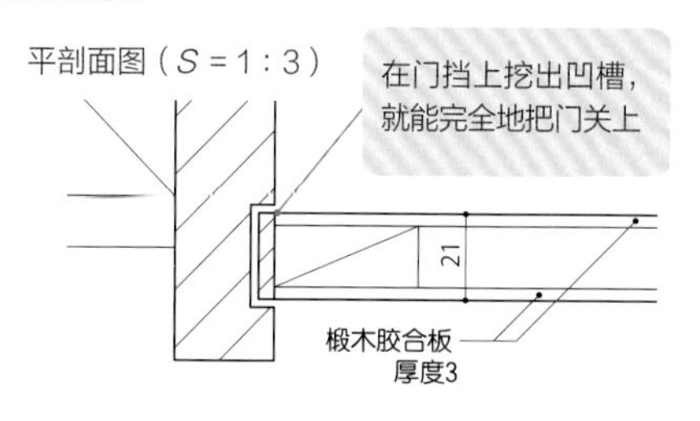
平剖面图（S＝1：3）
在门挡上挖出凹槽，就能完全地把门关上
21
椴木胶合板
厚度3

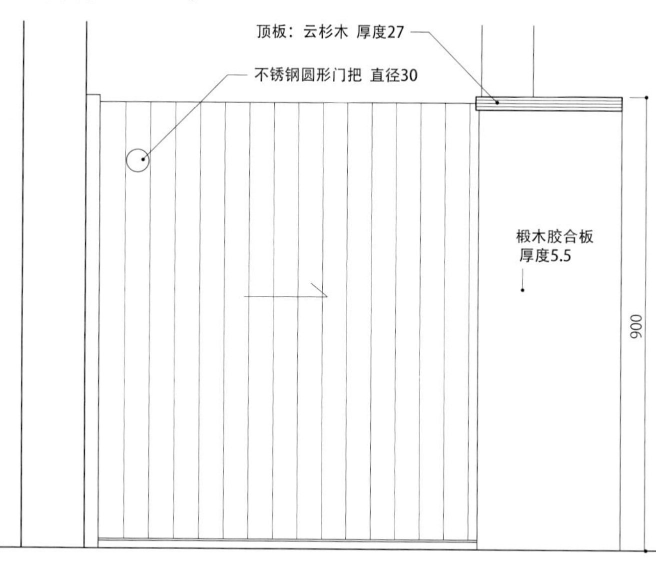
正视图（S＝1：10）
顶板：云杉木 厚度27
不锈钢圆形门把 直径30
椴木胶合板
厚度5.5
900

半高拉门的拉门钩锁

半高拉门上安装拉门钩锁的设计案例。在希望无缝关闭时或上锁时使用。

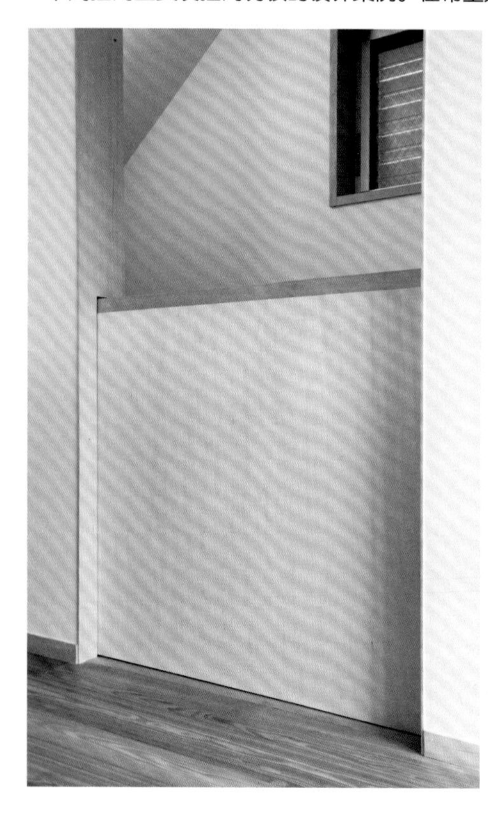

半高拉门既能防止儿童摔落，又能阻止气流流动。为了不阻碍道路，平时会将拉门收在墙内。此外，为了不让儿童打开拉门，可在拉门背面装设单侧型转锁。

2-44 木质装饰・楼梯

楼梯竖板的收纳空间

楼梯下（空间）无法利用时，可以利用楼梯本身进行收纳，尤其是螺旋楼梯。抽屉式样简洁，采用与楼梯相同的材料即可。

在此例中，从正中央进行切割，让每一层都拥有两个收纳抽屉。将抽屉分割成两半，就能加强楼梯踏板基底的中央部分。

2-45 木质装饰・楼梯

地板下方的挖空型检修孔

考虑到外观的美观性，使用和地板相同的材料，且做成无框的。可设置于卫生间或厨房等处。

在此例中，将纯木地板的一部分挖空，以设置地板下方的检修孔。
由于不是市售成品，所以外观给人的印象也很好。

剖面图（S = 1：10）

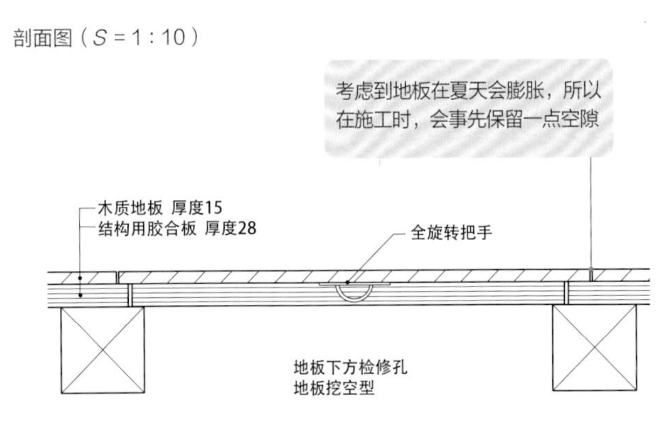
考虑到地板在夏天会膨胀，所以在施工时，会事先保留一点空隙
木质地板 厚度15
结构用胶合板 厚度28
全旋转把手
地板下方检修孔
地板挖空型

外部钢筋扶手

屋顶设置的钢筋楼梯，为提高排水性能而做成条状。

钢筋楼梯全景。用加工过的板材组合而成。

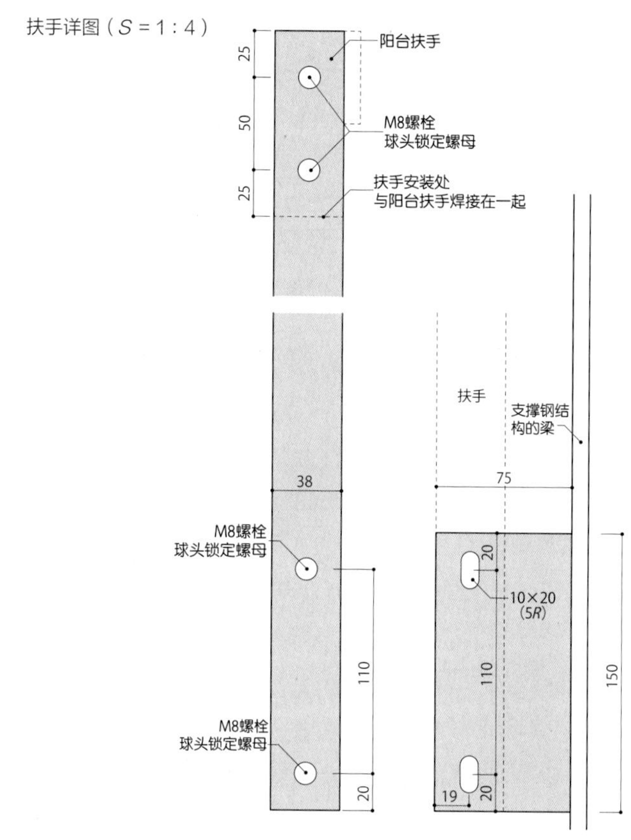
扶手详图（S＝1：4）
阳台扶手
M8螺栓
球头锁定螺母
扶手安装处
与阳台扶手焊接在一起
扶手
支撑钢结构的梁
38
75
10×20
(5R)
110
150
25
50
20
19

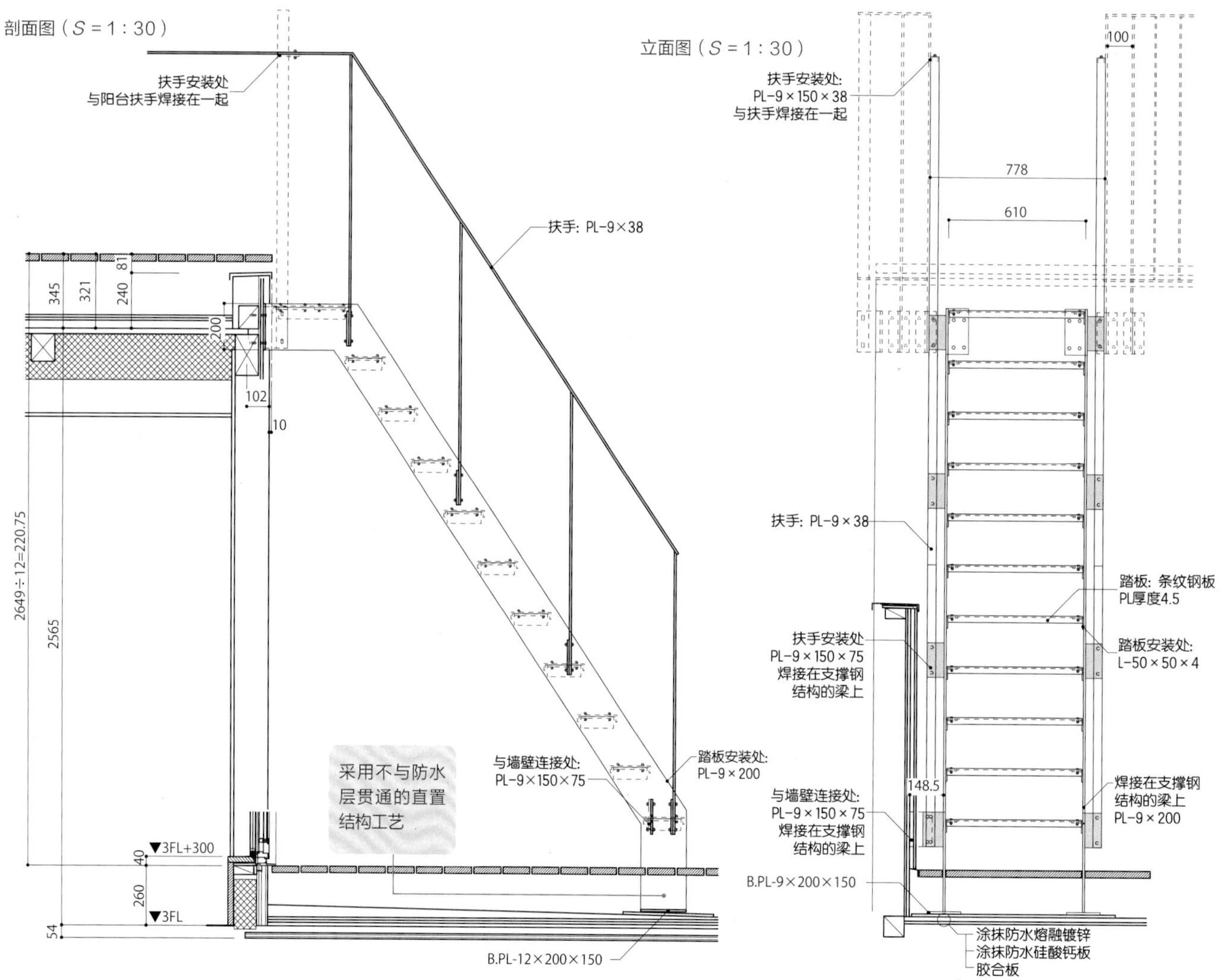
剖面图（S＝1：30）
扶手安装处
与阳台扶手焊接在一起
扶手：PL-9×38
采用不与防水层贯通的直置结构工艺
与墙壁连接处：
PL-9×150×75
踏板安装处：
PL-9×200
B.PL-12×200×150
▼3FL+300
▼3FL
2649÷12=220.75
2565
345
321
240
81
200
102
10
40
260
54
立面图（S＝1：30）
扶手安装处：
PL-9×150×38
与扶手焊接在一起
778
610
100
扶手：PL-9×38
踏板：条纹钢板
PL厚度4.5
扶手安装处
PL-9×150×75
焊接在支撑钢结构的梁上
踏板安装处：
L-50×50×4
与墙壁连接处：
PL-9×150×75
焊接在支撑钢结构的梁上
焊接在支撑钢结构的梁上
PL-9×200
148.5
B.PL-9×200×150
涂抹防水熔融镀锌
涂抹防水硅酸钙板
胶合板

第3章

家具·收纳空间

考虑到与室内装潢的搭配，家具最好也采用定制的。尤其是与建筑融为一体的嵌入式家具，不但可以有效利用空间，屋主的满意度也很高。以前，如何让家具融入室内风格是件令人头疼的事情，然而只要妥善运用金属零件，不仅可以降低制作难度，而且能够现场制作。只要采用简约的设计，家具就不会变得过于奇怪。

整体书架

依着一面墙制作的书架。利用椴木胶合板制作而成。

上部安装间接照明，空调也嵌在里面。书桌台面用日本榉原木材料。

剖面图（S = 1：30）

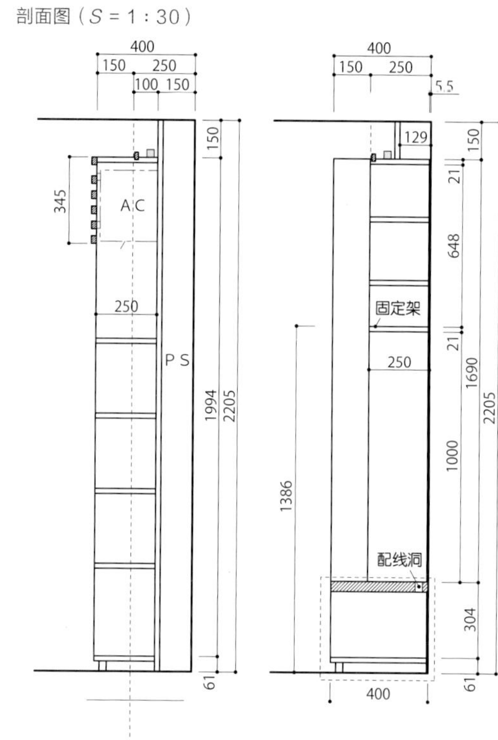

400
150 250
100 150
345
AC
250
PS
1994
2205
150
61
129
5.5
21
648
固定架
250
1690
1000
1386
配线洞
304
400

平面图（S = 1：30）

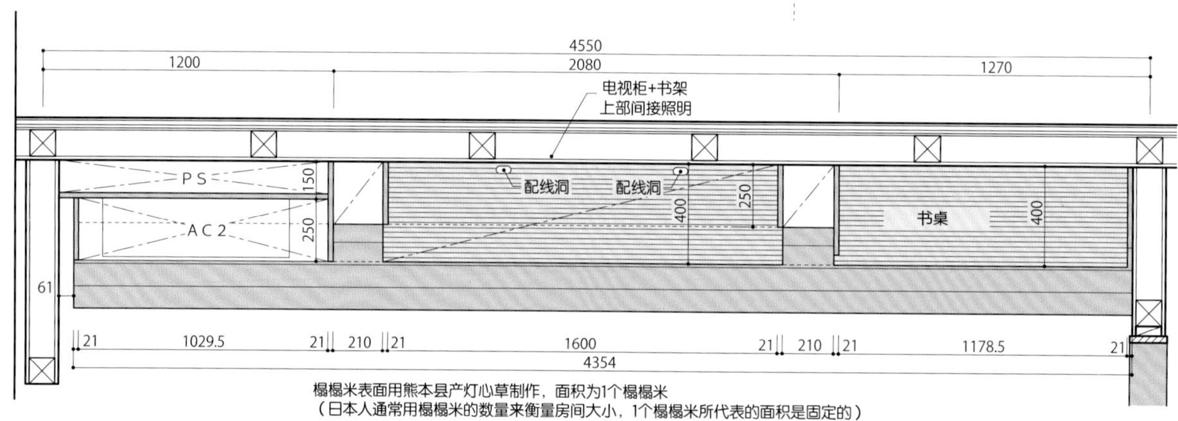

4550
1200
2080
1270
电视柜+书架
上部间接照明
PS
AC 2
150
250
配线洞
配线洞
400
250
书桌
400
61
21 1029.5 21 210 21 1600 21 210 21 1178.5 21
4354
榻榻米表面用熊本县产灯心草制作，面积为1个榻榻米
（日本人通常用榻榻米的数量来衡量房间大小，1个榻榻米所代表的面积是固定的）

立面图（S = 1：30）

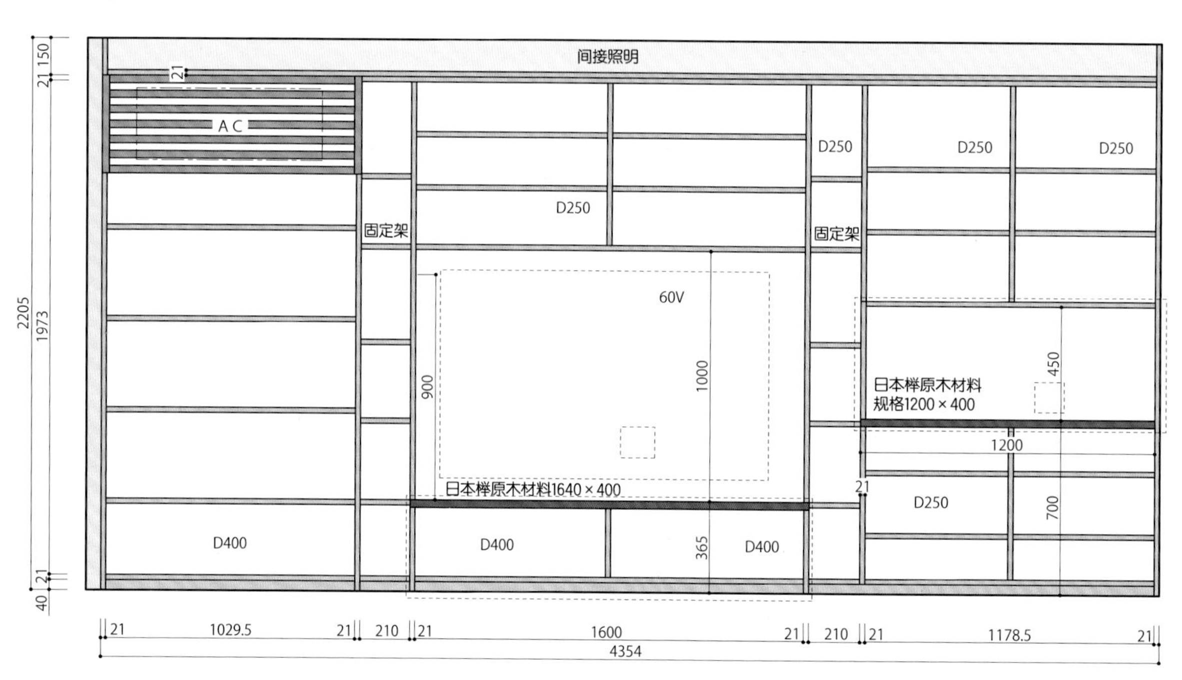

间接照明
AC
D250
固定架
60V
900
1000
日本榉原木材料1640 × 400
D400
365
D250
日本榉原木材料
规格1200 × 400
450
1200
700
2205
1973
150
21
40
21 1029.5 21 210 21 1600 21 210 21 1178.5 21
4354

学习角

中庭通风、装饰用的学习角。为确保宽敞的走廊空间，向中庭一侧突出。

为了不阻碍采光和通风，并保证视线的通透，不在此设置墙壁而是做成学习角，地板也做成狭缝形式。

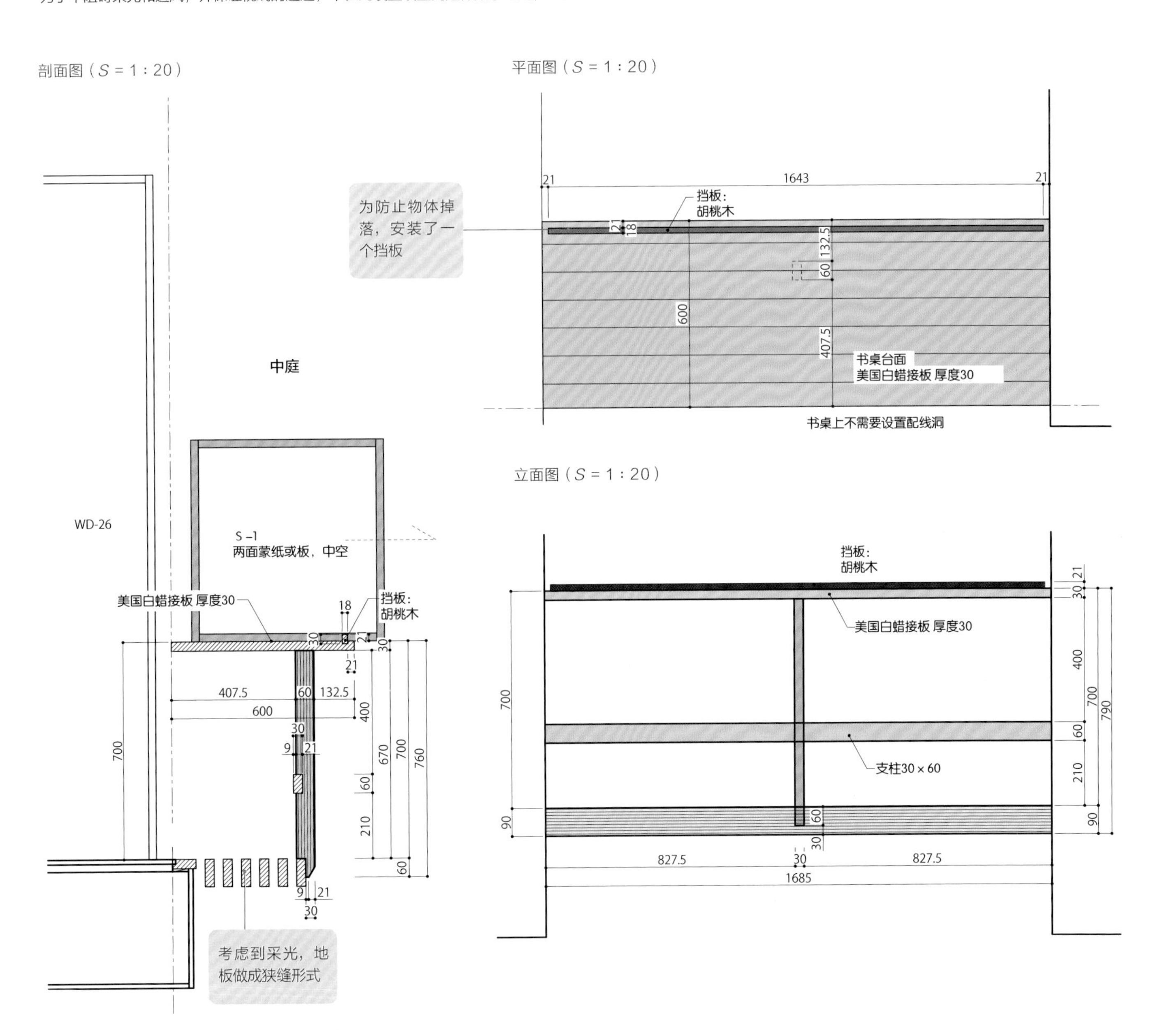
剖面图（S＝1：20）
中庭
WD-26
S-1
两面蒙纸或板，中空
美国白蜡接板 厚度30
挡板：
胡桃木
考虑到采光，地板做成狭缝形式
平面图（S＝1：20）
为防止物体掉落，安装了一个挡板
挡板：
胡桃木
书桌台面
美国白蜡接板 厚度30
书桌上不需要设置配线洞
立面图（S＝1：20）
挡板：
胡桃木
美国白蜡接板 厚度30
支柱30×60

嵌入式矮桌

在有小型榻榻米座区的和室一角设置的嵌入式矮桌。在地板上挖一个坑就可以把脚伸进去。这样便做成了一个简单的书斋。

嵌入式矮桌的实例。即使是榻榻米地板，脚也能伸进桌子底下，所以就坐时感觉很舒服。

正视图（S＝1：20）

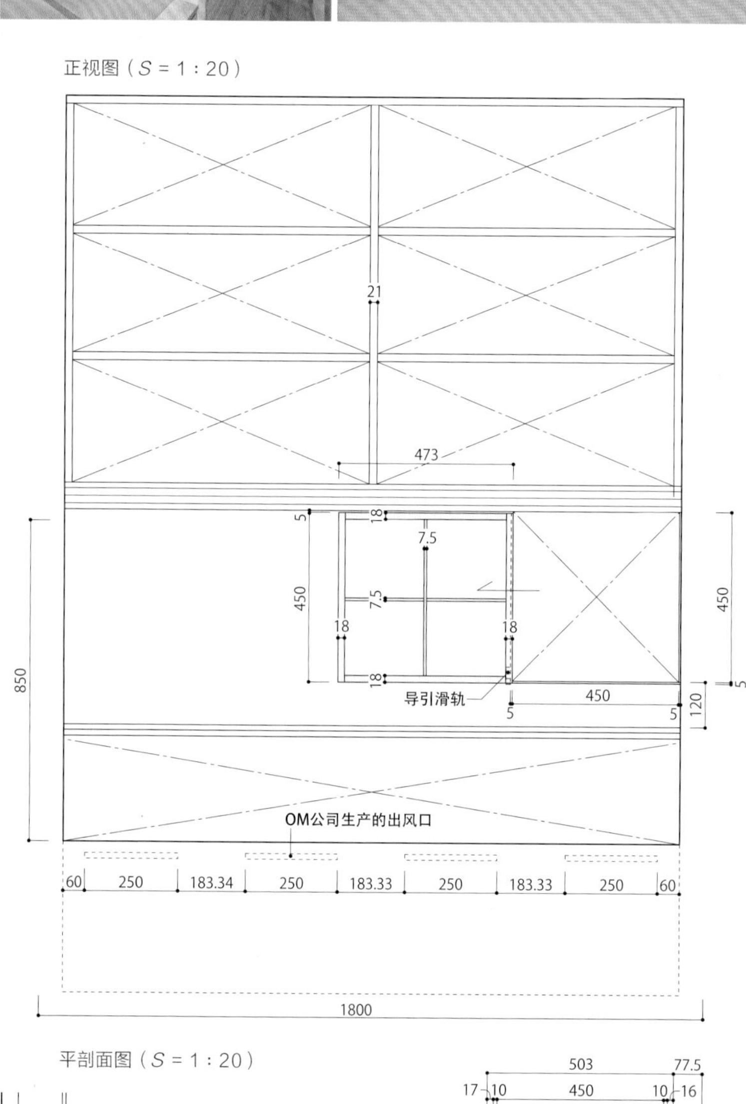

21
473
7.5
450
18
导引滑轨
120
850
OM公司生产的出风口
60 250 183.34 250 183.33 250 183.33 250 60
1800

剖面图（S＝1：20）

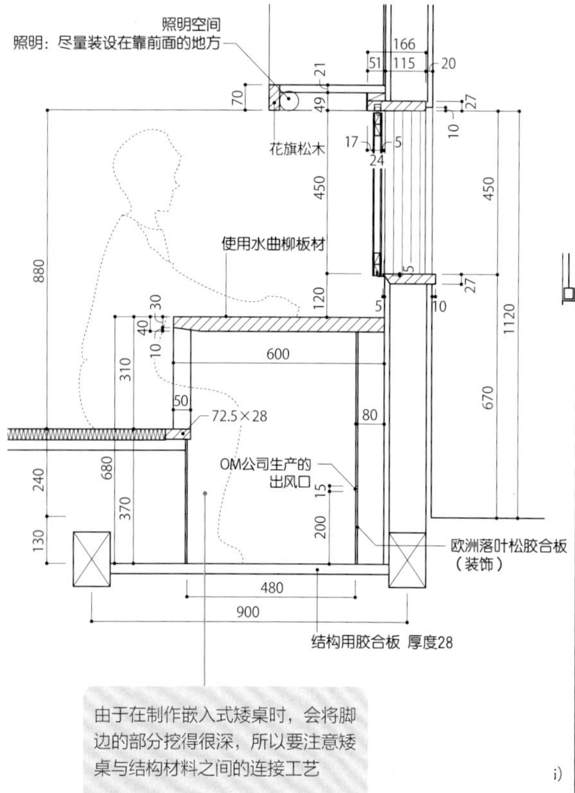

照明空间
照明：尽量装设在靠前面的地方
166
115
花旗松木
使用水曲柳板材
600
72.5×28
OM公司生产的出风口
480
900
结构用胶合板 厚度28
欧洲落叶松胶合板（装饰）
880
1120
670

由于在制作嵌入式矮桌时，会将脚边的部分挖得很深，所以要注意矮桌与结构材料之间的连接工艺

平剖面图（S＝1：20）

门楣：会碰到墙壁

刀挂结构工艺

▲上部书架的接线

基底：椴木胶合板 厚度21

贴上月桃纸

嵌入式暖桌

嵌入式暖桌在不使用时可以收纳在地板下。

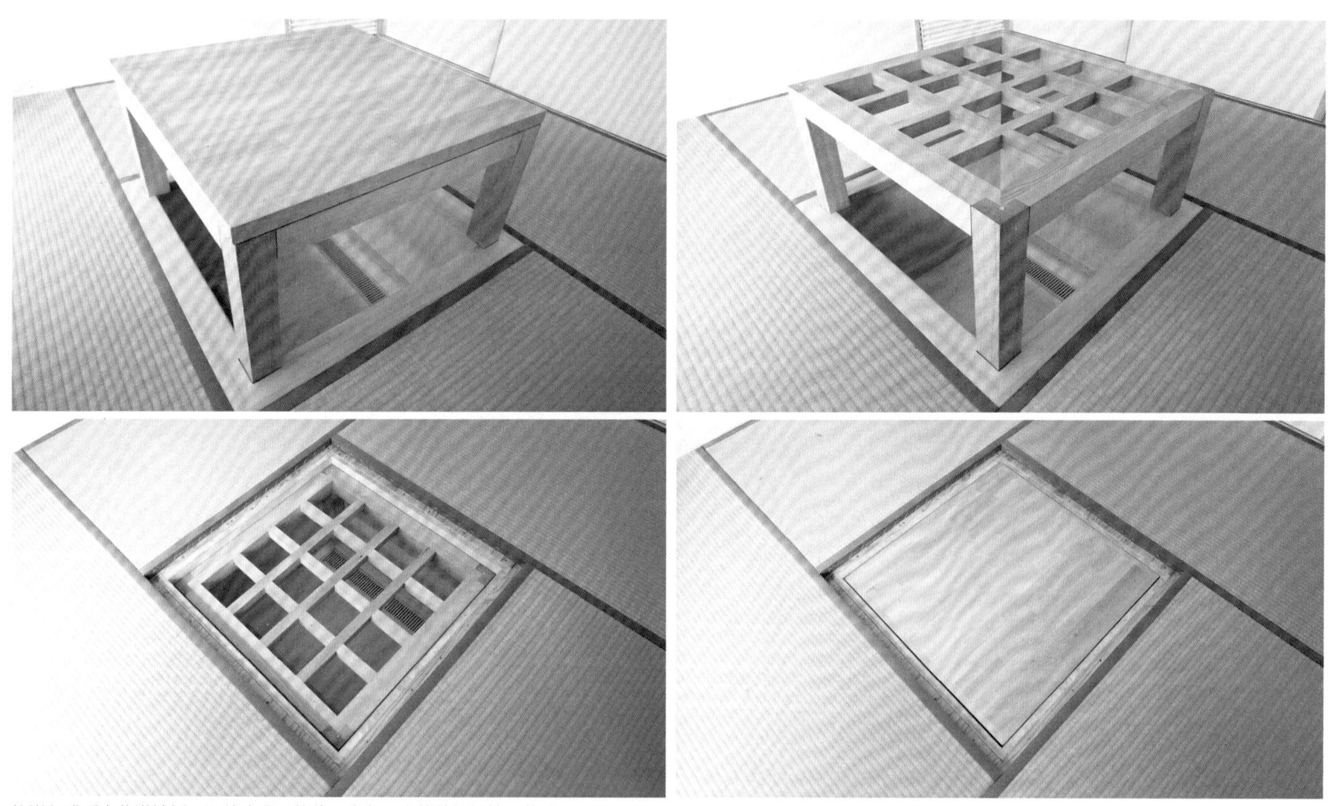

将嵌入式暖桌收进地板下面的步骤。将位于桌角下方的外框拆掉，就能将暖桌收入地板下方。桌面可直接当成盖子。

剖面详图（S = 1：12）

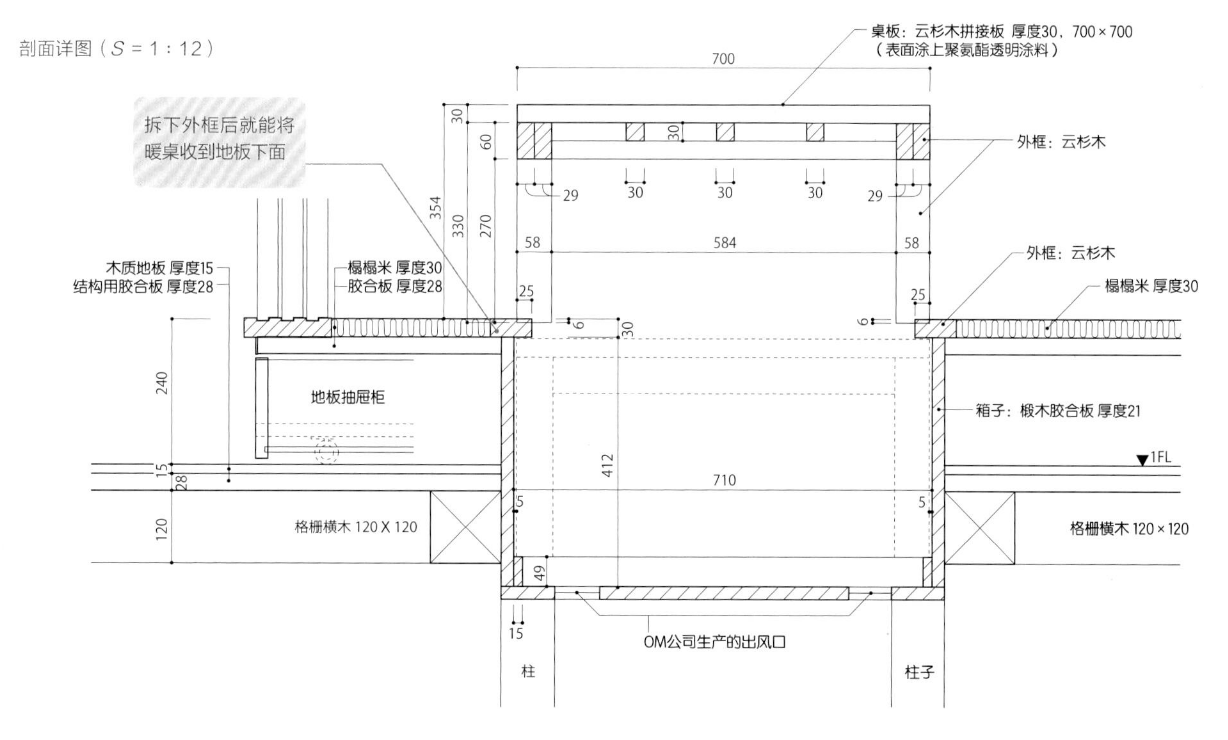

桌板：云杉木拼接板 厚度30，700×700
（表面涂上聚氨酯透明涂料）
700
拆下外框后就能将
暖桌收到地板下面
外框：云杉木
30
60
354
330
270
29
30
30
30
29
58
584
58
外框：云杉木
木质地板 厚度15
结构用胶合板 厚度28
榻榻米 厚度30
胶合板 厚度28
25
25
榻榻米 厚度30
6
30
6
240
地板抽屉柜
箱子：椴木胶合板 厚度21
412
1FL
15
28
710
120
格栅横木 120 X 120
5
5
格栅横木 120×120
49
15
OM公司生产的出风口
柱
柱子

桌子部分的平剖面图（S = 1：30）

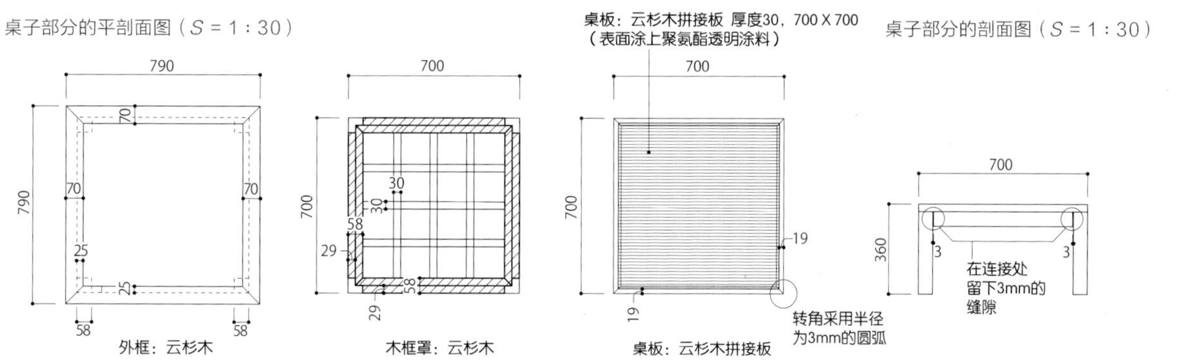

790
790
70
70
70
25
25
58
58
外框：云杉木
700
700
30
30
58
29
58
29
木框罩：云杉木
桌板：云杉木拼接板 厚度30，700 X 700
（表面涂上聚氨酯透明涂料）
700
700
19
19
桌板：云杉木拼接板
转角采用半径
为3mm的圆弧

桌子部分的剖面图（S = 1：30）

700
360
3
3
在连接处
留下3mm的
缝隙

书架

利用独立柱旁边的空间，设计兼做腰墙的书架的案例。

设置在柱子与墙之间的架子。将腰墙部分当成收纳空间来运用。
另外，由于为木造的3层建筑，所以柱子采用防火被覆材料。

平剖面图（S＝1：20）

木门12 侧框
挖空后插入背板
155
30
394
274
15
30 30
30 30
21
900
394
274
15
30 30
30 30
21
40
木门18：
水曲柳木胶合板
厚度21
背板：椴木胶合板
厚度5.5
通过把侧板变薄，来给人轻巧的印象

空调遮罩

不想让空调太显眼时，可在周边施以装饰来将其隐藏。

将空调遮起来的例子。如果空调很显眼的话，可能会影响室内装饰的效果，所以最好尽可能地隐藏起来。

收纳空间相连部分的剖面图（S＝1：20）　遮罩中央部位的剖面图（S＝1：20）

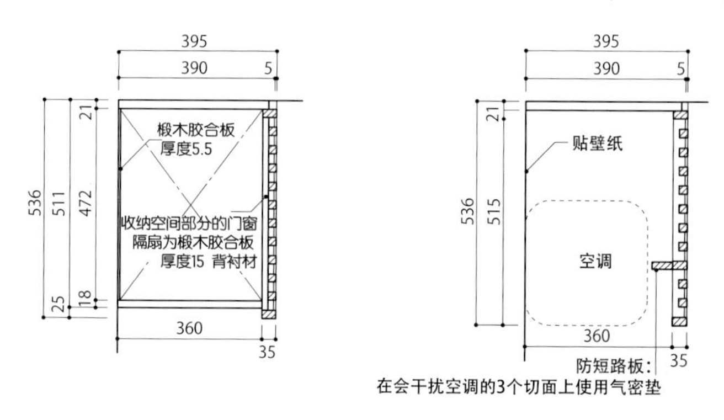
395
390
5
536
511
472
21
25
18
椴木胶合板
厚度5.5
收纳空间部分的门窗
隔扇为椴木胶合板
厚度15 背衬材
360
35
395
390
5
536
515
21
贴壁纸
空调
360
防短路板：
35
在会干扰空调的3个切面上使用气密垫

平剖面图（S＝1：20）

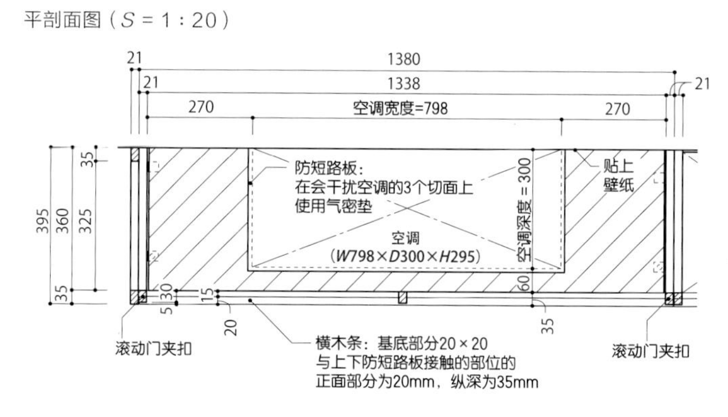
21
1380
21
1338
21
270
空调宽度=798
270
395
360
325
35
35
防短路板：
在会干扰空调的3个切面上
使用气密垫
空调
（W798×D300×H295）
空调深度＝300
贴上
壁纸
60
5
30
15
20
35
滚动门夹扣
横木条：基底部分20×20
与上下防短路板接触的部位的
正面部分为20mm，纵深为35mm
滚动门夹扣

展示柜

利用厨房靠近客厅一侧的墙面制作的展示柜。亚克力门可以起到防尘作用。

在厨房的墙壁上装设柜子，并装上亚克力门。由于用途为陈列收藏品，所以设置了透明门，既能提升展示效果，还能防尘。

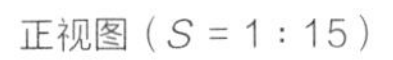
正视图（S = 1：15）

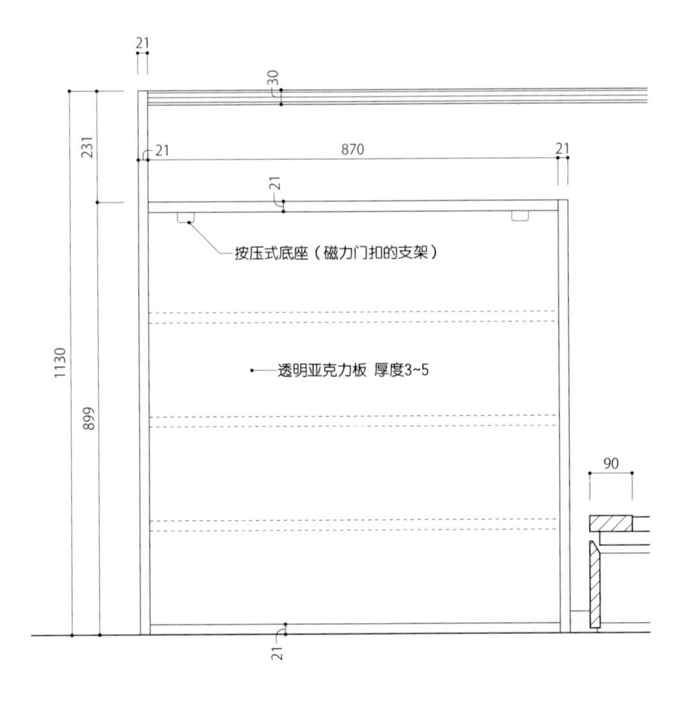

21
30
231
21
870
21
21
按压式底座（磁力门扣的支架）
透明亚克力板 厚度3~5
1130
899
90
21

剖面图（S = 1：15）

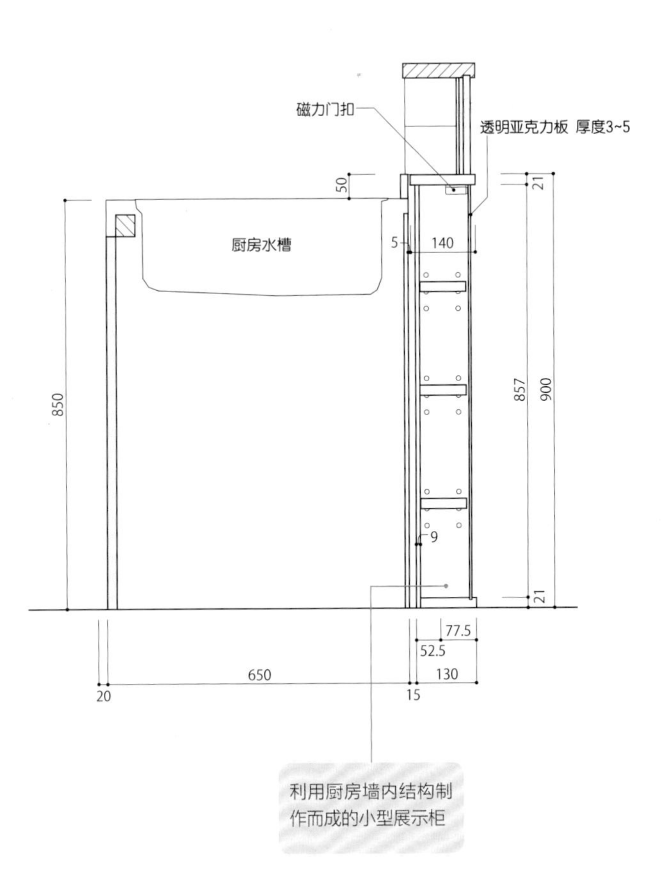

磁力门扣
透明亚克力板 厚度3~5
50
21
厨房水槽
5
140
850
857
900
9
21
77.5
52.5
650
130
20
15
利用厨房墙内结构制作而成的小型展示柜

沙发

在小型住宅内利用壁龛空间来设置沙发的例子。由于没有刚好符合尺寸的市售成品，所以沙发是由木匠制作而成的。在沙发下部设置了抽屉。

造价总额可以控制在15万日元（约合人民币8258元）左右。

沙发正视图（S = 1：20）

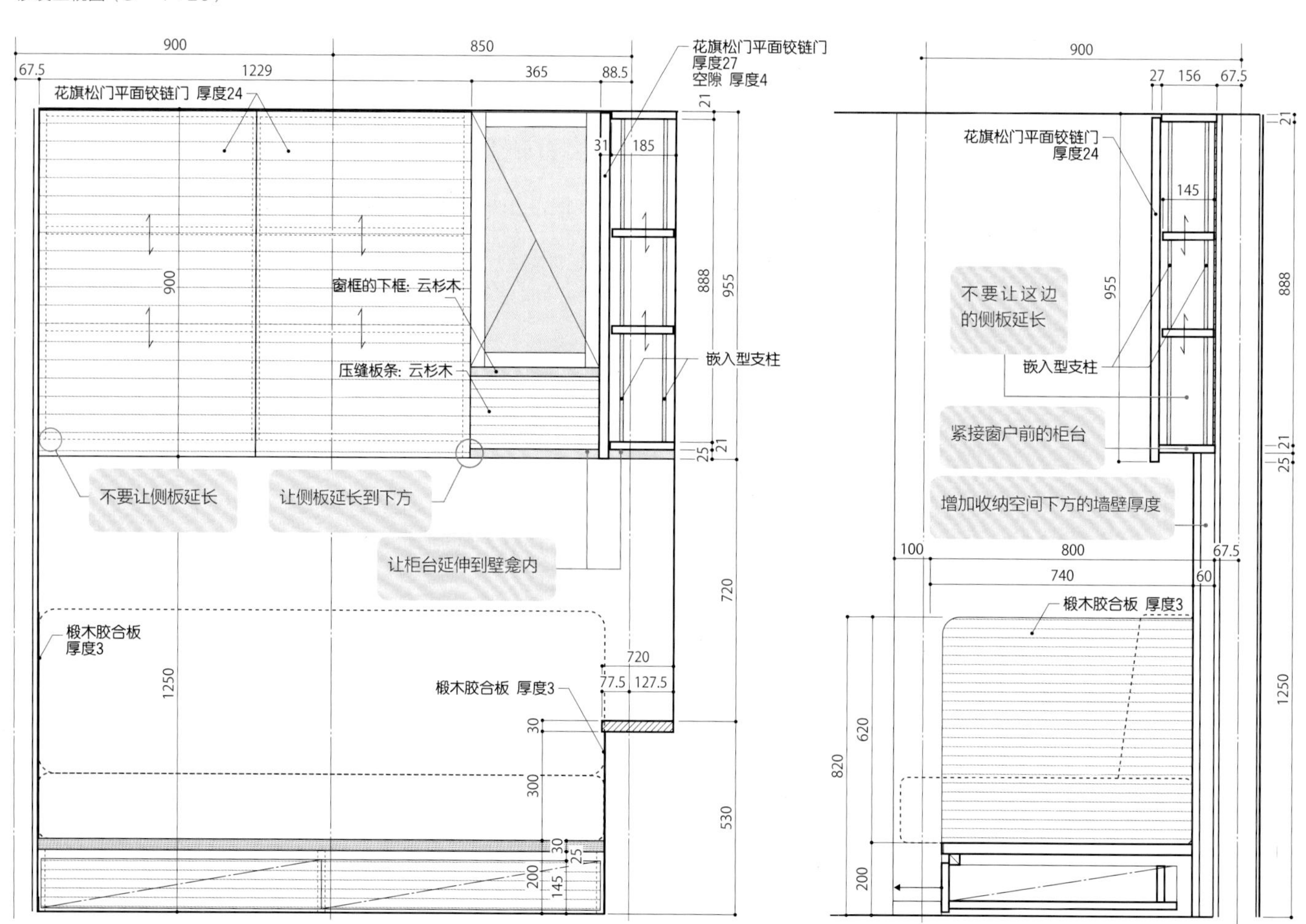

花旗松门平面铰链门 厚度24
花旗松门平面铰链门 厚度27
空隙 厚度4
窗框的下框：云杉木
压缝板条：云杉木
嵌入型支柱
不要让侧板延长
让侧板延长到下方
让柜台延伸到壁龛内
椴木胶合板 厚度3
不要让这边的侧板延长
紧接窗户前的柜台
增加收纳空间下方的墙壁厚度

和室桌

能够拆卸及收纳的和室桌。

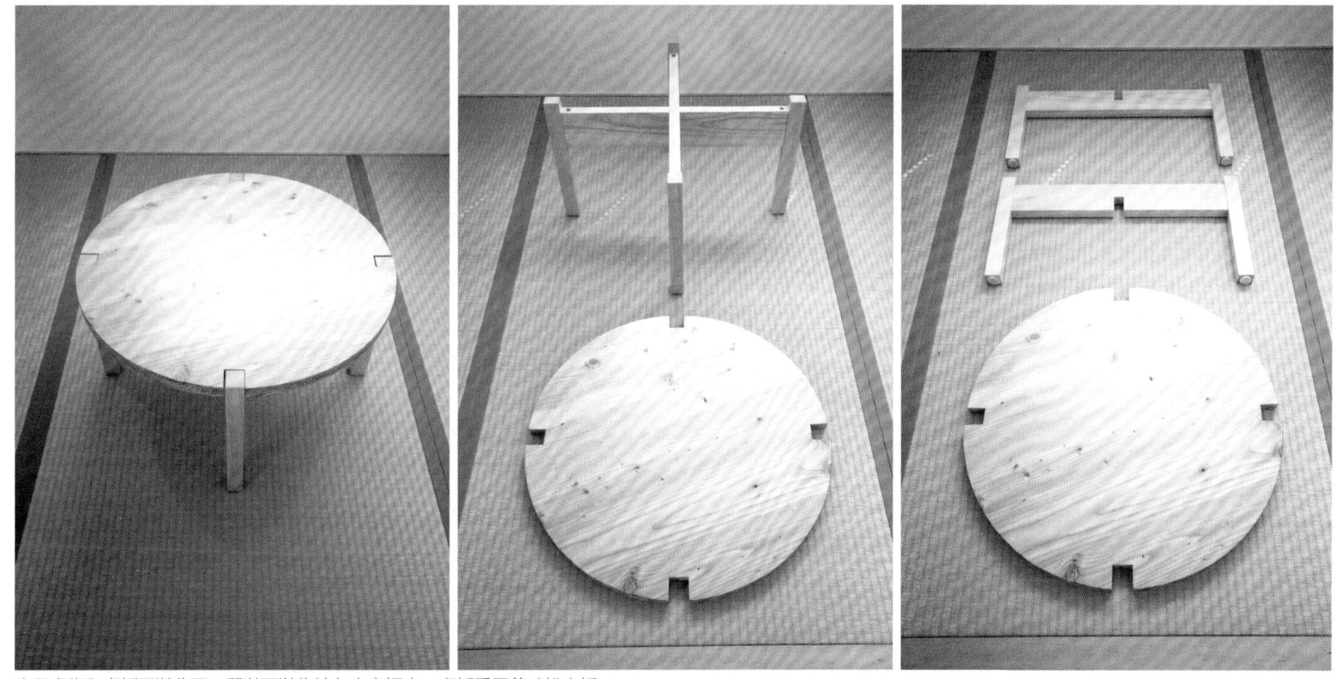

由于桌脚和桌板可以分开，所以可以收纳在小空间内。桌板采用落叶松木板。

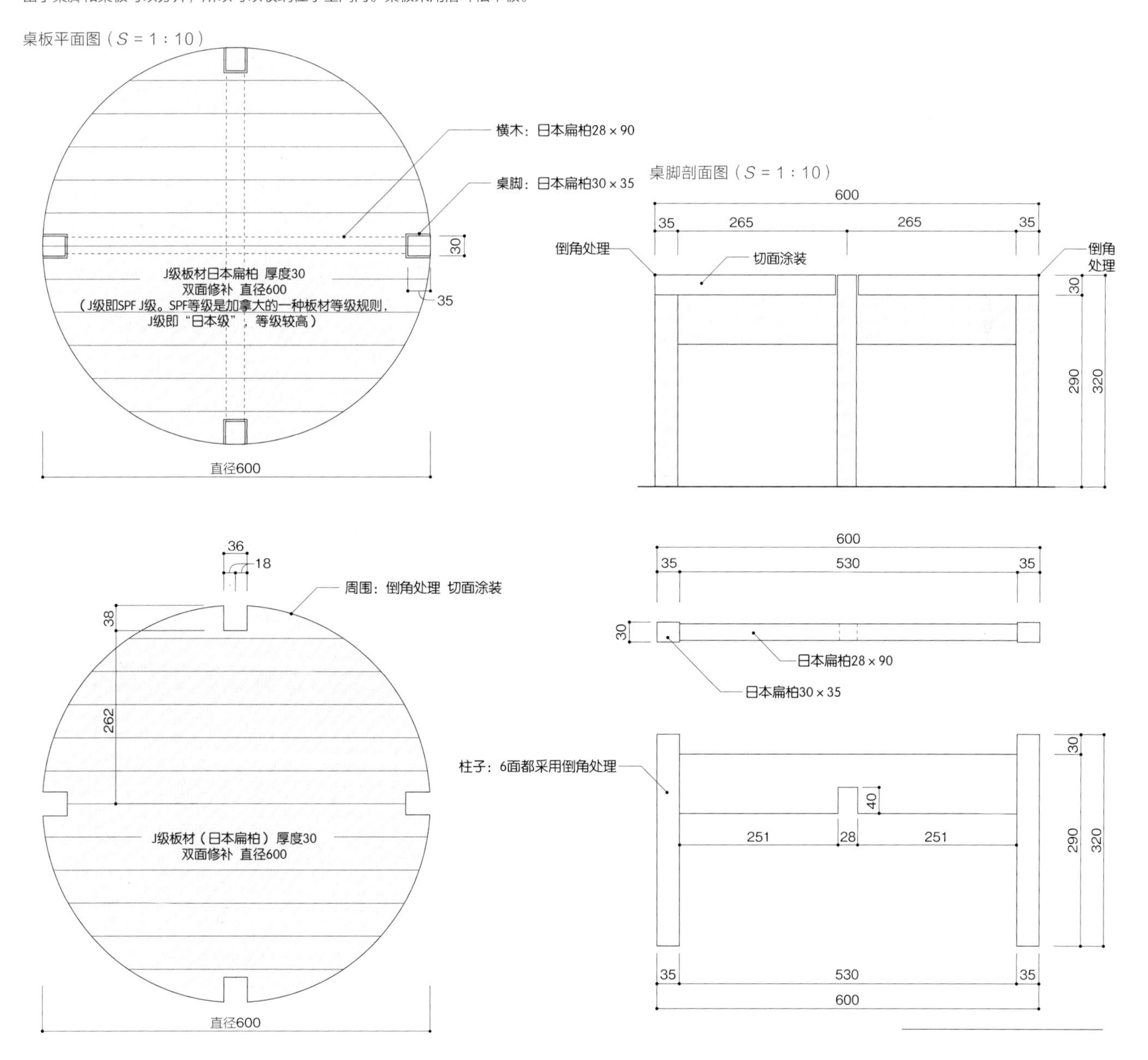

桌板平面图（S = 1：10）
横木：日本扁柏28 × 90
桌脚：日本扁柏30 × 35
30
35
J级板材日本扁柏 厚度30
双面修补 直径600
（J级即SPF J级。SPF等级是加拿大的一种板材等级规则，
J级即“日本级”，等级较高）
直径600
桌脚剖面图（S = 1：10）
600
35
265
265
35
倒角处理
切面涂装
倒角处理
30
290
320
36
18
周围：倒角处理 切面涂装
38
262
J级板材（日本扁柏）厚度30
双面修补 直径600
直径600
600
35
530
35
30
日本扁柏28 × 90
日本扁柏30 × 35
柱子：6面都采用倒角处理
30
40
251
28
251
290
320
35
530
35
600

套叠桌

由木匠制作的形状相同、大小略有不同的家具。因为可以堆叠起来，所以不用担心没有地方放。

在北欧的家具设计中常见的套叠桌。

剖面图（$S=1:10$）

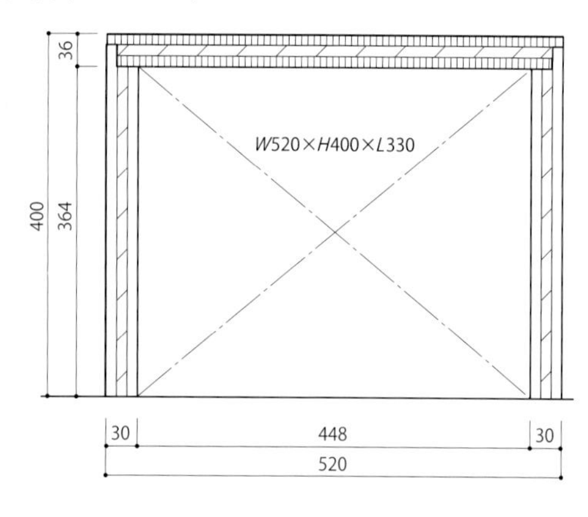

W520×H400×L330
36
364
400
30
448
30
520

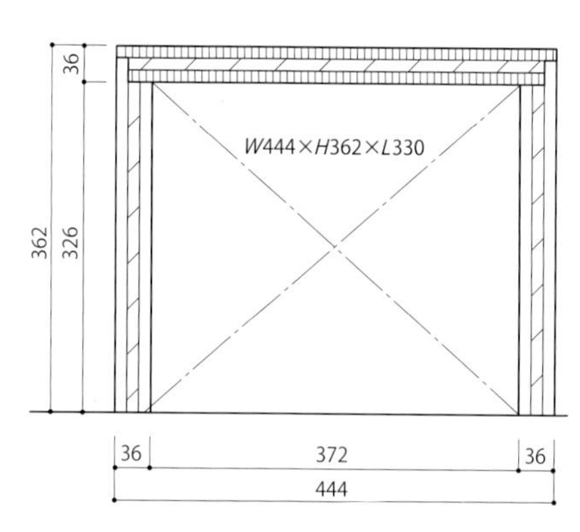

W444×H362×L330
36
326
362
36
372
36
444

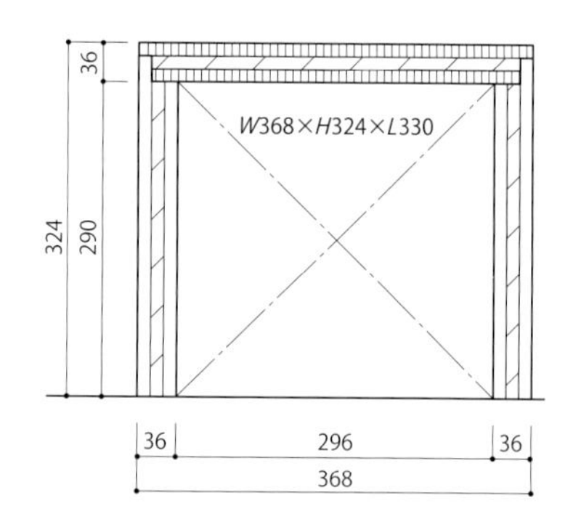

W368×H324×L330
36
290
324
36
296
36
368

平剖面图（$S=1:10$）

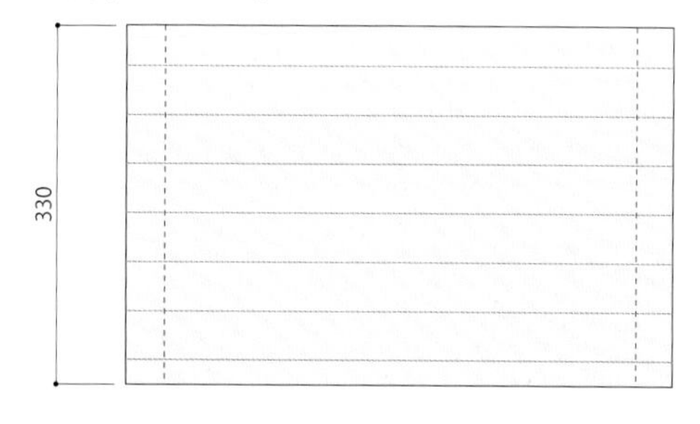

330

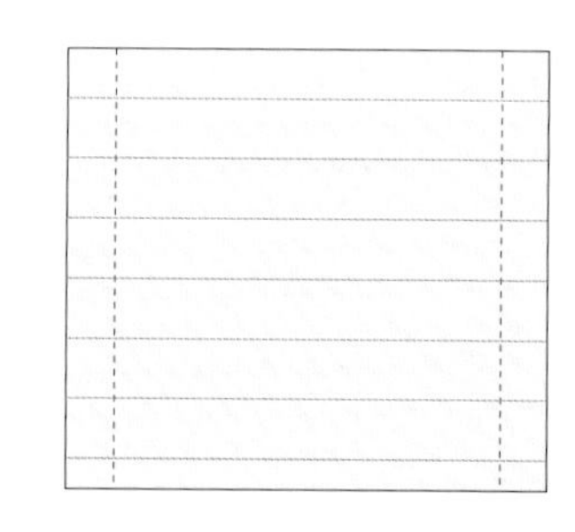

立体正投影图

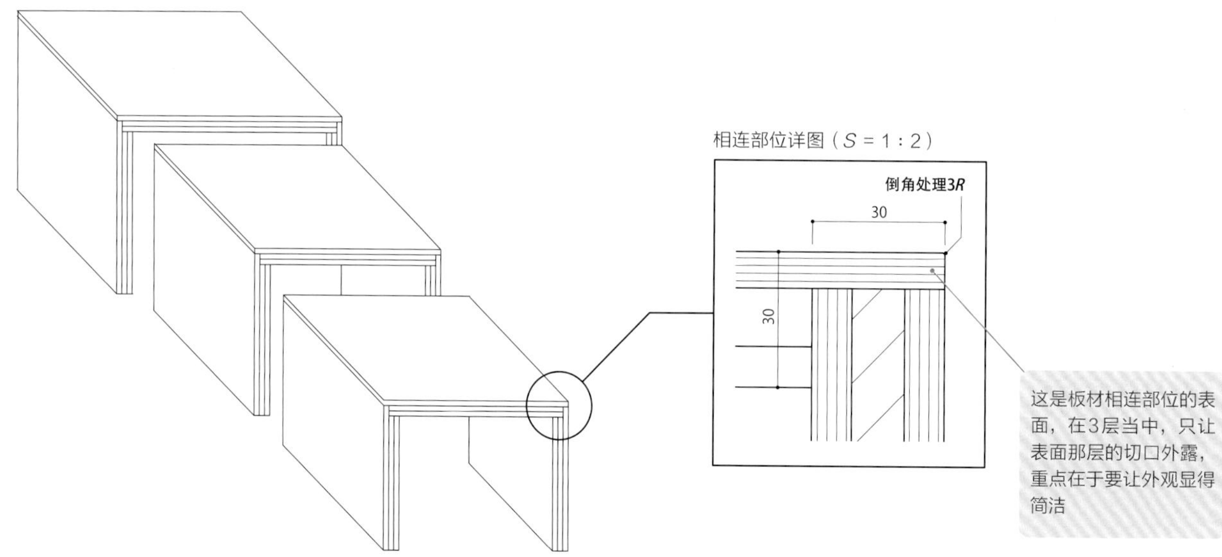

相连部位详图（S = 1：2）
倒角处理3R
30
30
这是板材相连部位的表面，在3层当中，只让表面那层的切口外露，重点在于要让外观显得简洁

无侧板的餐桌

桌脚可拆卸的餐桌，由木匠制作。此设计案例无侧板，设计得非常简洁。

使用J级板材当作桌板的餐桌。由于J级板材具备足够的刚性，所以即使没有侧板也足以制成餐桌。

桌脚安装部位详图（S＝1：2）

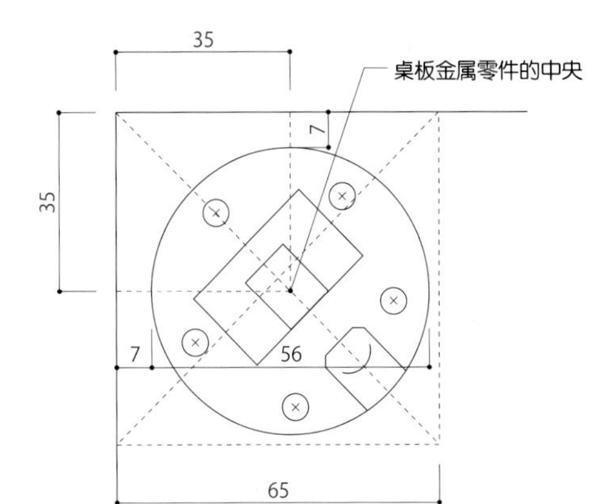
35
桌板金属零件的中央
7
35
7
56
65
桌板背面

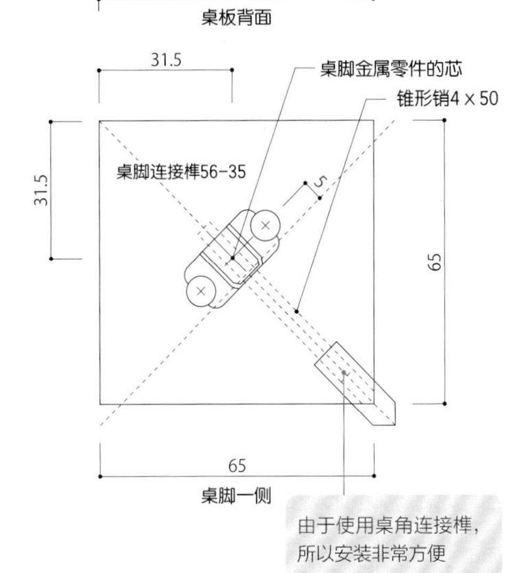
31.5
桌脚金属零件的芯
锥形销4×50
31.5
桌脚连接榫56-35
5
65
65
桌脚一侧
由于使用桌角连接榫，
所以安装非常方便

平面图（S＝1：20）

1800
900
桌板：杉木、日本扁柏
或是落叶松木制成的J级板材
厚度36×1800×900

剖面图（S＝1：20）

连接部位详图（S＝1：10）

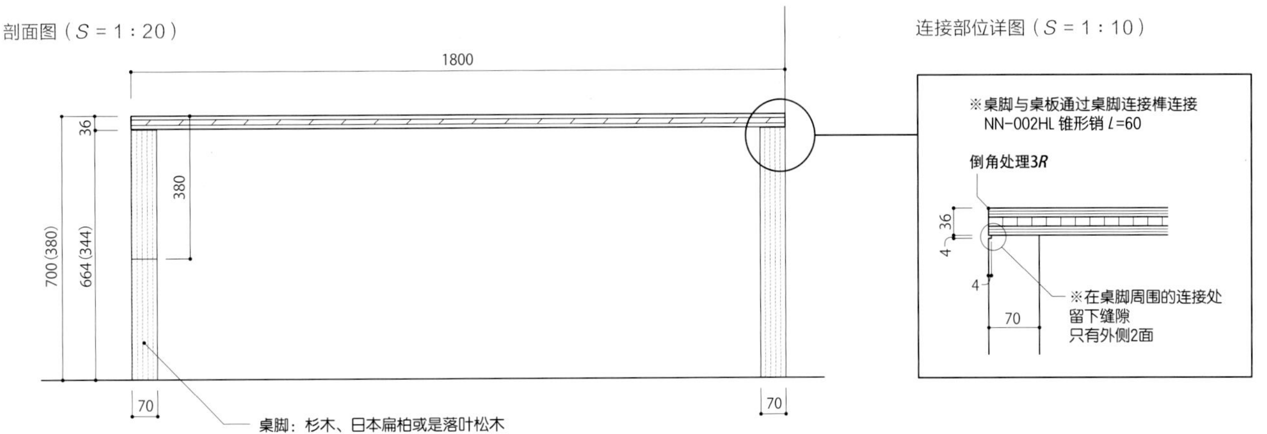
1800
36
380
700（380）
664（344）
70
70
桌脚：杉木、日本扁柏或是落叶松木
※桌脚与桌板通过桌脚连接榫连接
NN-002HL 锥形销 L=60
倒角处理3R
36
4
4
70
※在桌脚周围的连接处
留下缝隙
只有外侧2面

可拆解的桌子（有侧板）

桌脚可拆卸的餐桌，由木匠制作。侧板可以防止桌板弯曲。

这个由木匠设计的餐桌是将黑樱桃木复合材料桌板和原木桌脚接合而成。可以看到桌子后面摆放了一张长椅。

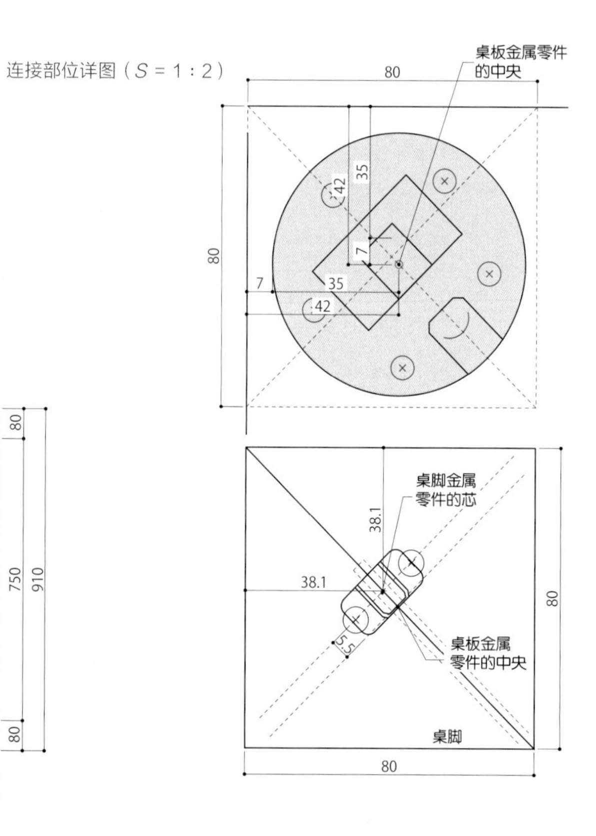

连接部位详图（S = 1：2）
桌板金属零件的中央
80
35
42
7
35
42
7
80
桌脚金属零件的芯
38.1
38.1
5.5
桌板金属零件的中央
桌脚
80
80

平面图（S = 1：20）

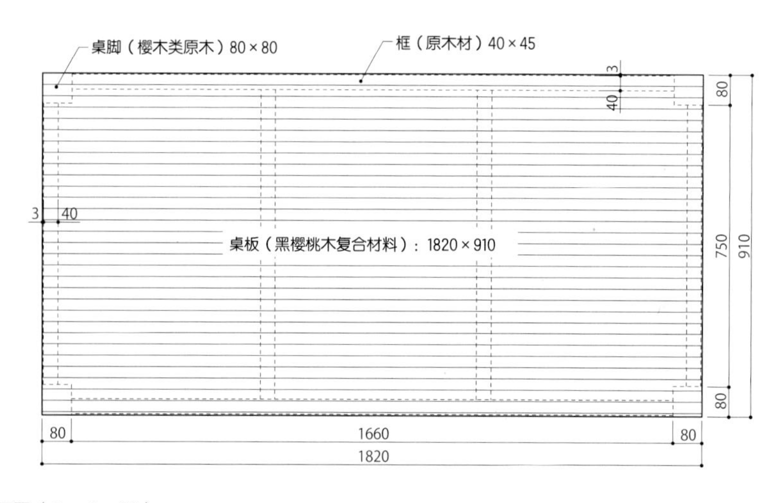

桌脚（樱木类原木）80×80
框（原木材）40×45
3
40
80
3
40
桌板（黑樱桃木复合材料）：1820×910
750
910
80
80
1660
80
1820

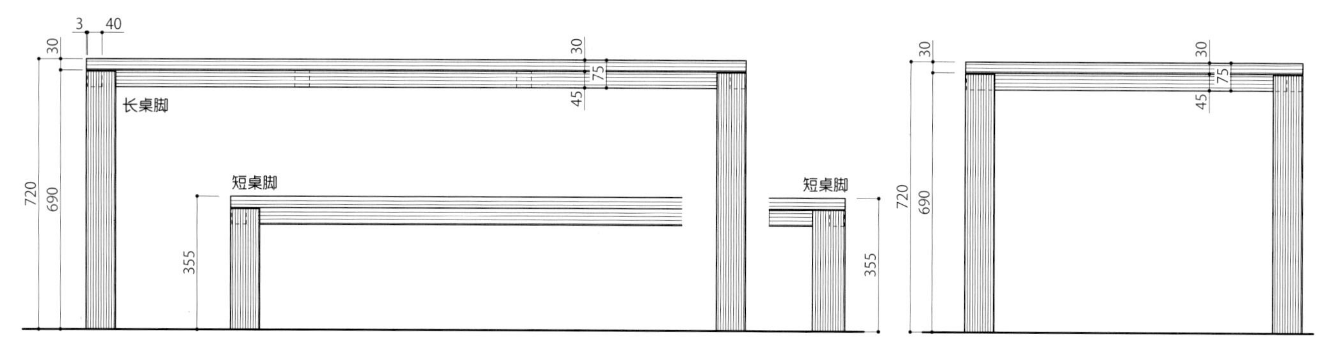

剖面图（S = 1：20）
3
40
30
75
45
长桌脚
短桌脚
短桌脚
720
690
355
355
30
75
45
720
690

有侧板的矮桌

桌脚可拆卸的矮桌，由木匠制作。金属零件的结构工艺与前一页中记载的工艺相同。

用J级板材制作而成的矮桌。不仅在材料方面确保刚性，在设计方面，也装上了侧板（外框）。

相连部位详图（S = 1：2）

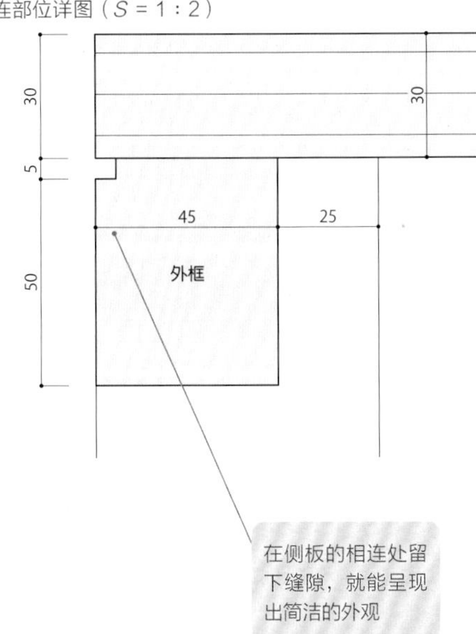
30
30
5
45
25
50
外框
在侧板的相连处留下缝隙，就能呈现出简洁的外观

剖面图（S = 1：20）

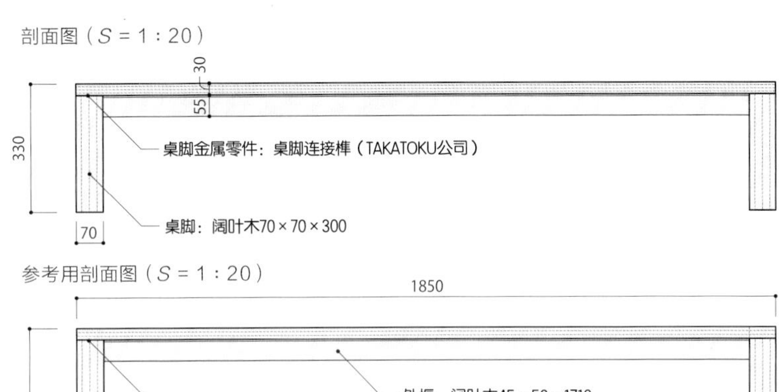
30
55
330
桌脚金属零件：桌脚连接榫（TAKATOKU公司）
桌脚：阔叶木70 × 70 × 300
70

参考用剖面图（S = 1：20）

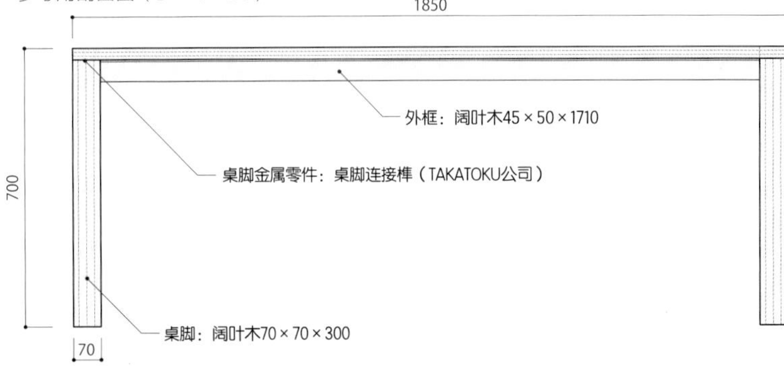
1850
外框：阔叶木45 × 50 × 1710
桌脚金属零件：桌脚连接榫（TAKATOKU公司）
700
桌脚：阔叶木70 × 70 × 300
70

桌板（S = 1：20）

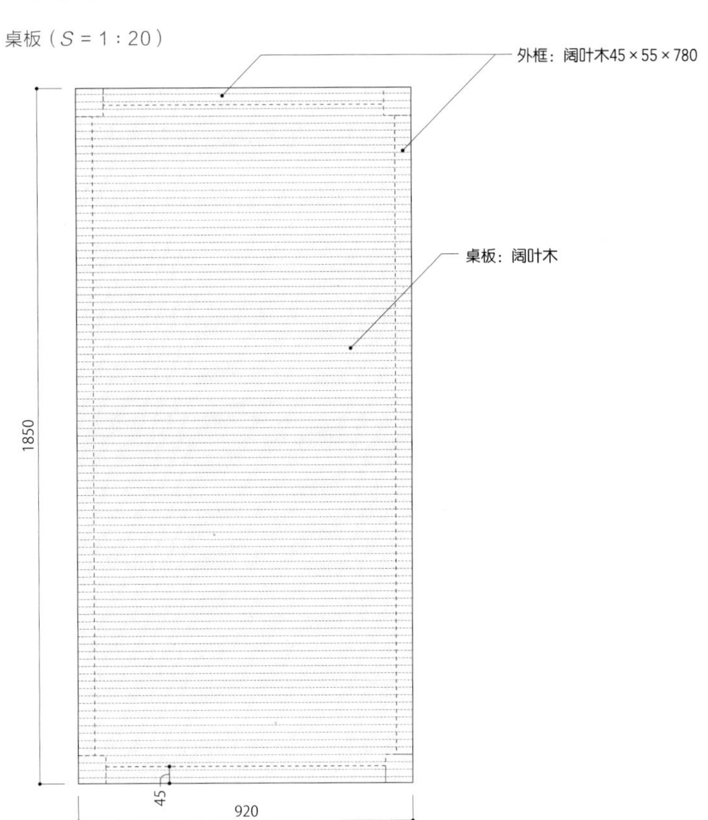
外框：阔叶木45 × 55 × 780
桌板：阔叶木
1850
45
920

长椅收纳（抽屉型）

座面高度与餐桌相配的长椅收纳。座面是固定的，下面为抽屉。

利用餐厅墙面设置的长椅收纳。考虑到就坐时的舒适度，用黑樱桃原木制作靠背，而座面用黄蘖原木。

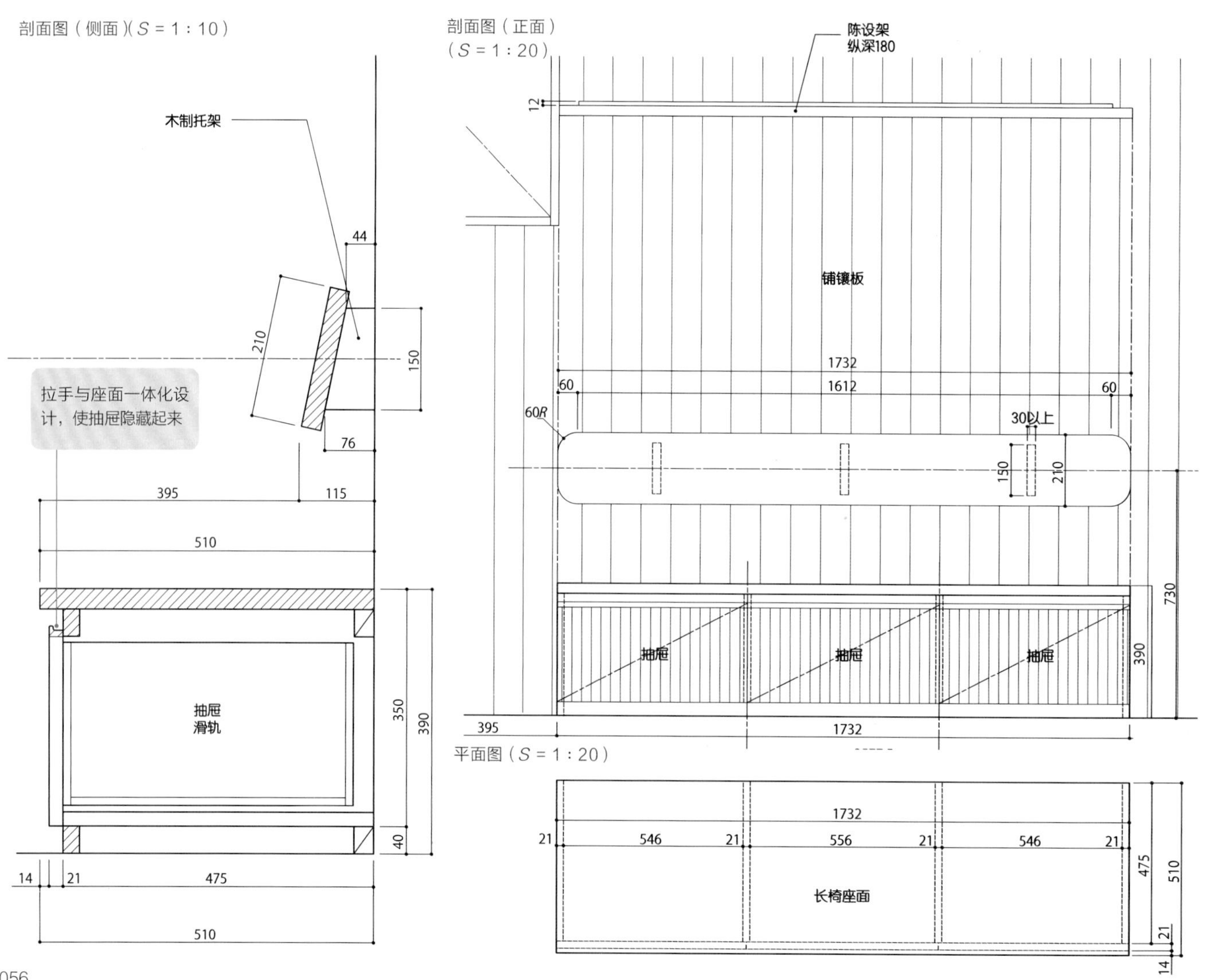

剖面图（侧面）（S = 1：10）
木制托架
44
210
150
76
拉手与座面一体化设计，使抽屉隐藏起来
395
115
510
抽屉
滑轨
350
390
40
14
21
475
510
剖面图（正面）（S = 1：20）
陈设架
纵深180
12
铺镶板
1732
1612
60
60
60R
30以上
150
210
730
抽屉
抽屉
抽屉
390
395
1732
平面图（S = 1：20）
1732
21
546
21
556
21
546
21
长椅座面
475
510
21
14

长椅收纳（上盖型）

餐厅中设置的长椅收纳。其座面有盖，分成 3 部分。

在面向餐桌的墙面上设置长椅。长椅的椅面能够掀起，内部可作为收纳空间。在设计上，由于装设了椅背，即使长时间坐着也不会觉得累。

剖面图（S = 1 : 10）

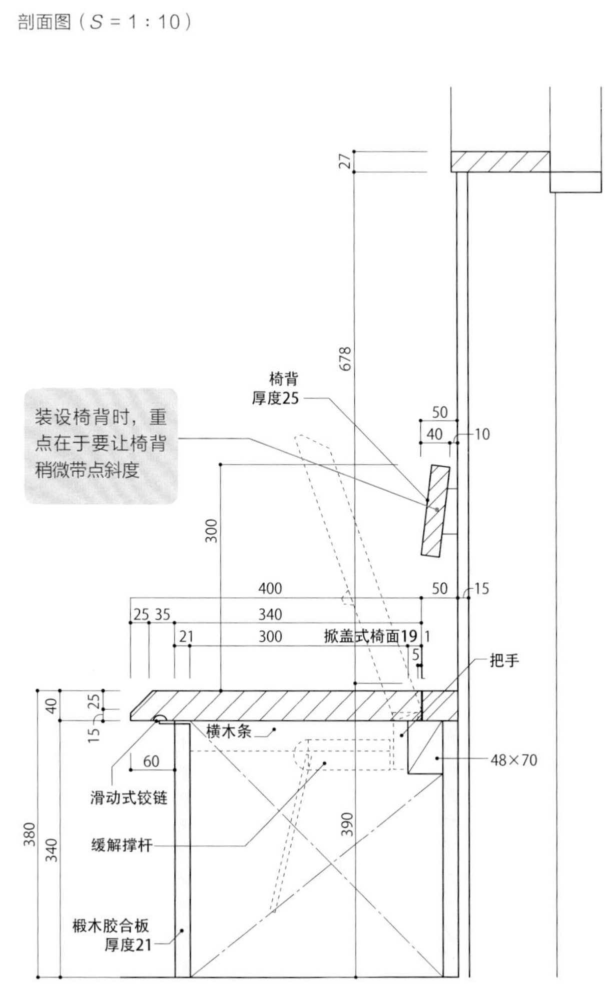

装设椅背时，重点在于要让椅背稍微带点斜度
椅背
厚度25
27
678
50
40
10
300
400
50
15
25 35
340
21
300
掀盖式椅面19
1
5
把手
40
25
15
横木条
60
48×70
滑动式铰链
缓解撑杆
380
340
390
椴木胶合板
厚度21

平剖面图（S = 1 : 30）

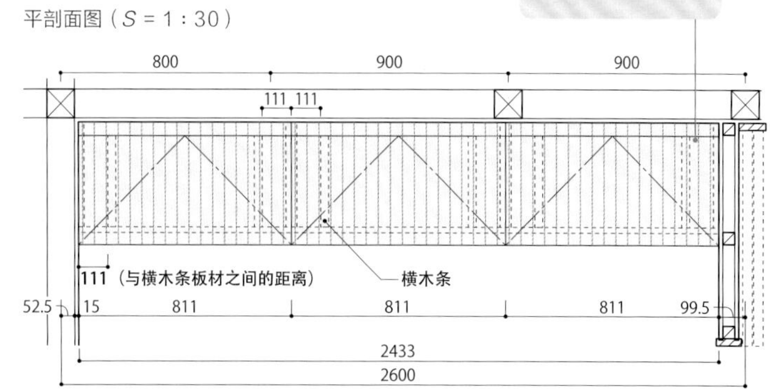

由于椅面采用纯水曲柳木制成，所以要分割成3个部分，使椅面容易开关
800
900
900
111 111
111（与横木条板材之间的距离）
横木条
52.5
15
811
811
811
99.5
2433
2600

立面图（S = 1 : 30）

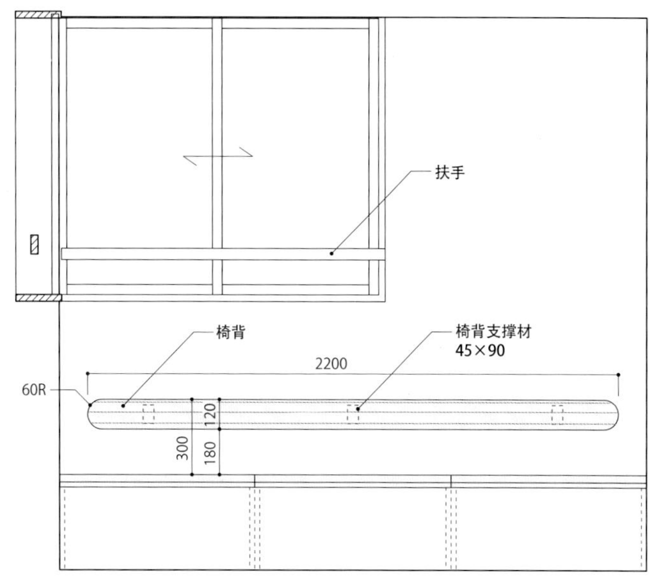

扶手
椅背
椅背支撑材
45×90
2200
60R
120
300
180

电视柜+矮柜(长凳)

阳台窗下部不使用嵌条，而做成矮柜，并与电视柜一体化的设计案例。

与电视柜相连的矮柜。由于矮柜的高度刚好可以当成长凳，所以采用能让人坐下的强度。长凳的内部是抽屉收纳柜。

电视柜剖面图（S = 1：10） 矮柜剖面图（S = 1：10）

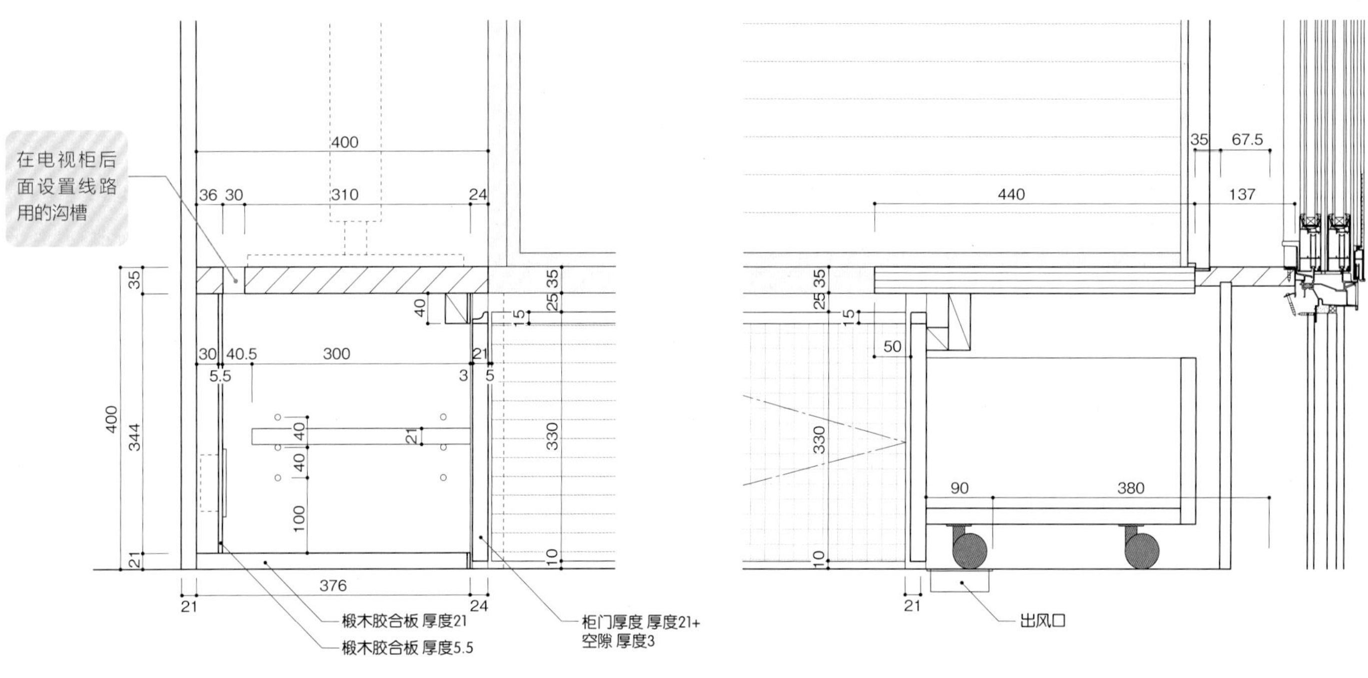
在电视柜后面设置线路用的沟槽
椴木胶合板 厚度21
椴木胶合板 厚度5.5
柜门厚度 厚度21+
空隙 厚度3
出风口

平剖面图（S = 1：30）

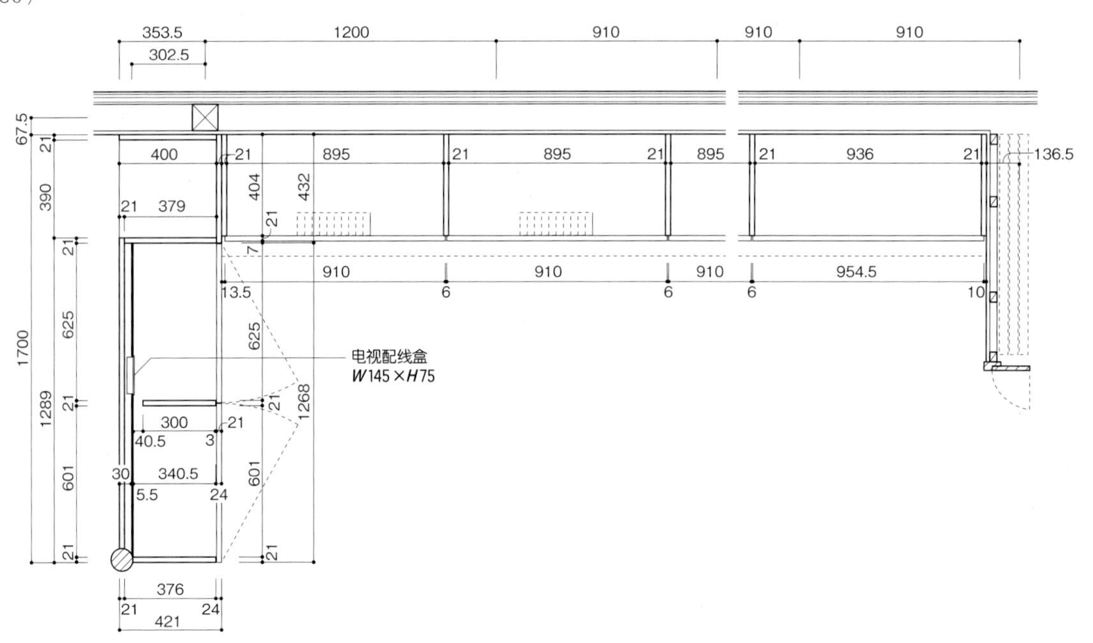
电视配线盒
W145×H75

地板抽屉柜

利用小型榻榻米座区的高低差和纵深制作的抽屉柜。

完全拉出来时的地板抽屉柜（左上图）。
另一个地板抽屉柜（右上图）。
将地板抽屉柜拉出来后，只要左右滑动就能拆卸，所以即使空间狭小，不足以将抽屉柜拉出来，也能取出物品（左下图和右下图）。

剖面图（*S*＝1：5）

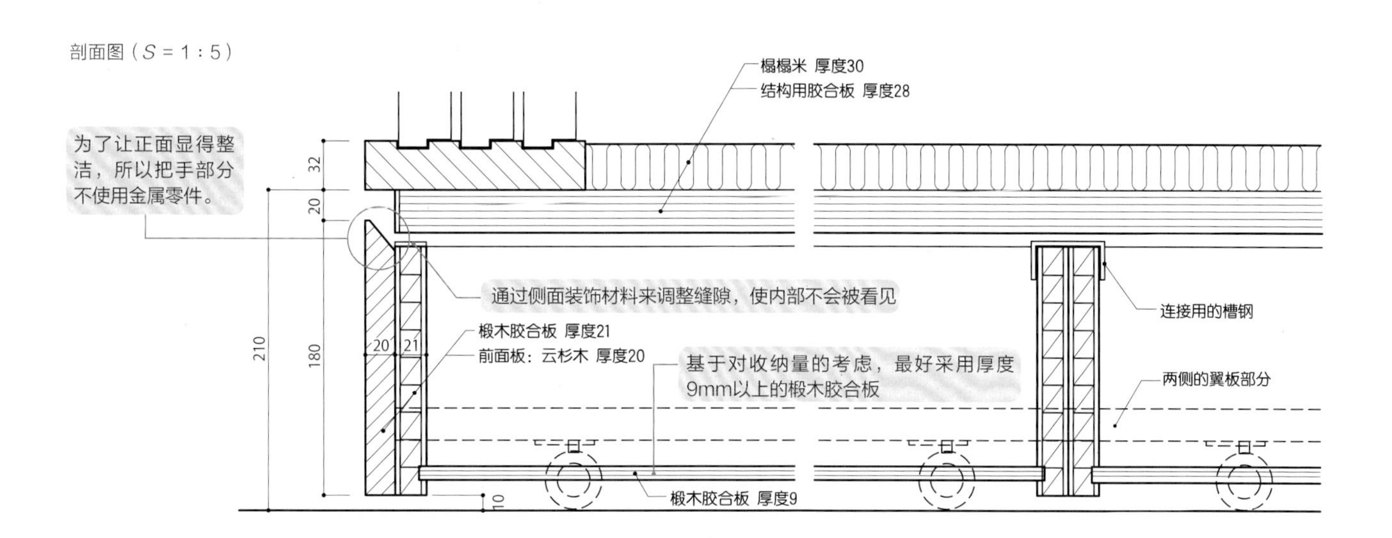
榻榻米 厚度30
结构用胶合板 厚度28
为了让正面显得整洁，所以把手部分不使用金属零件。
32
20
210
180
20
21
10
通过侧面装饰材料来调整缝隙，使内部不会被看见
椴木胶合板 厚度21
前面板：云杉木 厚度20
基于对收纳量的考虑，最好采用厚度9mm以上的椴木胶合板
连接用的槽钢
两侧的翼板部分
椴木胶合板 厚度9

外部收纳

将外部储物架设置在玄关旁边的设计案例。拉门材料使用耐水柳桉木胶合板，为了防盗已安装门锁。

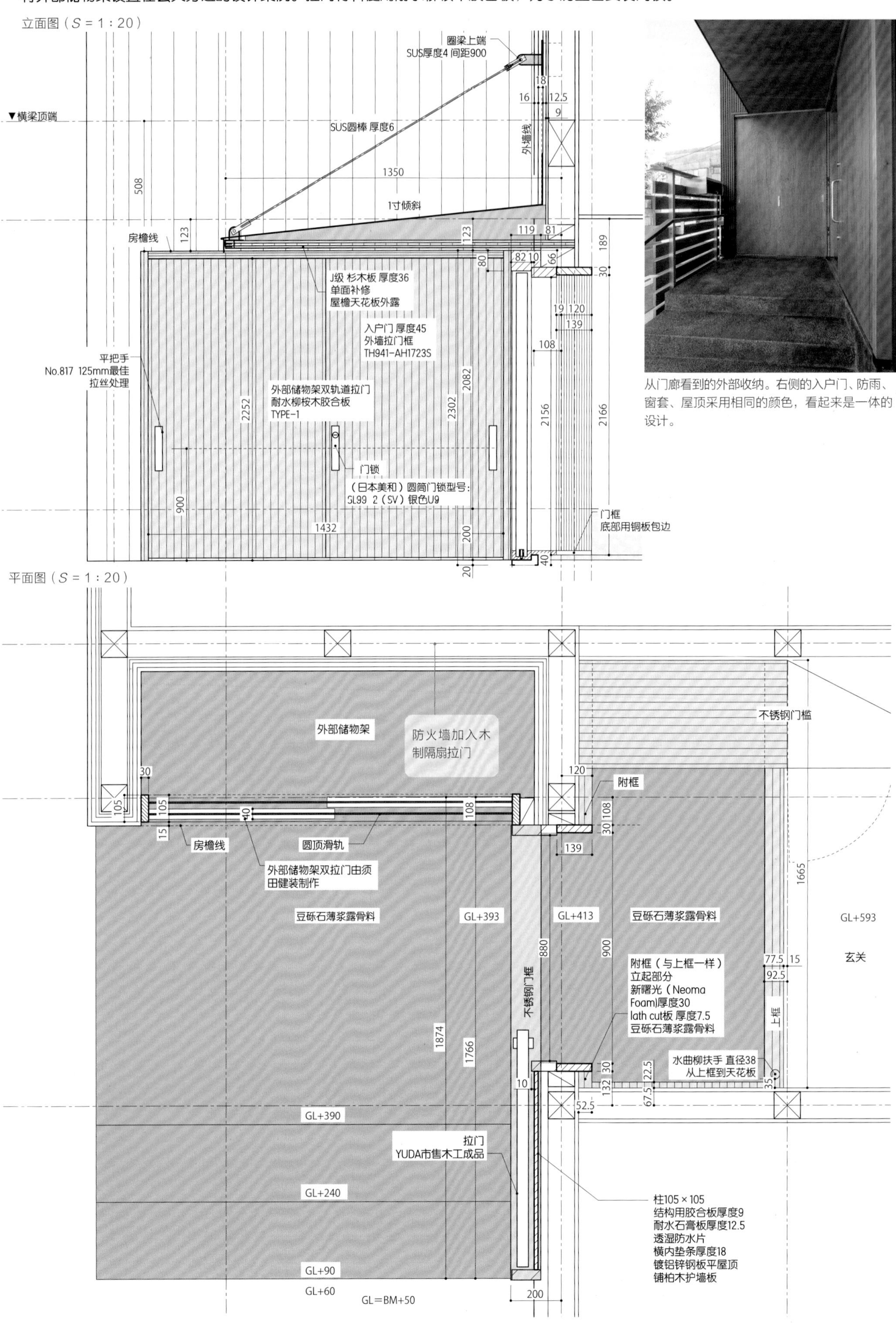
立面图（S＝1：20）
圈梁上端
SUS厚度4 间距900
▼横梁顶端
SUS圆棒 厚度6
外墙线
1350
1寸倾斜
508
房檐线
123
J级 杉木板 厚度36
单面补修
屋檐天花板外露
入户门 厚度45
外墙拉门框
TH941-AH1723S
平把手
No.817 125mm最佳
拉丝处理
外部储物架双轨道拉门
耐水柳桉木胶合板
TYPE-1
2252
2302
2082
2156
2166
门锁
（日本美和）圆筒门锁型号：
SL99 2（SV）银色U9
900
1432
200
20
门框
底部用铜板包边
18
16
12.5
9
119
81
82
10
66
189
30
19
120
139
108
40
平面图（S＝1：20）
外部储物架
防火墙加入木制隔扇拉门
不锈钢门槛
附框
120
30
105
40
108
15
房檐线
圆顶滑轨
外部储物架双拉门由须田建装制作
豆砾石薄浆露骨料
GL+393
GL+413
GL+593
玄关
880
900
1665
不锈钢门框
附框（与上框一样）
立起部分
新曙光（Neoma Foam)厚度30
lath cut板 厚度7.5
豆砾石薄浆露骨料
77.5
15
92.5
上框
水曲柳扶手 直径38
从上框到天花板
1874
1766
10
132
67.5
22.5
35
52.5
GL+390
拉门
YUDA市售木工成品
GL+240
GL+90
GL+60
GL=BM+50
200
柱105×105
结构用胶合板厚度9
耐水石膏板厚度12.5
透湿防水片
横内垫条厚度18
镀铝锌钢板平屋顶
铺柏木护墙板

从门廊看到的外部收纳。右侧的入户门、防雨、窗套、屋顶采用相同的颜色，看起来是一体的设计。

车库收纳

利用车库墙面上的壁龛设置收纳空间的设计案例。用作外部储物架。

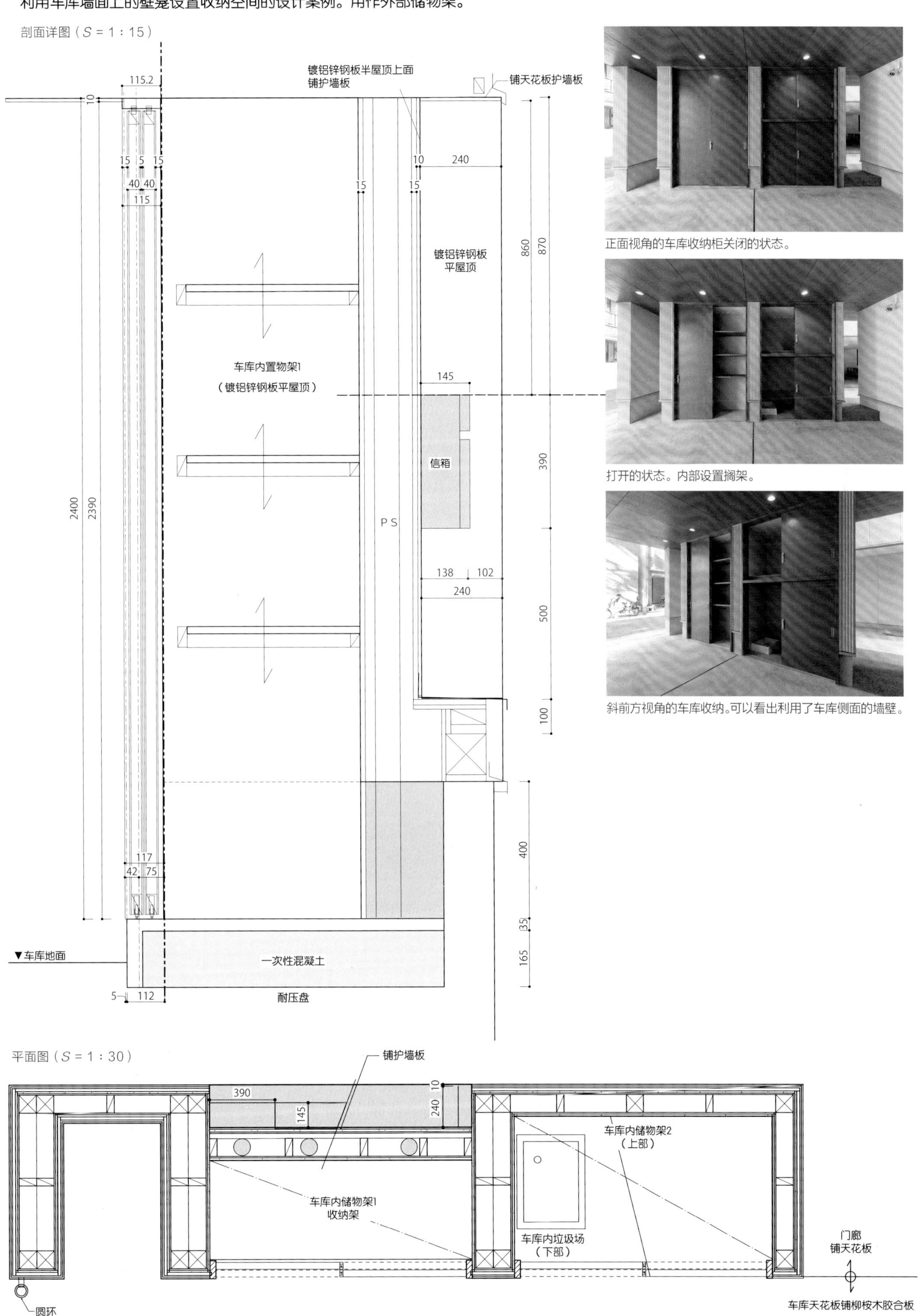
剖面详图（S = 1：15）
镀铝锌钢板半屋顶上面
铺护墙板
铺天花板护墙板
115.2
10
15 5 15
40 40
115
15
15
10
240
镀铝锌钢板
平屋顶
860
870
车库内置物架1
（镀铝锌钢板平屋顶）
145
信箱
390
2400
2390
PS
138
102
240
500
100
400
117
42 75
35
165
▼车库地面
一次性混凝土
5
112
耐压盘
平面图（S = 1：30）
铺护墙板
390
10
145
240
车库内储物架2
（上部）
车库内储物架1
收纳架
车库内垃圾场
（下部）
门廊
铺天花板
圆环
车库天花板铺柳桉木胶合板

正面视角的车库收纳柜关闭的状态。

打开的状态。内部设置搁架。

斜前方视角的车库收纳。可以看出利用了车库侧面的墙壁。

打造美观木造家具的秘诀

要使木造家具看起来更美观，结合部的处理就很重要。在此介绍田中工务店采用的结合部处理方式。

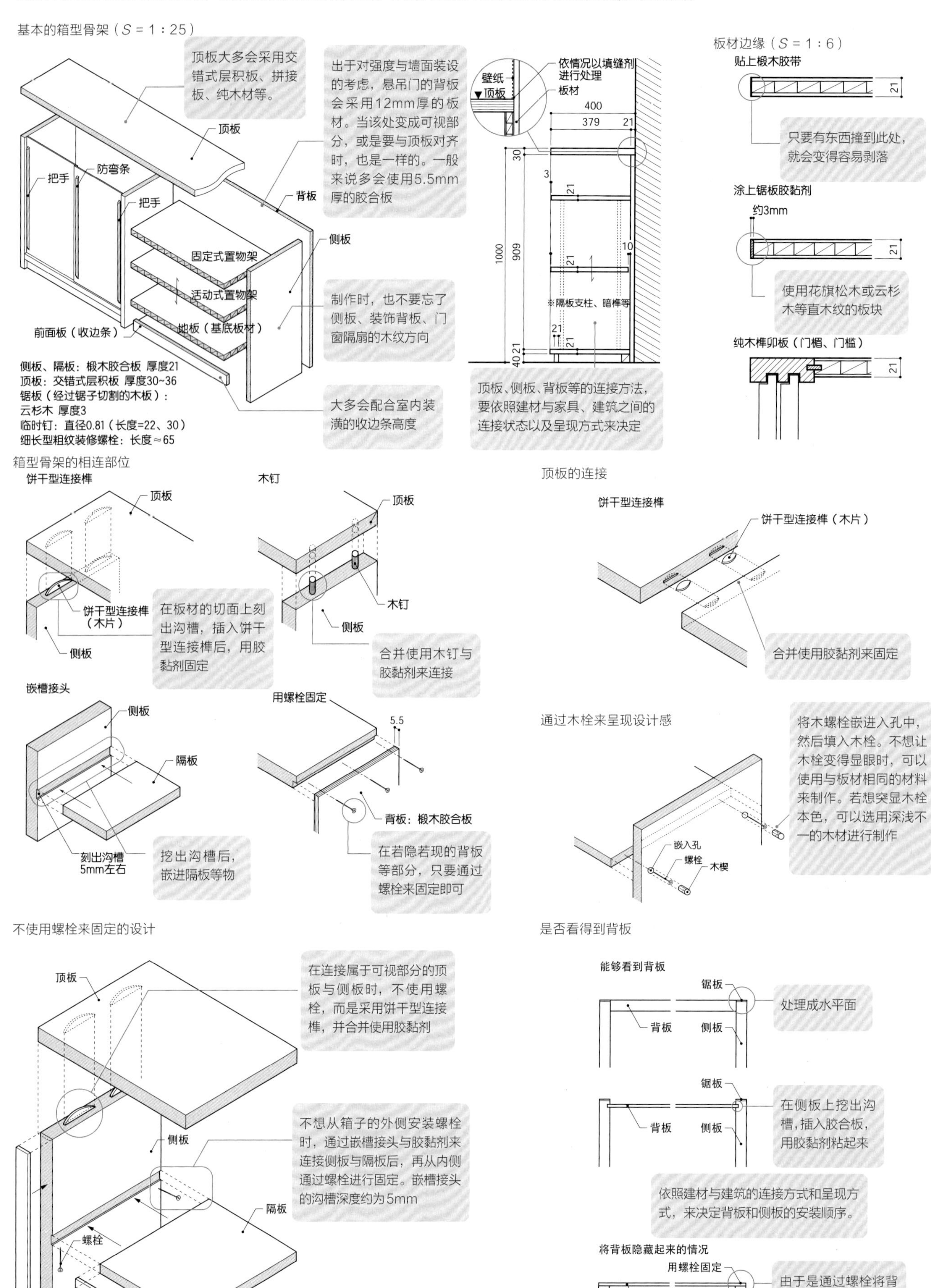

基本的箱型骨架（S = 1：25）
顶板大多会采用交错式层积板、拼接板、纯木材等。
出于对强度与墙面装设的考虑，悬吊门的背板会采用12mm厚的板材。当该处变成可视部分，或是要与顶板对齐时，也是一样的。一般来说多会使用5.5mm厚的胶合板
顶板
把手
防弯条
把手
背板
侧板
固定式置物架
活动式置物架
地板（基底板材）
前面板（收边条）
制作时，也不要忘了侧板、装饰背板、门窗隔扇的木纹方向
侧板、隔板：椴木胶合板 厚度21
顶板：交错式层积板 厚度30~36
锯板（经过锯子切割的木板）：云杉木 厚度3
临时钉：直径0.81（长度=22、30）
细长型粗纹装修螺栓：长度≈65
大多会配合室内装潢的收边条高度
壁纸
顶板
依情况以填缝剂进行处理
板材
400
379
21
30
3
21
1000
909
10
21
※隔板支柱、暗榫等
21
21
40
21
顶板、侧板、背板等的连接方法，要依照建材与家具、建筑之间的连接状态以及呈现方式来决定
板材边缘（S = 1：6）
贴上椴木胶带
21
只要有东西撞到此处，就会变得容易剥落
涂上锯板胶黏剂
约3mm
21
使用花旗松木或云杉木等直木纹的板块
纯木榫卯板（门楣、门槛）
21
箱型骨架的相连部位
饼干型连接榫
顶板
饼干型连接榫（木片）
侧板
在板材的切面上刻出沟槽，插入饼干型连接榫后，用胶黏剂固定
木钉
顶板
木钉
侧板
合并使用木钉与胶黏剂来连接
顶板的连接
饼干型连接榫
饼干型连接榫（木片）
合并使用胶黏剂来固定
嵌槽接头
侧板
隔板
刻出沟槽 5mm左右
挖出沟槽后，嵌进隔板等物
用螺栓固定
5.5
背板：椴木胶合板
在若隐若现的背板等部分，只要通过螺栓来固定即可
通过木栓来呈现设计感
将木螺栓嵌进入孔中，然后填入木栓。不想让木栓变得显眼时，可以使用与板材相同的材料来制作。若想突显木栓本色，可以选用深浅不一的木材进行制作
嵌入孔
螺栓
木楔
不使用螺栓来固定的设计
顶板
在连接属于可视部分的顶板与侧板时，不使用螺栓，而是采用饼干型连接榫，并合并使用胶黏剂
侧板
不想从箱子的外侧安装螺栓时，通过嵌槽接头与胶黏剂来连接侧板与隔板后，再从内侧通过螺栓进行固定。嵌槽接头的沟槽深度约为5mm
隔板
螺栓
锯板
使用临时钉与快干胶黏剂将锯板粘在桌面上，进行修饰
是否看得到背板
能够看到背板
锯板
处理成水平面
背板
侧板
锯板
在侧板上挖出沟槽，插入胶合板，用胶黏剂粘起来
背板
侧板
依照建材与建筑的连接方式和呈现方式，来决定背板和侧板的安装顺序。
将背板隐藏起来的情况
用螺栓固定
由于是通过螺栓将背板固定在椴木胶合板上，所以会看到螺栓
背板
侧板

第4章

厨卫空间

多数人在装修厨房、卫生间等需要用水的地方时，通常从市场上直接购买相应的成品。但是如果有条件，我还是希望尽可能定制。通常，只需要把箱型构造的家具与市场上购买来的成品进行组装就能大功告成，所以还是非常有尝试价值的。考虑到漏水和保养方面的问题，浴室中很难采用传统的装修方式。可以使用半组装式浴室，即在浴室内，仅在下部空间选用由玻璃纤维增强塑料制成的一体式结构，在墙壁和天花板处的装饰上可以多花点心思，以确保设计感（半组装式浴室是指为了节约成本，浴缸和淋浴处采用组装式，墙壁和天花板采用传统方法进行装修的浴室）。

卫生间的洗手台

结合卫生间和马桶的配置设计的洗手台。脸盆和水龙头是成品，其他都是定制的。

利用卫生间的侧面空间来设置洗手台与收纳柜的例子。
抽屉式收纳柜中可以放入手纸等物品。

剖面图（S = 1：15）

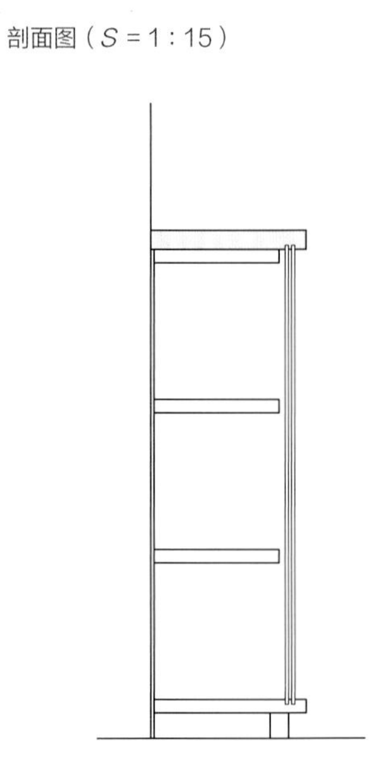

平面图（S = 1：15）

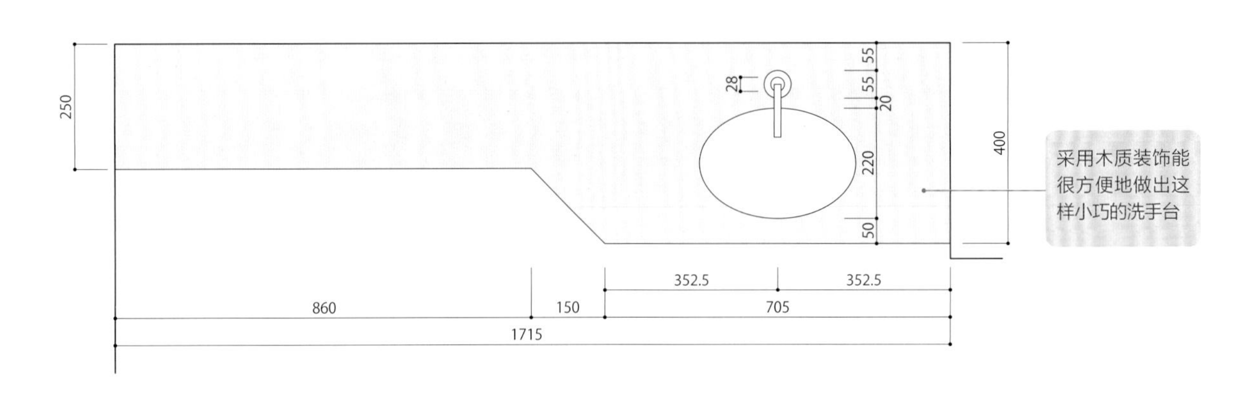

250
28
55
55
20
220
50
400
采用木质装饰能很方便地做出这样小巧的洗手台
352.5
352.5
860
150
705
1715

正视图（S = 1：15）

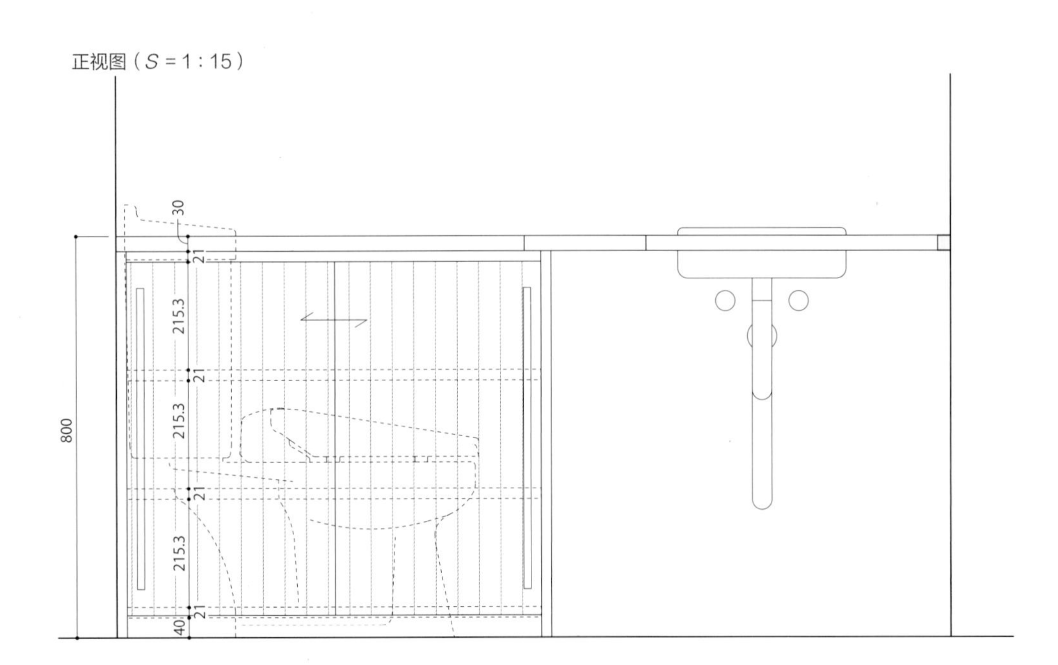

30
21
215.3
21
215.3
21
215.3
21
40
800

有大型脸盆的洗手台

用原木和椴木胶合板制作的洗手台。考虑到洗手台处材料的劣化问题，（装修时）通常选择入墙式水龙头。

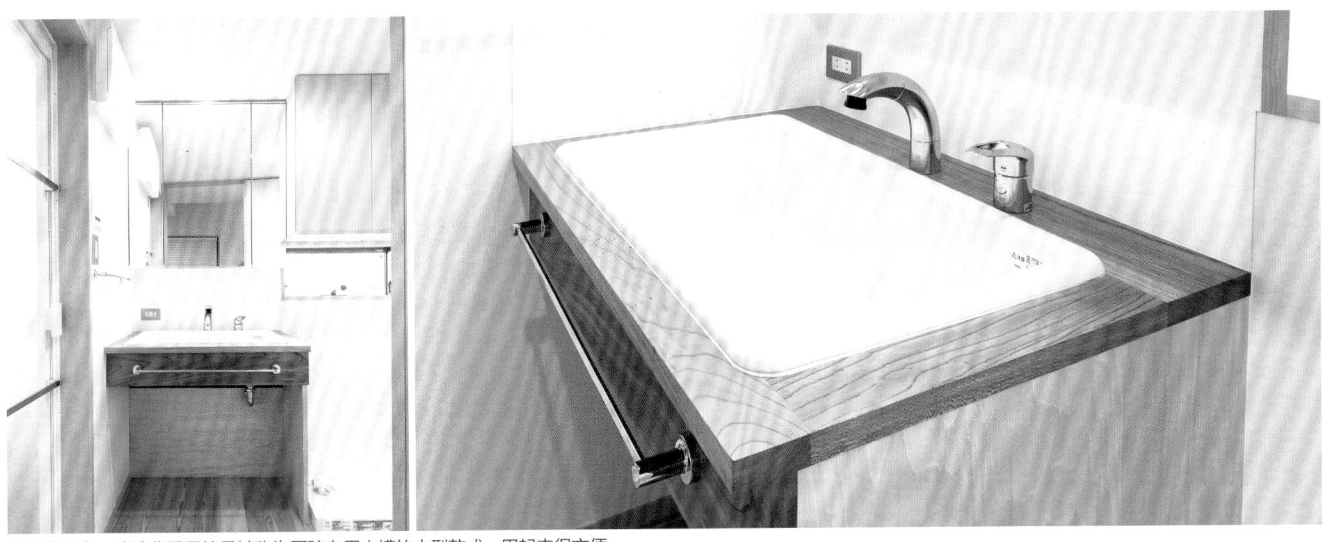

木造洗手台。洗脸盆采用的是被称为医院专用水槽的大型款式，用起来很方便。

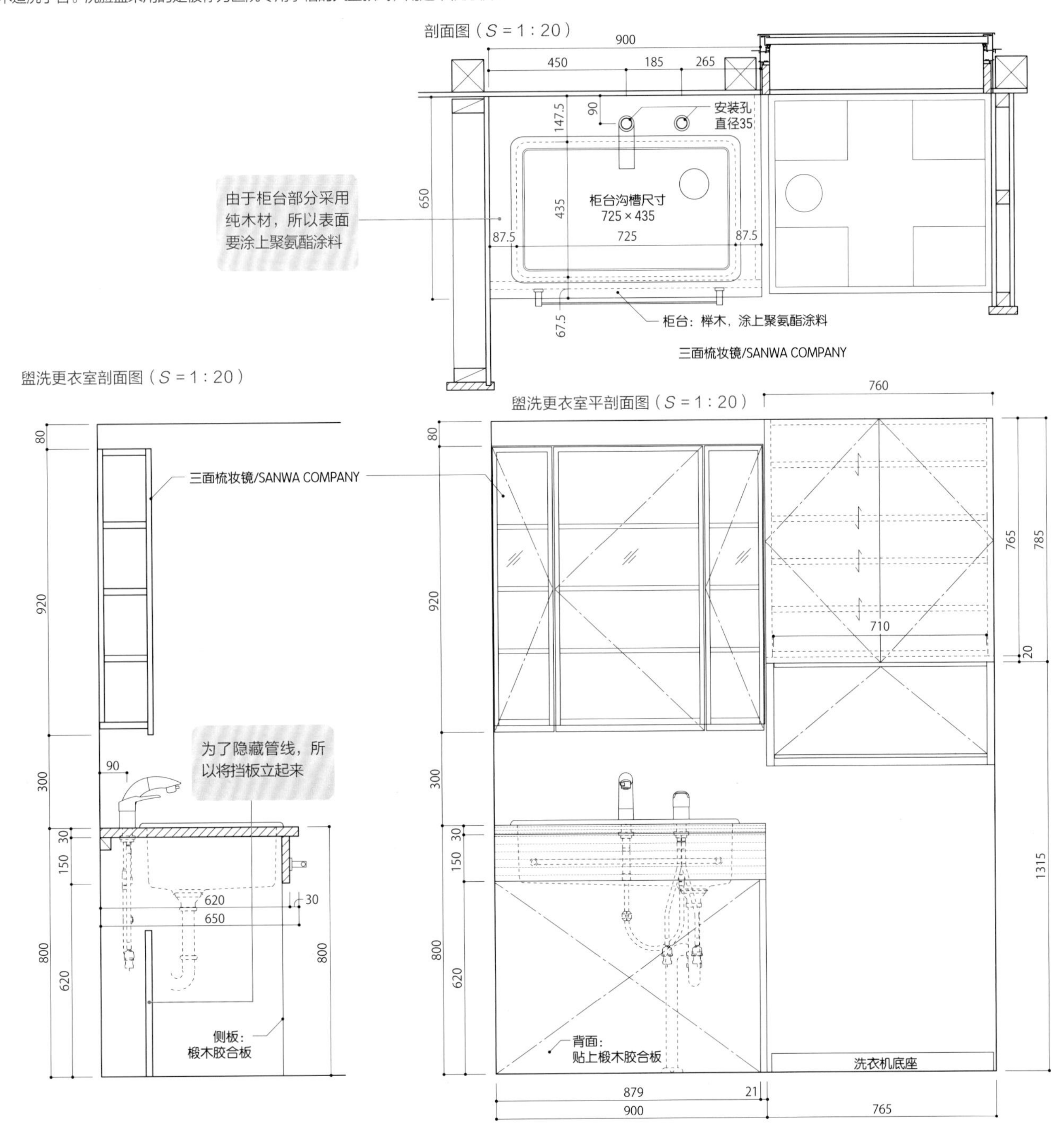

剖面图（S＝1：20）
900
450
185
265
安装孔
直径35
由于柜台部分采用纯木材，所以表面要涂上聚氨酯涂料
柜台沟槽尺寸
725×435
725
87.5
147.5
435
650
67.5
柜台：榉木，涂上聚氨酯涂料
三面梳妆镜/SANWA COMPANY
盥洗更衣室剖面图（S＝1：20）
三面梳妆镜/SANWA COMPANY
为了隐藏管线，所以将挡板立起来
620
650
侧板：
椴木胶合板
盥洗更衣室平剖面图（S＝1：20）
760
765
785
710
1315
背面：
贴上椴木胶合板
洗衣机底座
879
21
900
765

4-3 厨卫空间

卫生间的吊柜

装设在卫生间内的吊柜。为了减少压迫感，下部设置了陈设架。

装设在卫生间内的吊柜，只要将手绕到铰链门的内侧，就能将门打开。

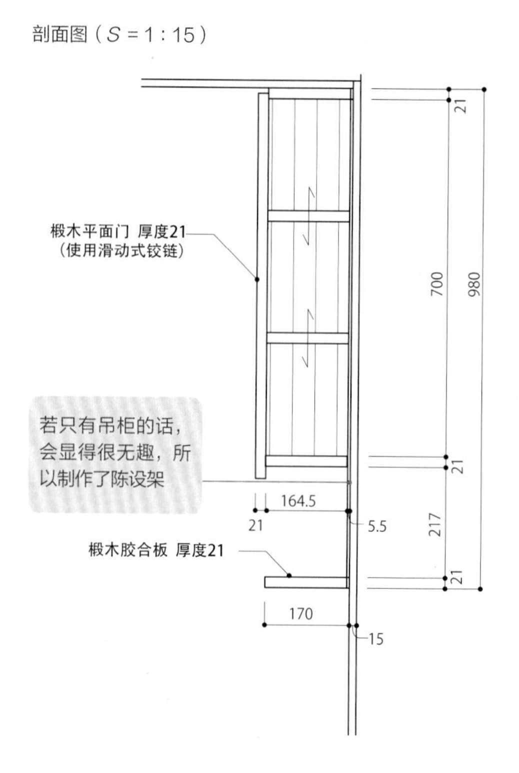

剖面图（S＝1：15）
椴木平面门 厚度21
（使用滑动式铰链）
若只有吊柜的话，会显得很无趣，所以制作了陈设架
椴木胶合板 厚度21
21
700
980
21
217
21
164.5
21
5.5
170
15

4-4 厨卫空间

卫生间马桶后方的收纳柜

利用了马桶背后空间的收纳柜。结合马桶位置，开关处要精心设计。

设置在马桶后方的收纳柜。确保了一个不会与马桶产生碰撞的收纳空间。
右侧的细长柜子可以摆放刷子等物品。

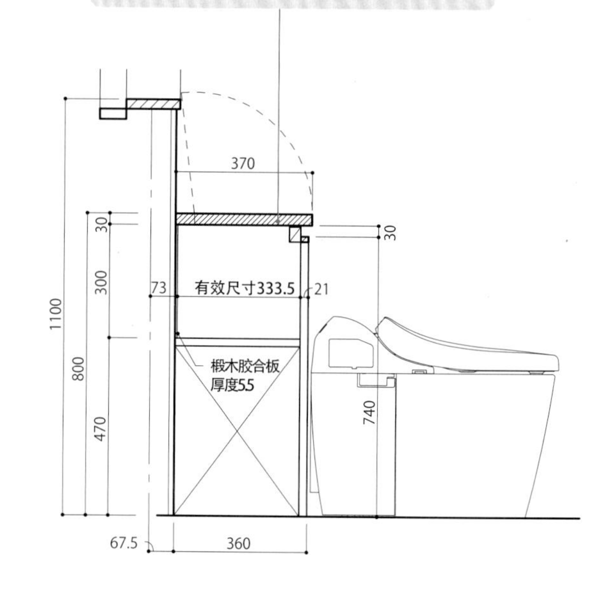

剖面图（S＝1：20）
由于收纳柜正面没有空间，所以采用能从上方取出物品的设计。如果太深的话取物品时会很不方便，考虑到这点，控制了（收纳柜下部的）高度
370
30
300
73
有效尺寸333.5
21
30
1100
800
470
椴木胶合板
厚度5.5
740
67.5
360

小型一字形厨房

狭小空间中的厨台。收纳了水槽、嵌入式洗碗机、燃气灶。

宽度为1950mm的小型厨房。由于市售成品的种类较少，所以要交由木匠来制作。只有不锈钢部分外包给金属零件加工商。

水槽、日式餐具柜剖面图（S＝1：20）

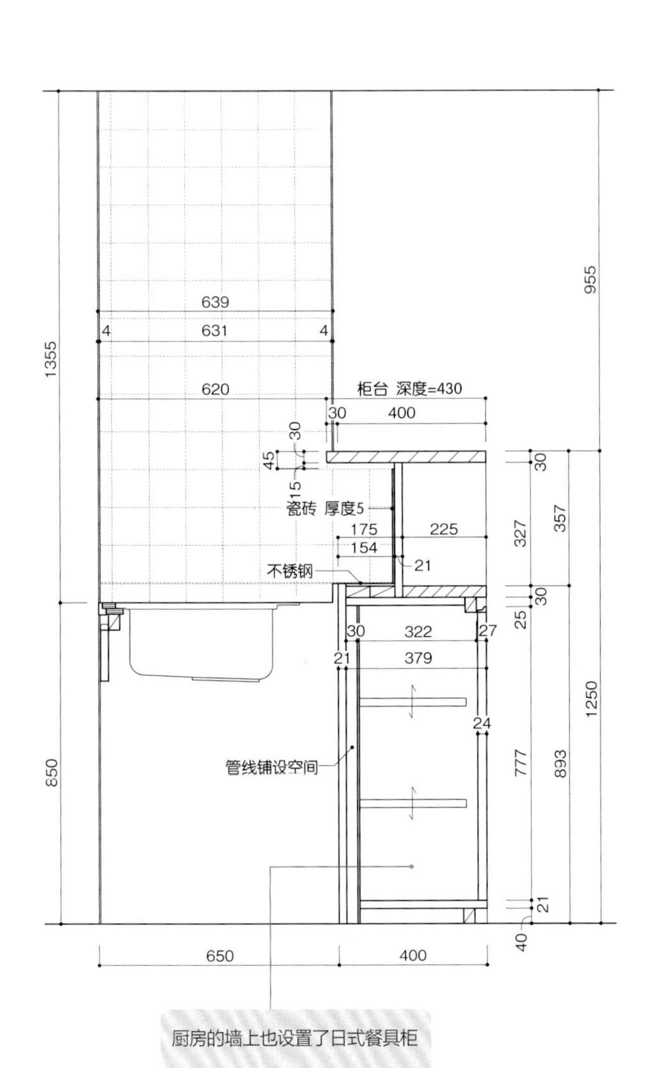
639
631
4
4
620
柜台 深度=430
30
400
1355
955
45
30
15
瓷砖 厚度5
175
225
154
21
不锈钢
30
327
357
30
25
30
322
27
21
379
24
1250
850
管线铺设空间
777
893
21
40
650
400
厨房的墙上也设置了日式餐具柜

燃气灶剖面图（S＝1：20）

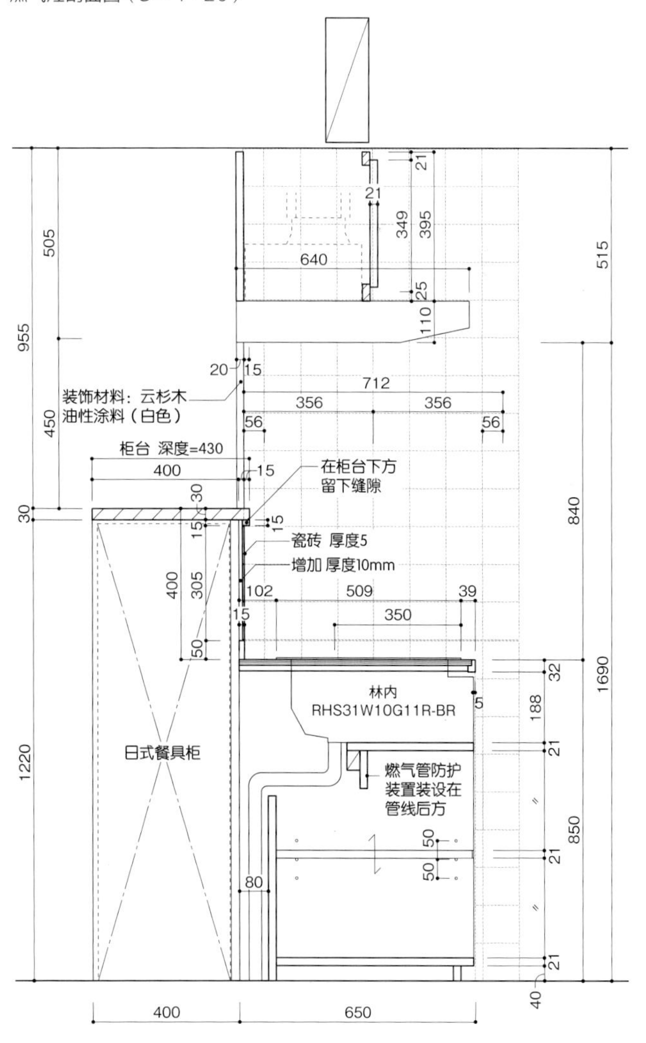
505
955
21
21
349
395
640
25
110
515
20
15
装饰材料：云杉木
油性涂料（白色）
712
356
356
56
56
450
柜台 深度=430
400
15
在柜台下方
留下缝隙
30
30
15
15
瓷砖 厚度5
增加 厚度10mm
400
305
102
509
39
840
350
50
32
林内
RHS31W10G11R-BR
5
188
1690
日式餐具柜
1220
21
燃气管防护
装置装设在
管线后方
50
50
850
21
80
21
40
400
650

小型L形厨房

按照事先的规划，这里做了一个 L 形的厨台。L 形厨台必须定制才合适。

1990mm×2020mm的小型L形厨房。由于在市售成品中，这种尺寸的产品很少见，所以交由木匠来完成。由于抽油烟机、吊柜都集中在燃气灶侧，所以客厅侧的厨房上方是开放式的。

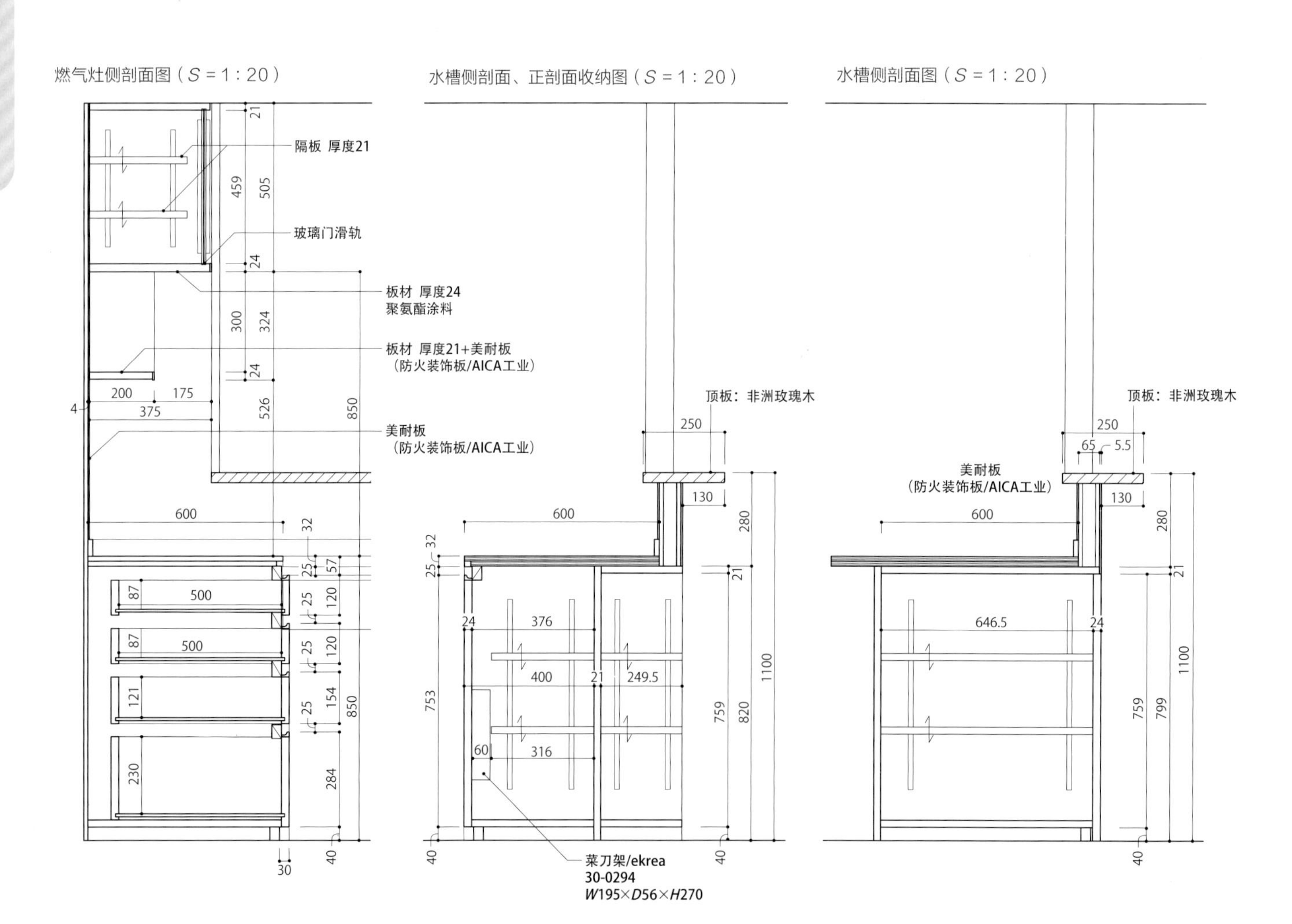
燃气灶侧剖面图（S＝1：20）
隔板 厚度21
玻璃门滑轨
板材 厚度24
聚氨酯涂料
板材 厚度21+美耐板
(防火装饰板/AICA工业)
美耐板
(防火装饰板/AICA工业)
水槽侧剖面、正剖面收纳图（S＝1：20）
顶板：非洲玫瑰木
菜刀架/ekrea
30-0294
W195×D56×H270
水槽侧剖面图（S＝1：20）
顶板：非洲玫瑰木
美耐板
(防火装饰板/AICA工业)

U形厨房

按照事先的规划，这里做了一个U形厨台。设计虽然紧凑，但留有足够的工作空间。

沿着墙壁来配置的U形厨房，能够确保充足的收纳空间、工作空间、摆放烹调器具的空间等。

剖面图（S＝1：20）

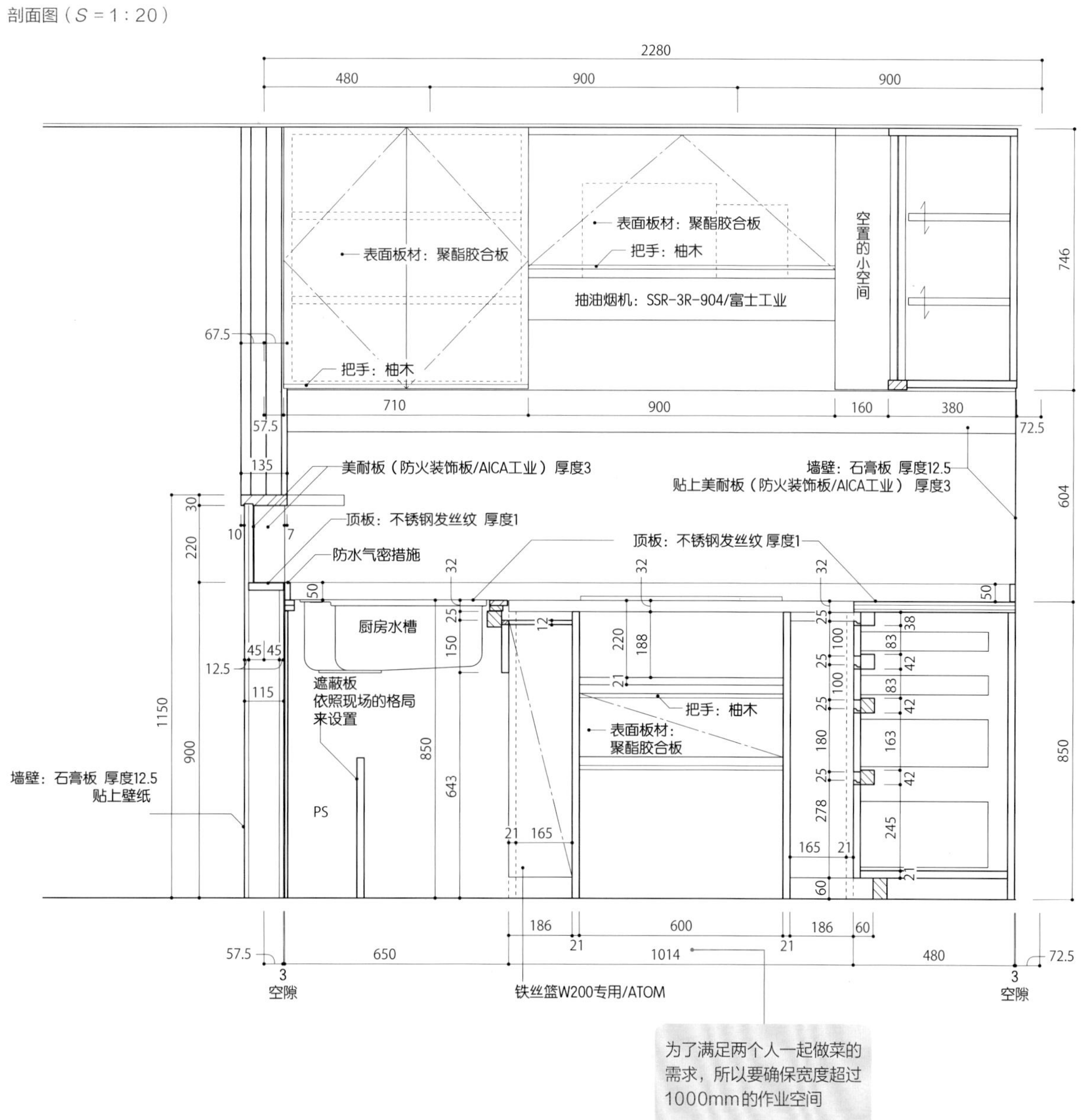

2280
480
900
900
表面板材：聚酯胶合板
表面板材：聚酯胶合板
把手：柚木
把手：柚木
抽油烟机：SSR-3R-904/富士工业
空置的小空间
746
67.5
710
900
160
380
57.5
72.5
135
美耐板（防火装饰板/AICA工业）厚度3
墙壁：石膏板 厚度12.5
贴上美耐板（防火装饰板/AICA工业） 厚度3
604
顶板：不锈钢发丝纹 厚度1
顶板：不锈钢发丝纹 厚度1
防水气密措施
厨房水槽
遮蔽板
依照现场的格局
来设置
把手：柚木
表面板材：
聚酯胶合板
墙壁：石膏板 厚度12.5
贴上壁纸
PS
1150
900
850
643
850
186
600
186
60
650
1014
480
57.5
72.5
3
空隙
3
空隙
铁丝篮W200专用/ATOM

为了满足两个人一起做菜的需求，所以要确保宽度超过1000mm的作业空间

开放式厨房

开放式厨房中除了抽屉外都是定制的。

在开放式厨房中，确认抽油烟机排烟管的设置空间十分重要。

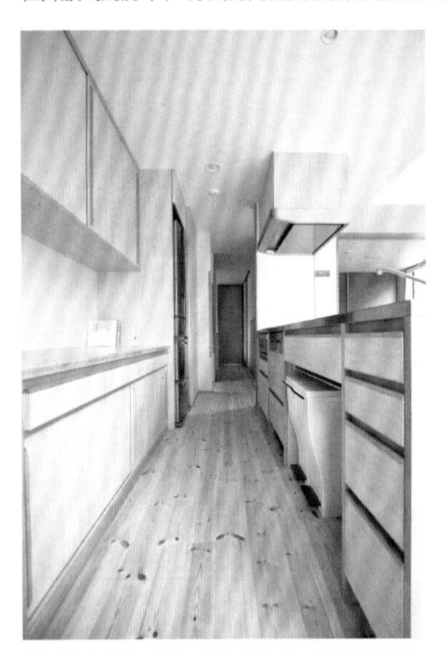

通过设置能与开放式厨房组成一套的厨房收纳柜，来弥补收纳功能的不足。

水槽部分的剖面图（S＝1：20）

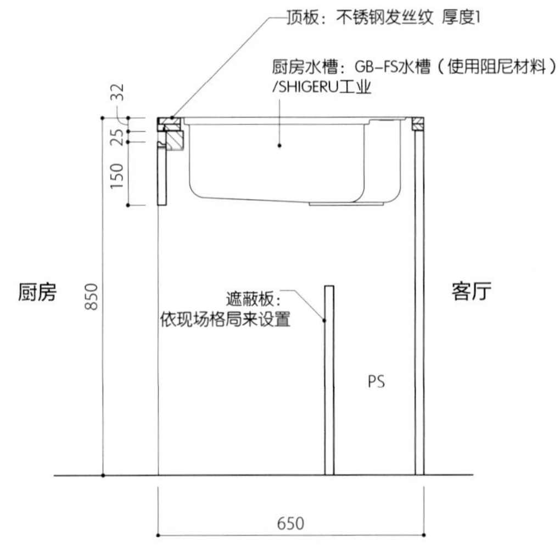

顶板：不锈钢发丝纹 厚度1
厨房水槽：GB-FS水槽（使用阻尼材料）/SHIGERU工业
厨房
客厅
遮蔽板：
依现场格局来设置
PS
32
25
150
850
650

抽屉部分的剖面图（S＝1：20）

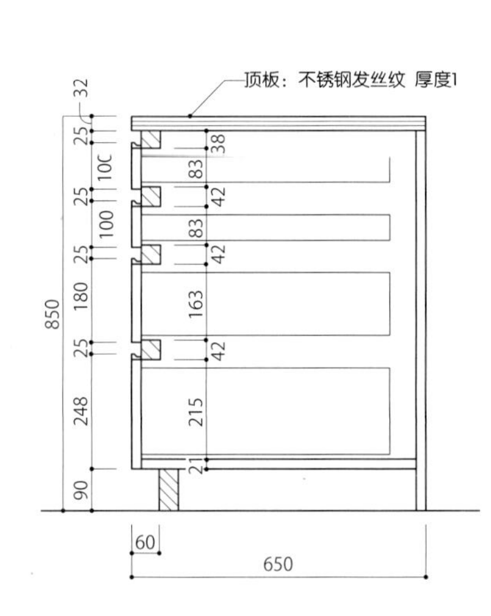

顶板：不锈钢发丝纹 厚度1
32
25
100
25
100
25
180
25
248
90
850
38
83
42
83
42
163
42
215
21
60
650

正视图（S＝1：20）

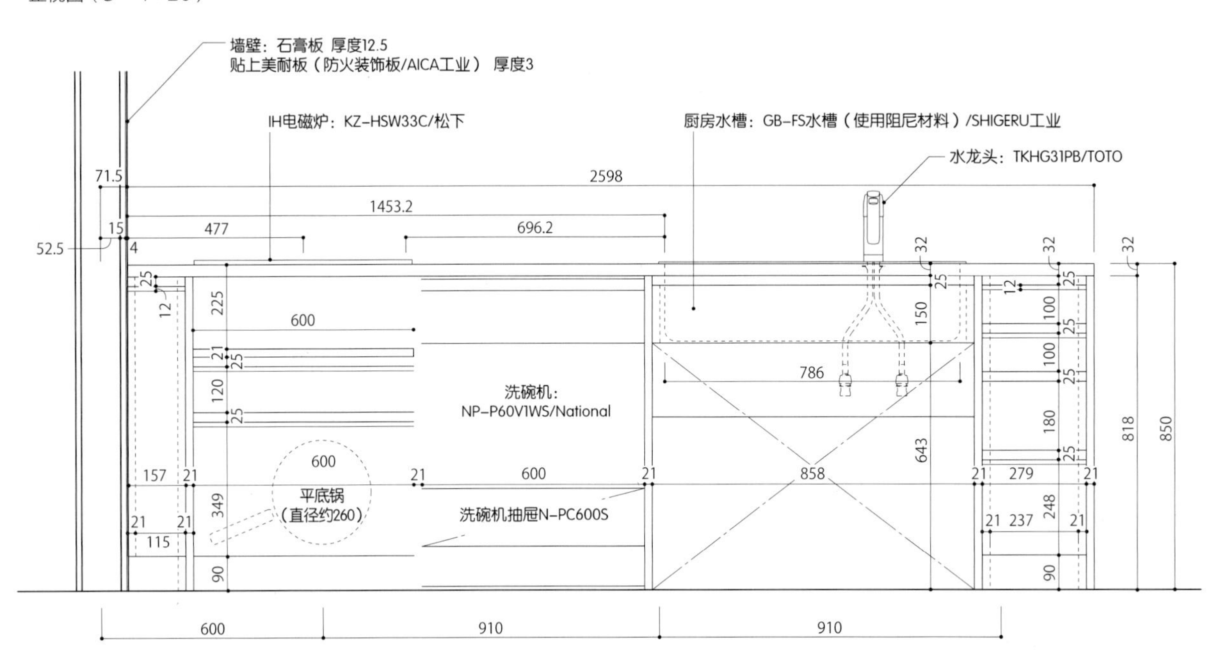

墙壁：石膏板 厚度12.5
贴上美耐板（防火装饰板/AICA工业） 厚度3
IH电磁炉：KZ-HSW33C/松下
厨房水槽：GB-FS水槽（使用阻尼材料）/SHIGERU工业
水龙头：TKHG31PB/TOTO
71.5
2598
1453.2
15
477
696.2
52.5
4
洗碗机：
NP-P60V1WS/National
平底锅
（直径约260）
洗碗机抽屉N-PC600S
600
786
858
643
818
850
600
910
910

厨房外侧的收纳

在厨房外侧（靠近餐厅的一侧）设置收纳的设计案例。上部设置陈设架。

厨台外侧收纳柜的拉门使用水曲柳直纹胶合板，和餐厅的装修十分协调。

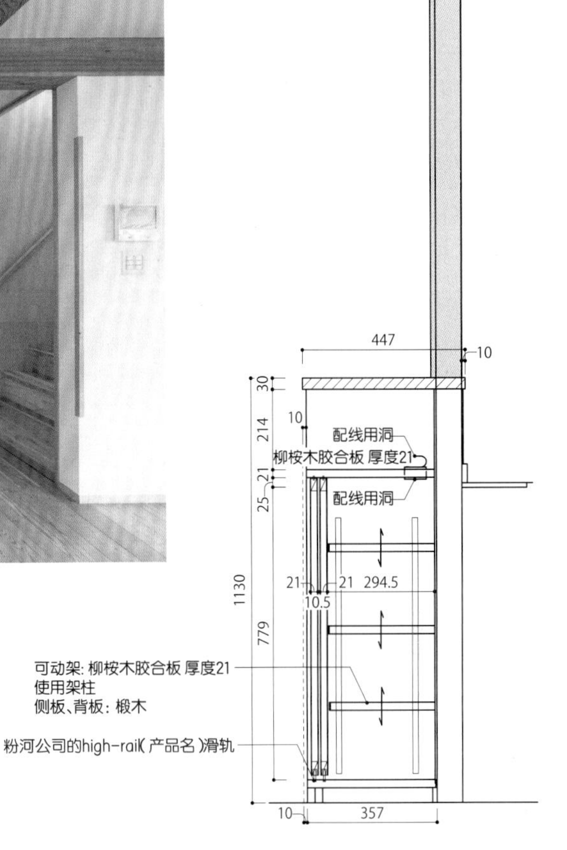
剖面图（S＝1:20）
447
10
30
214
10
配线用洞
柳桉木胶合板 厚度21
21
25
配线用洞
1130
21
21 294.5
10.5
779
可动架：柳桉木胶合板 厚度21
使用架柱
侧板、背板：椴木
粉河公司的high-rail（产品名）滑轨
10
357

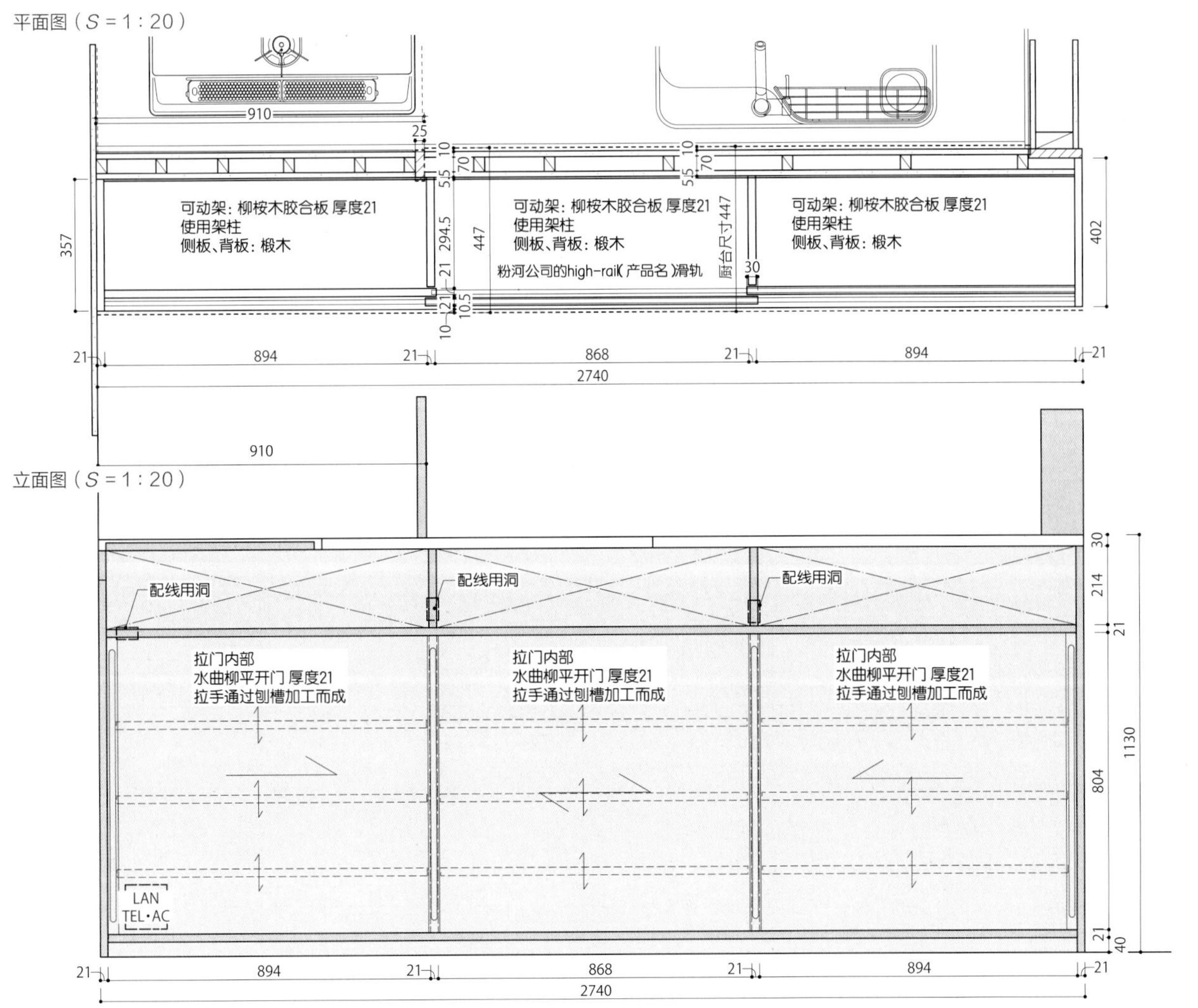
平面图（S＝1:20）
910
25
10
70
5.5
可动架：柳桉木胶合板 厚度21
使用架柱
侧板、背板：椴木
357
294.5
21
447
粉河公司的high-rail（产品名）滑轨
厨台尺寸447
30
402
10
21
10.5
21
894
868
2740
立面图（S＝1:20）
配线用洞
拉门内部
水曲柳平开门 厚度21
拉手通过刨槽加工而成
LAN
TEL・AC
30
214
21
1130
804
40

与桌子一体设计的厨台+收纳

桌子和厨台一体设计的设计案例。为使桌子和厨台高度一致，调整了地板高度。

从餐桌方向看到制作厨台的背面和里面。可见里面的地板是凹下去的。厨台用古夷苏木原木制作。

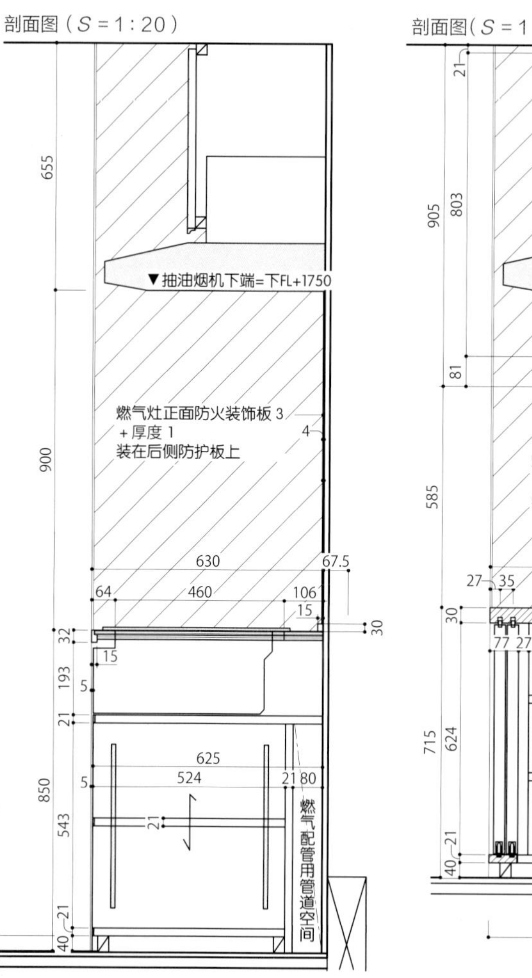
剖面图（S＝1：20）
▼抽油烟机下端＝下FL+1750
燃气灶正面防火装饰板 3
＋厚度 1
装在后侧防护板上
燃气配管用管道空间

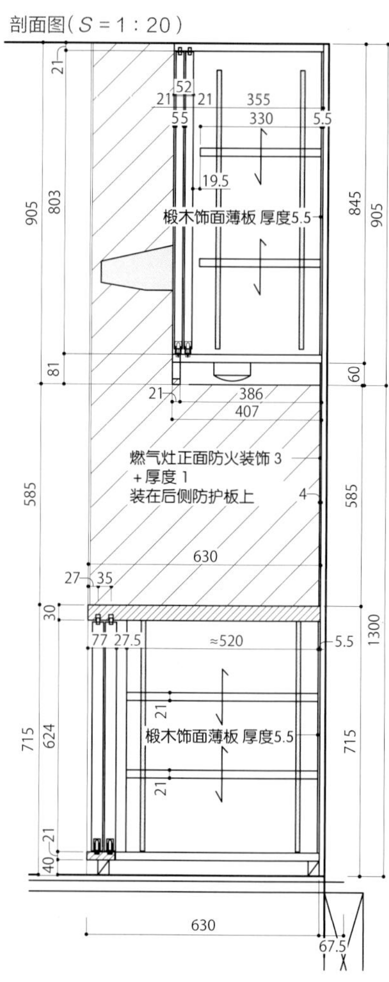
剖面图（S＝1：20）
椴木饰面薄板 厚度5.5
燃气灶正面防火装饰 3
＋厚度 1
装在后侧防护板上
椴木饰面薄板 厚度5.5

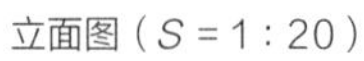
立面图（S＝1：20）

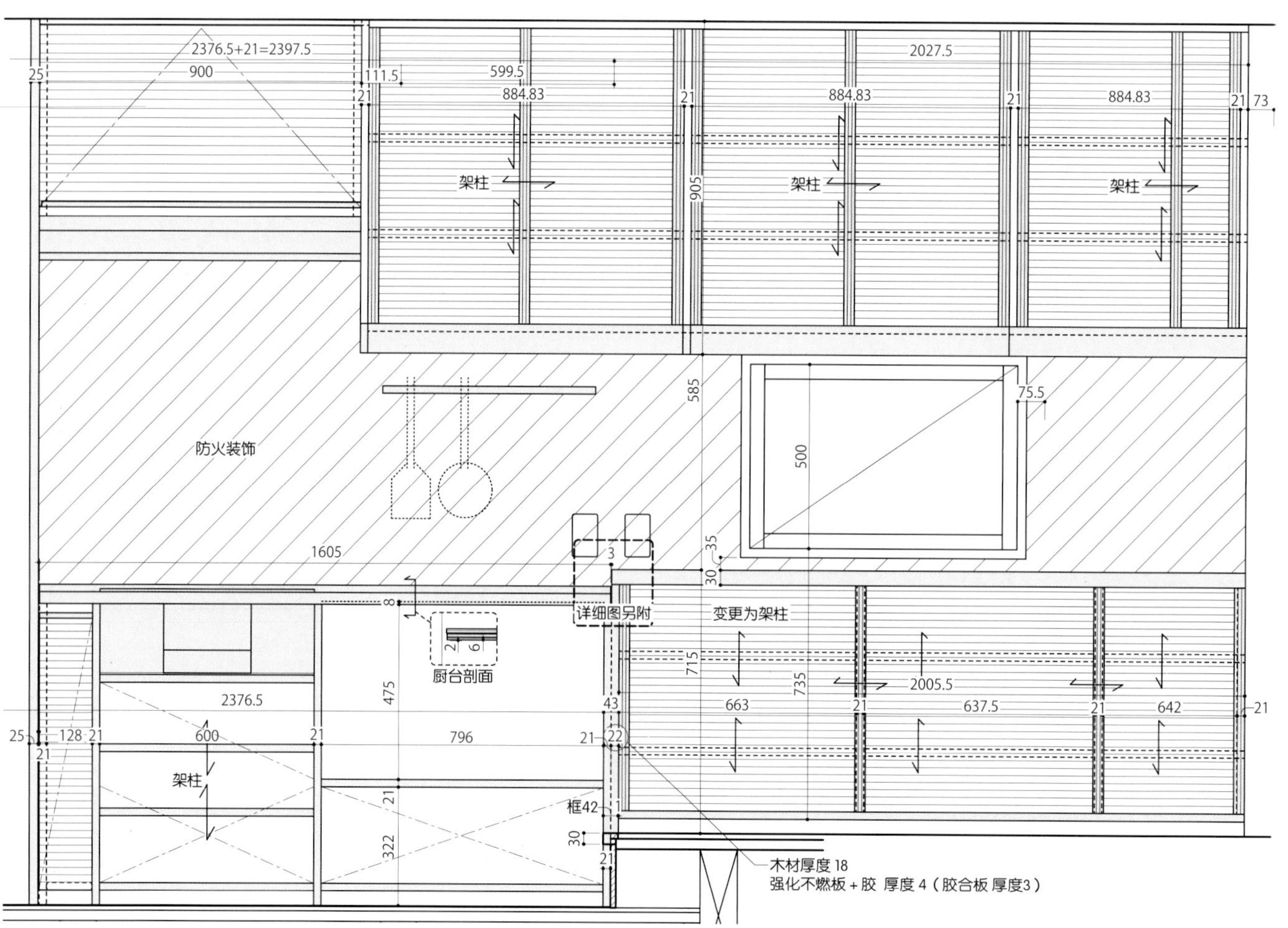
架柱
架柱
架柱
防火装饰
详细图另附
厨台剖面
变更为架柱
架柱
框42
木材厚度 18
强化不燃板＋胶 厚度 4（胶合板 厚度3）

厨房收纳置物架

利用厨台内部的墙面内侧作为收纳空间的设计案例。为了防污，将厨台的不锈钢加以延伸。

将水槽深处的闲置小空间当成收纳空间的例子。可以放置厨房清洁用品、经常使用的调味料、烹调器具等。

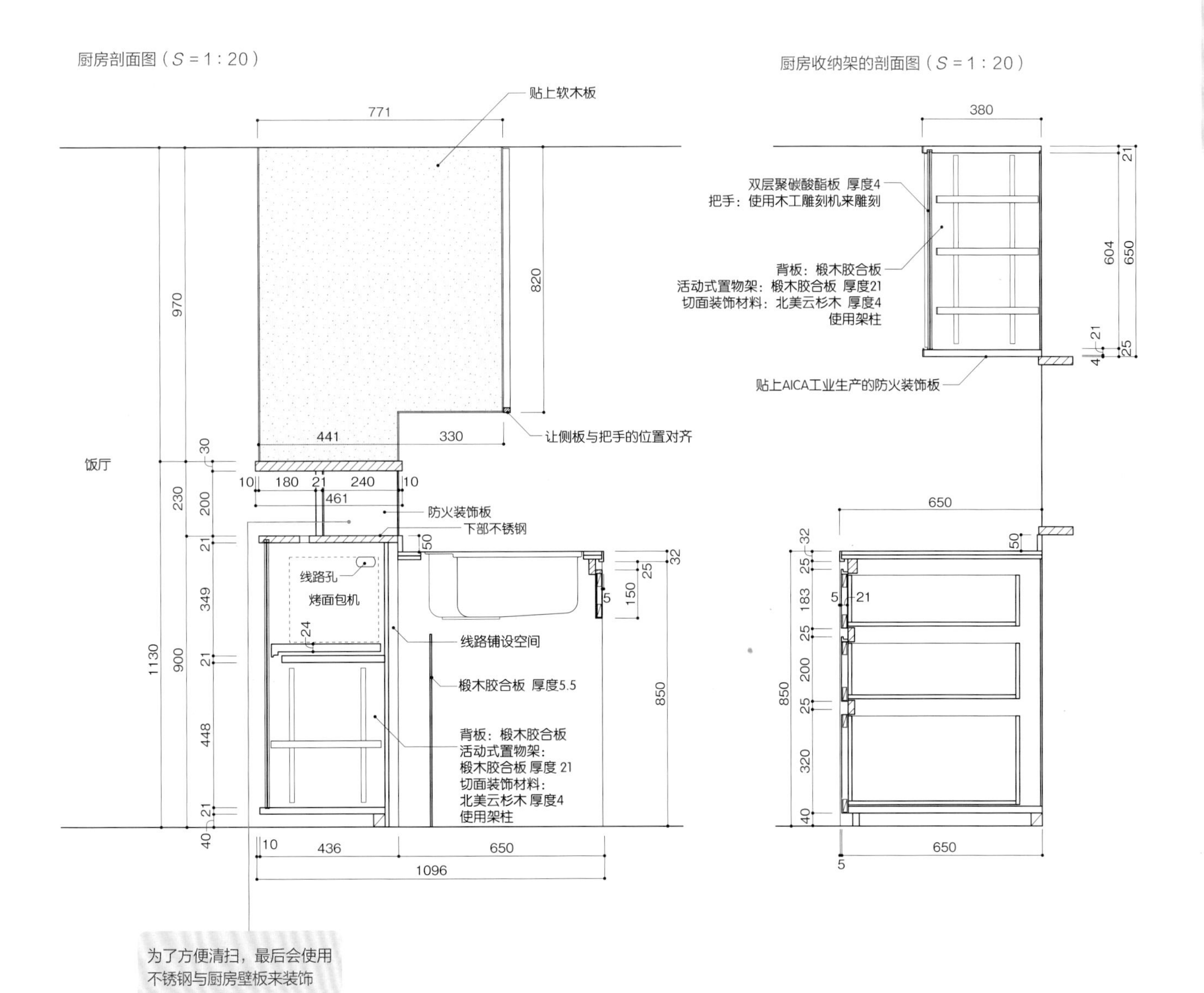
厨房剖面图（S = 1：20）
贴上软木板
771
970
820
441
330
让侧板与把手的位置对齐
饭厅
30
230
200
10
180
21
240
10
461
防火装饰板
下部不锈钢
21
50
32
25
线路孔
烤面包机
349
24
5
150
线路铺设空间
1130
900
21
椴木胶合板 厚度5.5
850
448
背板：椴木胶合板
活动式置物架：
椴木胶合板 厚度 21
切面装饰材料：
北美云杉木 厚度4
使用架柱
21
40
10
436
650
1096
为了方便清扫，最后会使用
不锈钢与厨房壁板来装饰
厨房收纳架的剖面图（S = 1：20）
380
21
双层聚碳酸酯板 厚度4
把手：使用木工雕刻机来雕刻
604
650
背板：椴木胶合板
活动式置物架：椴木胶合板 厚度21
切面装饰材料：北美云杉木 厚度4
使用架柱
21
4
25
贴上AICA工业生产的防火装饰板
650
50
32
25
183
5
21
25
200
850
25
320
40
650
5

电视柜+餐具柜

电视柜和餐具柜一体化定制的设计案例。设计得没有一点多余。

与电视柜合二为一的定制餐具柜。为了避免餐具柜内的物品掉落，以及降低压迫感，所以设置了经过氧化加工的聚碳酸酯板。

剖面图（S＝1：30）

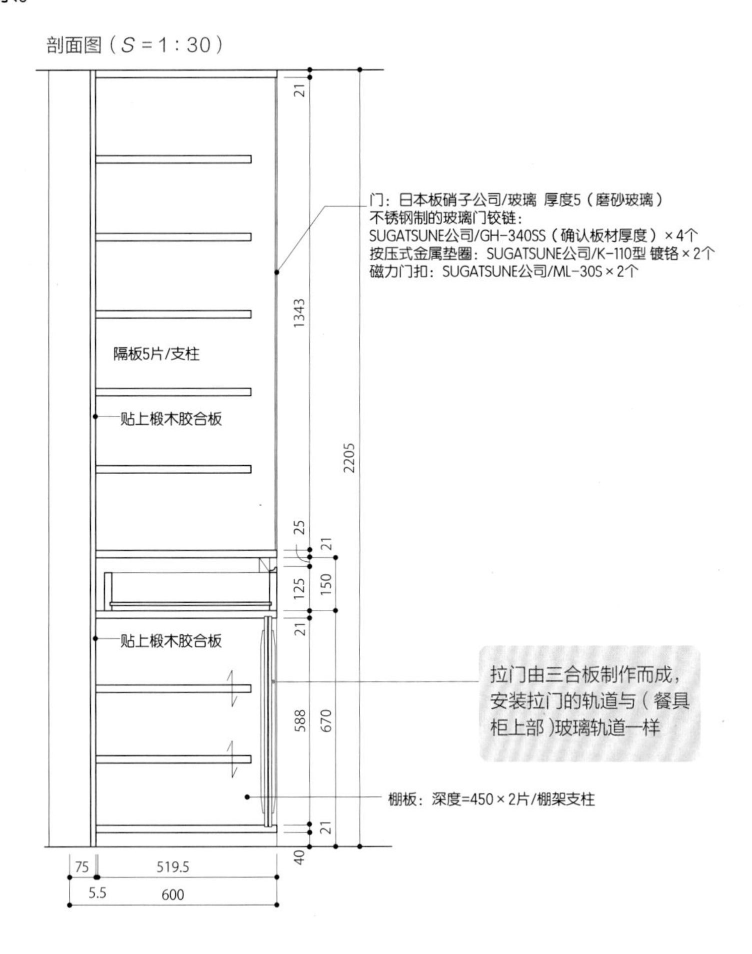
门：日本板硝子公司/玻璃 厚度5（磨砂玻璃）
不锈钢制的玻璃门铰链：
SUGATSUNE公司/GH-340SS（确认板材厚度）×4个
按压式金属垫圈：SUGATSUNE公司/K-110型 镀铬×2个
磁力门扣：SUGATSUNE公司/ML-30S×2个
隔板5片/支柱
贴上椴木胶合板
贴上椴木胶合板
拉门由三合板制作而成，安装拉门的轨道与（餐具柜上部）玻璃轨道一样
棚板：深度=450×2片/棚架支柱
21
1343
2205
25
21
125
150
21
588
670
21
40
75
519.5
5.5
600

正视图（S＝1：30）

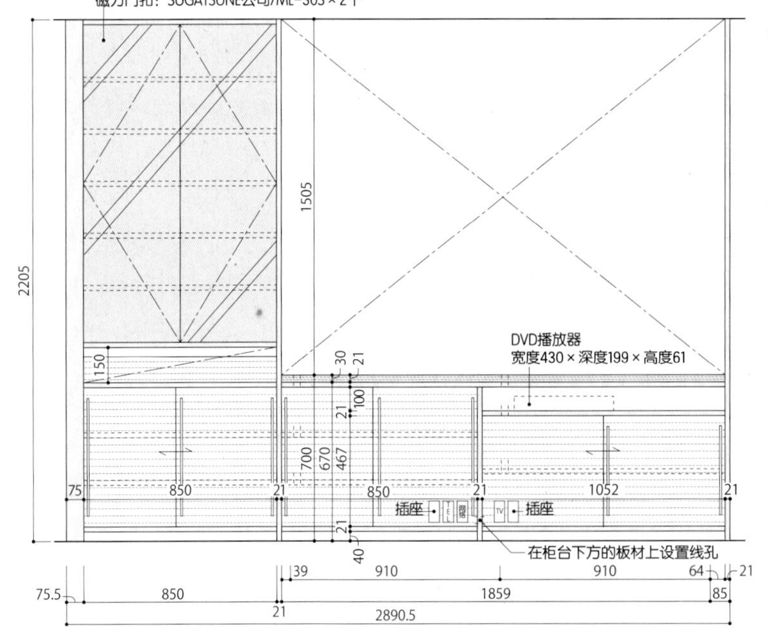
门：日本板硝子公司/玻璃 厚度5（磨砂玻璃）
不锈钢制的玻璃门铰链：
SUGATSUNE公司/GH-340SS（确认板材厚度）×4个
按压式金属垫圈：SUGATSUNE公司/K-110型 镀铬×2个
磁力门扣：SUGATSUNE公司/ML-30S×2个
DVD播放器
宽度430×深度199×高度61
插座
插座
在柜台下方的板材上设置线孔
2205
1505
150
30
21
100
21
700
670
467
21
40
75
850
21
850
21
1052
21
39
910
910
64
21
75.5
850
1859
85
21
2890.5

在半组装式浴室内贴上防湿膜

在半组装式浴室的墙面和天花板的基材上无空隙贴合防湿膜的设计案例。防止水蒸气进入内部和防漏水同等重要。

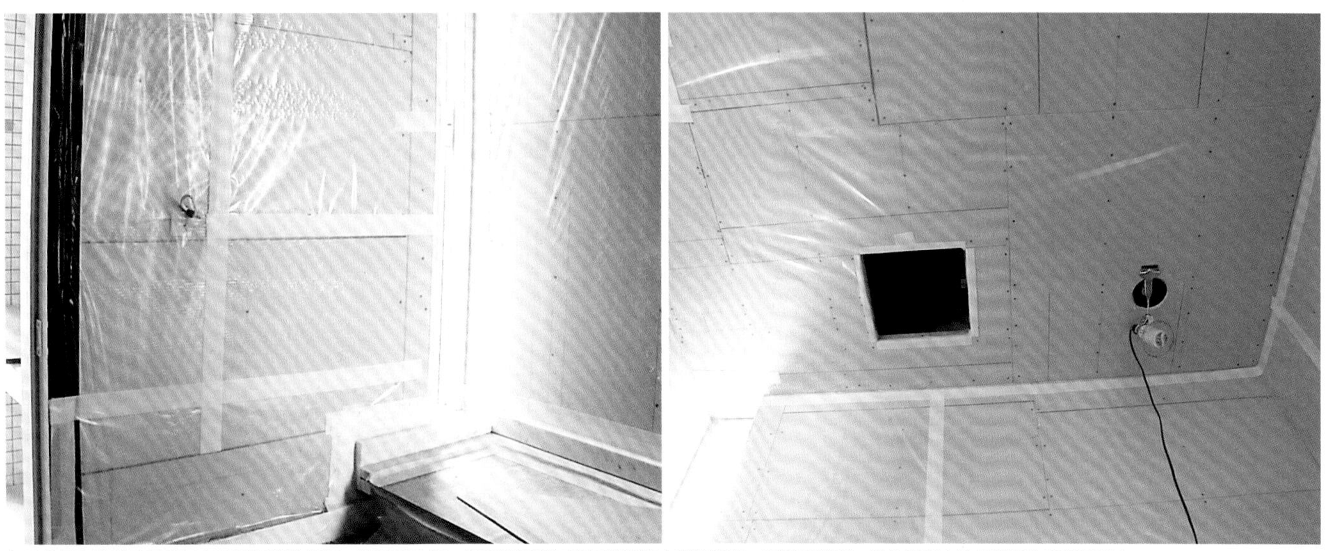

在天花板和墙壁的基底材上贴防湿膜的情况。防湿膜之间，以及防湿膜与换气扇的结合部位等处，要确实贴紧，以免浴室内的水蒸气外泄到骨架中。

换气扇基底盒

浴室施工前先做好换气扇安装的基础工作。虽然安装容易，但需要事先确认好位置。

装设在天花板基底材上的换气扇基底盒。装设这个盒子，换气扇的安装工作就会变得非常容易（上图）。
装设完成的换气扇百叶（左图）。

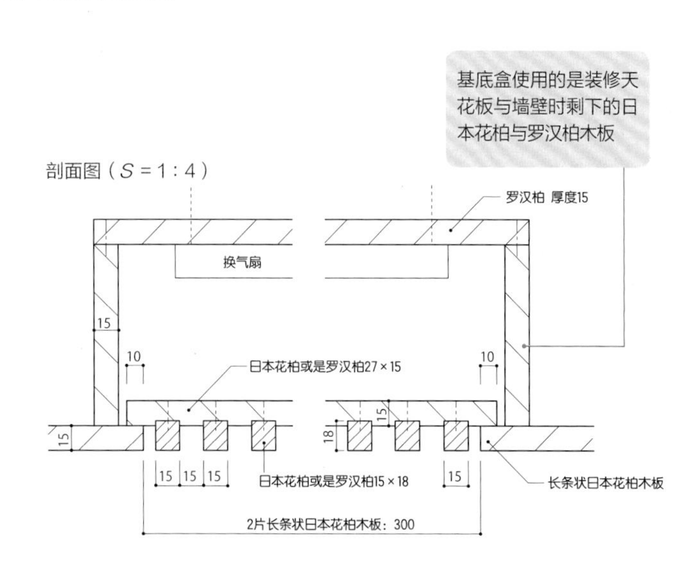
基底盒使用的是装修天花板与墙壁时剩下的日本花柏与罗汉柏木板
剖面图（S＝1：4）
罗汉柏 厚度15
换气扇
15
10
日本花柏或是罗汉柏27×15
10
15
15
18
15 15 15
日本花柏或是罗汉柏15×18
15
长条状日本花柏木板
2片长条状日本花柏木板：300

设计图：伊礼智设计室

4-15 厨卫空间

装设在上面楼层的底座

想要利用上面楼层的整体浴室底座，就要结合设置场所事先组装地板基材。

装设半组装式浴室前的地板基底。利用了上面楼层专用的整体浴室底座。

剖面图（S＝1：20）

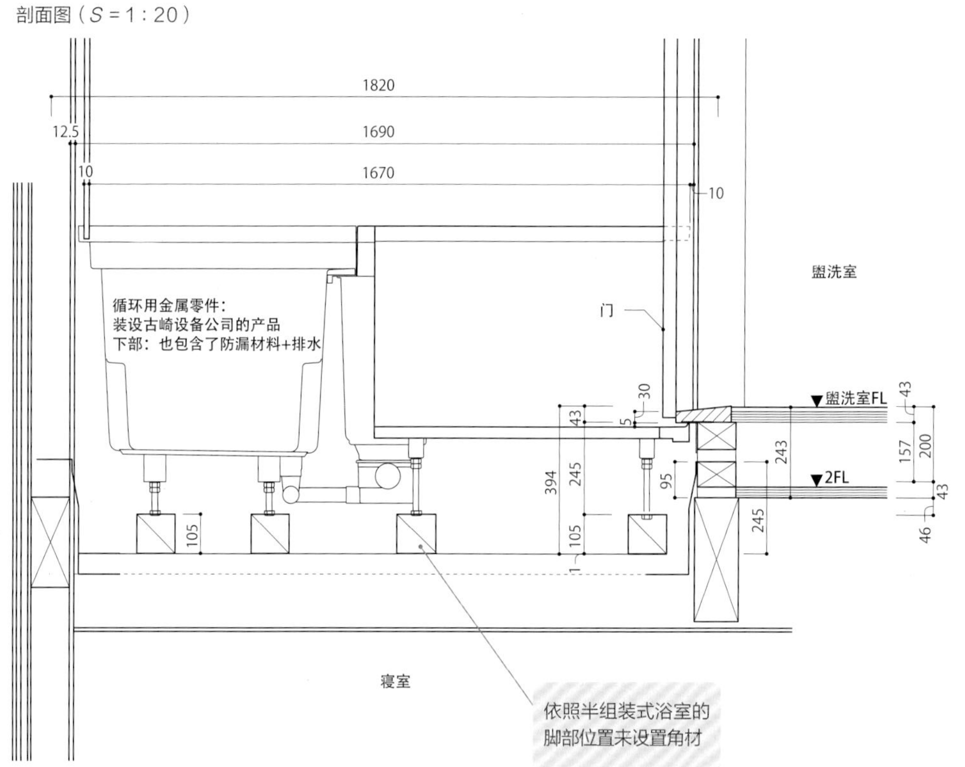

1820
12.5
1690
10
1670
10
盥洗室
循环用金属零件：
装设古崎设备公司的产品
下部：也包含了防漏材料+排水
门
30
43
5
▼盥洗室FL
43
157
200
243
394
245
95
▼2FL
43
46
105
105
245
1
寝室
依照半组装式浴室的
脚部位置未设置角材

4-16 厨卫空间

设置于上层的半组装式浴室的盛漏水容器

为防漏而设置的盛漏水容器，在 2 楼以上设置浴室的话一定要设置。

半组装式浴室正下方的管线外观。与瓷砖浴室相比，半组装式浴室特别不易漏水，盛漏盆是用不锈钢加工而成的。

ハーフバス用
漏水受け

右侧的连接口会与排水管相连。不过为了以防万一，还是应该彻底做好防漏措施。

半组装式浴室中木板墙的连接工艺

为了避免半组装式浴室的立面和壁板之间的缝隙吸收水汽，在缝隙处采取了防水气密措施。

半组装式浴室内，贴上长条状日本花柏木板作为天花板与墙壁。

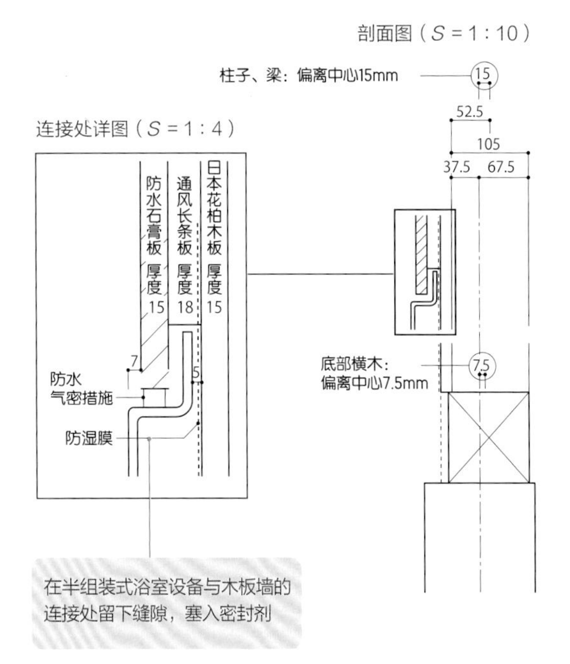
剖面图（S＝1：10）
柱子、梁：偏离中心15mm
15
52.5
105
37.5
67.5
连接处详图（S＝1：4）
防水石膏板 厚度15
通风长条板 厚度18
日本花柏木板 厚度15
7
5
防水气密措施
防湿膜
底部横木：偏离中心7.5mm
7.5
在半组装式浴室设备与木板墙的连接处留下缝隙，塞入密封剂

木板天花板与墙壁的连接工艺

铺有木板的天花板和墙壁无论哪个先施工，都要和外壁一样铺上通气层和防湿膜。

在半组装式浴室内，贴上长条状日本花柏木板作为天花板与墙壁。天花板先施工（左图）。
虽然采用相同的装修方式，但此部分的墙壁要先施工（右图）。

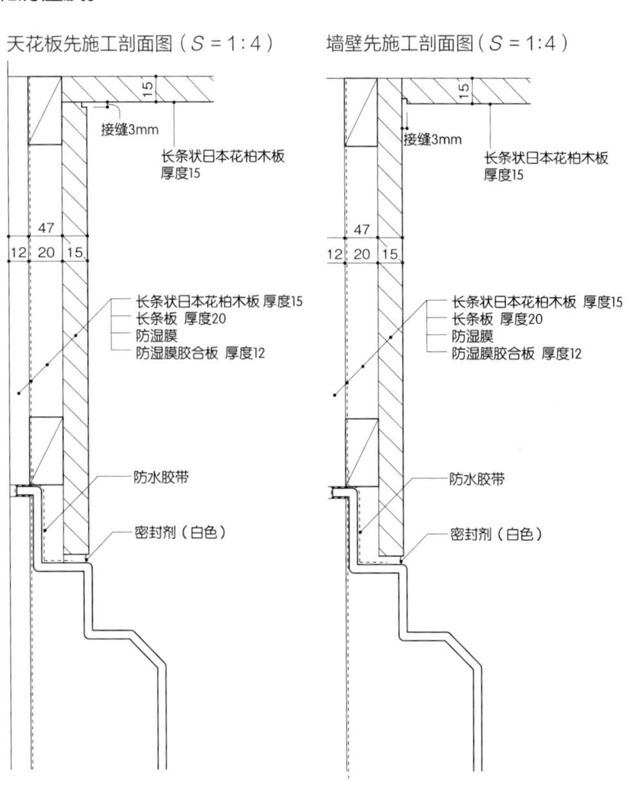
天花板先施工剖面图（S＝1：4）
墙壁先施工剖面图（S＝1：4）
15
接缝3mm
长条状日本花柏木板 厚度15
47
12 20 15
长条状日本花柏木板 厚度15
长条板 厚度20
防湿膜
防湿膜胶合板 厚度12
防水胶带
密封剂（白色）

浴室门槛的一般结构工艺

当浴室门是木制门时的结构工艺。门槛用原木虽然能使外观更美观，但会有腐烂和霉变的风险。

在此例中，使用一般木材制作浴室门槛。

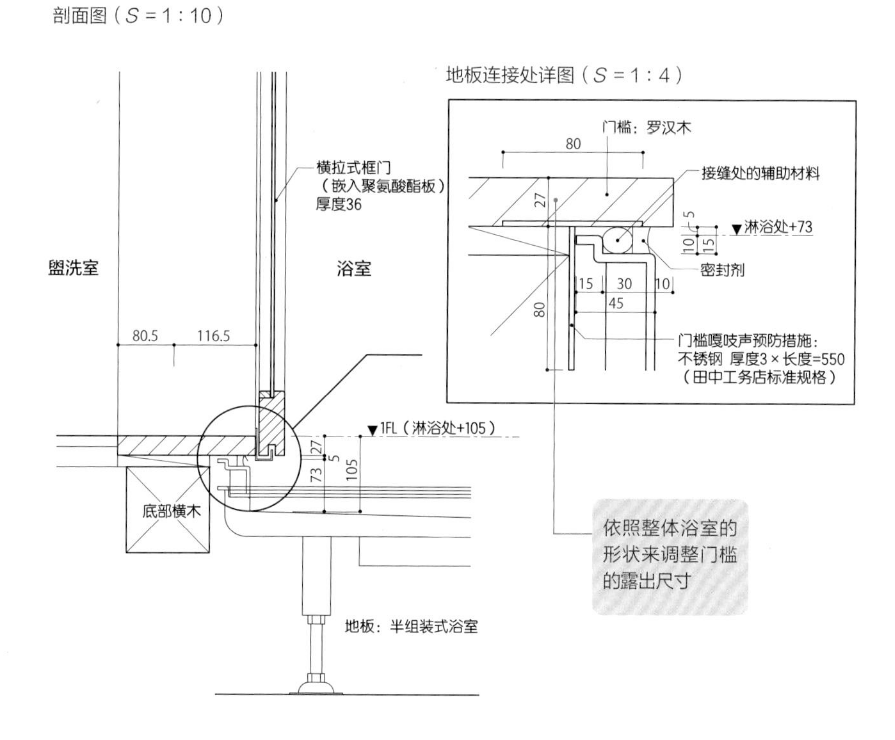

剖面图（S＝1：10）
横拉式框门
（嵌入聚氨酯酯板）
厚度36
盥洗室
浴室
80.5
116.5
▼1FL（淋浴处+105）
27
5
73
105
底部横木
地板：半组装式浴室
地板连接处详图（S＝1：4）
门槛：罗汉木
80
接缝处的辅助材料
27
5
▼淋浴处+73
10
15
密封剂
15
30
10
45
80
门槛嘎吱声预防措施：
不锈钢 厚度3×长度=550
（田中工务店标准规格）
依照整体浴室的形状来调整门槛的露出尺寸

使用不锈钢包覆浴室门槛

对于上一案例中的问题，用不锈钢包覆门槛就可以解决了。

使用不锈钢来包覆浴室门槛的案例。

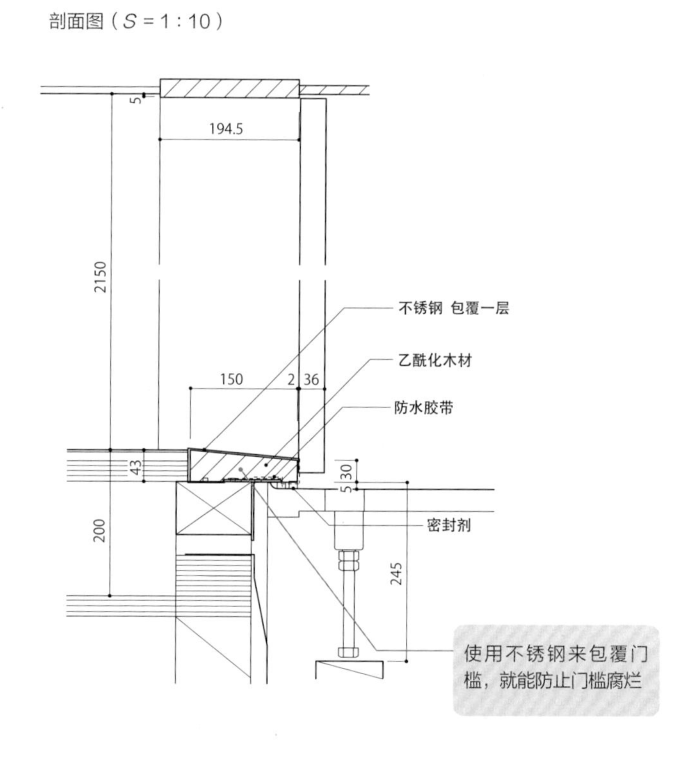

剖面图（S＝1：10）
5
194.5
2150
不锈钢 包覆一层
乙酰化木材
150
2
36
防水胶带
43
5
30
200
密封剂
245
使用不锈钢来包覆门槛，就能防止门槛腐烂

第5章

外墙·外部结构

外墙以镀铝锌钢板与白砂墙为主。前者具备高耐久度与鲜明的外观，后者与灰泥墙相比，能够呈现出凹凸不平的质感。在停车位方面，最好制作有屋顶的车库。考虑到与建筑外观之间的协调性，应采用木质材料来制作。

外墙通风

无论使用的是哪种外墙材料，最好都采用通气工艺。

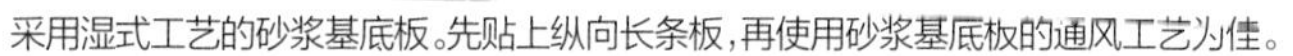

采用湿式工艺的砂浆基底板。先贴上纵向长条板，再使用砂浆基底板的通风工艺为佳。

镀铝锌钢板纵向铺设时，长条板就要横向安装，而且要使用带有孔的专用通气长条板。需要注意的是，由于外墙安装了材料，所以通气性会变差。

外墙通风的结构工艺剖面图（$S=1:8$）

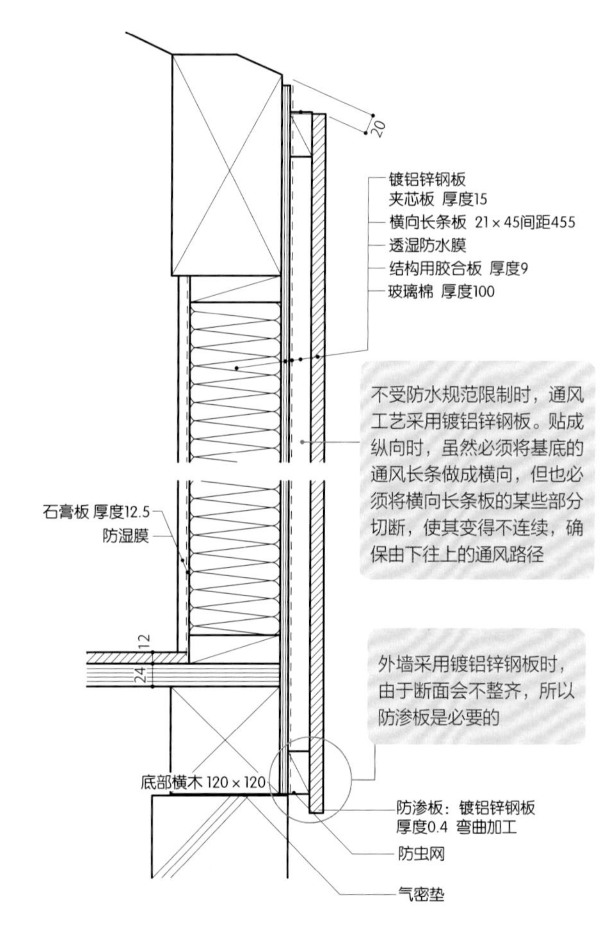
20
镀铝锌钢板
夹芯板 厚度15
横向长条板 21×45间距455
透湿防水膜
结构用胶合板 厚度9
玻璃棉 厚度100
不受防水规范限制时，通风工艺采用镀铝锌钢板。贴成纵向时，虽然必须将基底的通风长条做成横向，但也必须将横向长条板的某些部分切断，使其变得不连续，确保由下往上的通风路径
石膏板 厚度12.5
防湿膜
12
24
外墙采用镀铝锌钢板时，由于断面会不整齐，所以防渗板是必要的
底部横木 120×120
防渗板：镀铝锌钢板
厚度0.4 弯曲加工
防虫网
气密垫

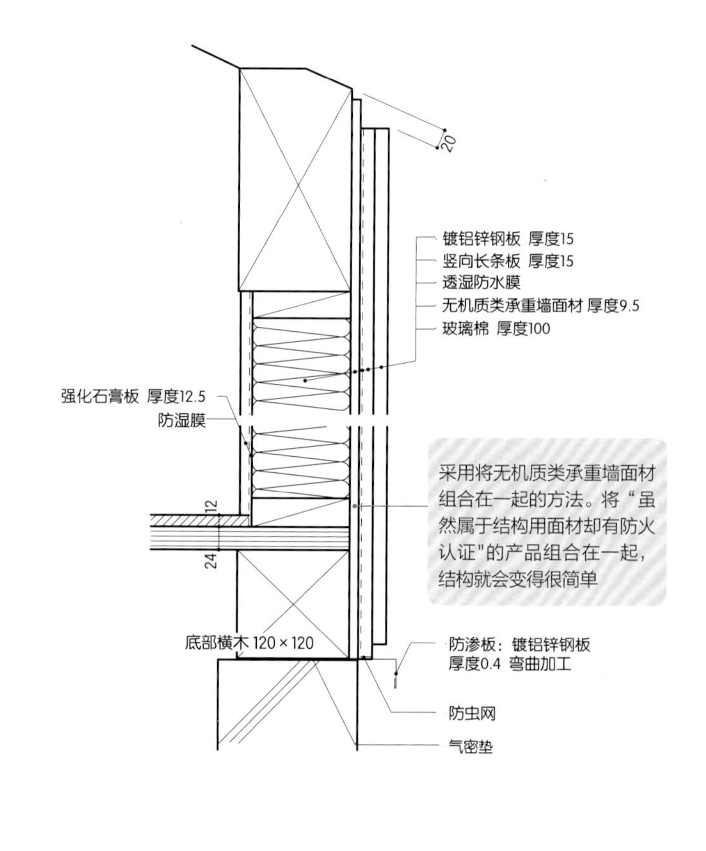
20
镀铝锌钢板 厚度15
竖向长条板 厚度15
透湿防水膜
无机质类承重墙面材 厚度9.5
玻璃棉 厚度100
强化石膏板 厚度12.5
防湿膜
12
24
采用将无机质类承重墙面材组合在一起的方法。将“虽然属于结构用面材却有防火认证"的产品组合在一起，结构就会变得很简单
底部横木 120×120
防渗板：镀铝锌钢板
厚度0.4 弯曲加工
防虫网
气密垫

5-2 外墙・外部结构

平铺式镀铝锌钢板

想要赋予建筑正面更多变化时可以采用这种工艺。如果觉得全部采用这种工艺比较费时间，可以只部分采用，比如只在一面采用这种工艺。

想要呈现平坦的设计时，想要赋予建筑物正面更多变化时，想要让屋顶与铺设方式一致，使其看起来融为一体时，都可以采用此工艺。
以手工方式在现场对金属板进行加工后，金属板的变形状态也能呈现出很强的韵味。

剖面图（S＝1：5）

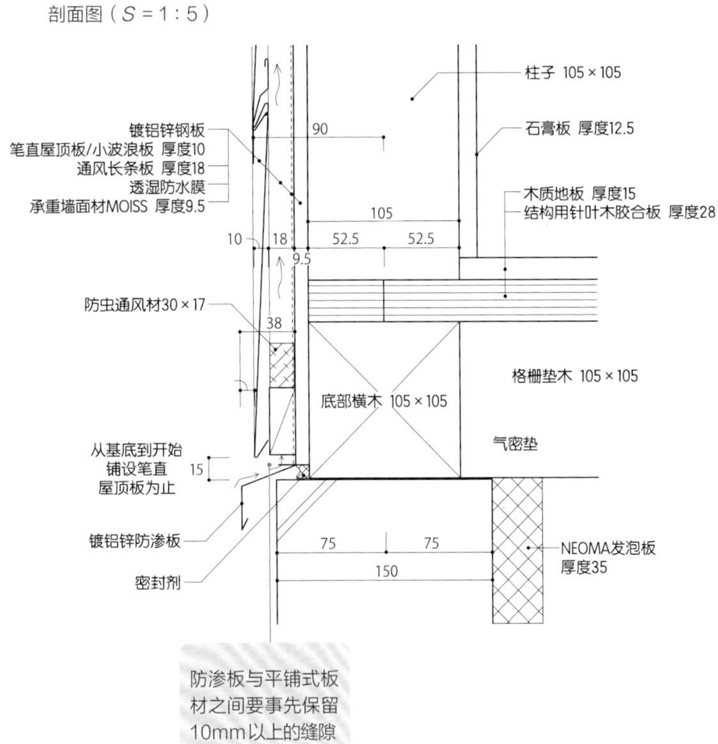
柱子 105×105
镀铝锌钢板
笔直屋顶板/小波浪板 厚度10
通风长条板 厚度18
透湿防水膜
承重墙面材MOISS 厚度9.5
90
石膏板 厚度12.5
105
木质地板 厚度15
结构用针叶木胶合板 厚度28
10
18
52.5
52.5
9.5
防虫通风材30×17
38
格栅垫木 105×105
底部横木 105×105
气密垫
从基底到开始
铺设笔直
屋顶板为止
15
镀铝锌防渗板
75
75
NEOMA发泡板
厚度35
150
密封剂
防渗板与平铺式板
材之间要事先保留
10mm以上的缝隙

5-3 外墙・外部结构

白砂墙

虽然设计案例较少，但也有在外墙采用湿式的工艺。最好采用有质感并有一定厚度的喷涂料。

白砂墙（高千穗）工艺，能轻易呈现出明确的质感，并营造出高级感。

镀铝锌钢板制的外侧转角

为使镀铝锌钢板的外壁看上去干净，外侧转角的结构工艺就显得很重要。此处介绍田中工务店所采用的结构工艺。

使用装饰材料来修饰角波板外侧转角。

通过弯曲加工来修饰角波板外侧转角。

剖面图（$S=1:5$）

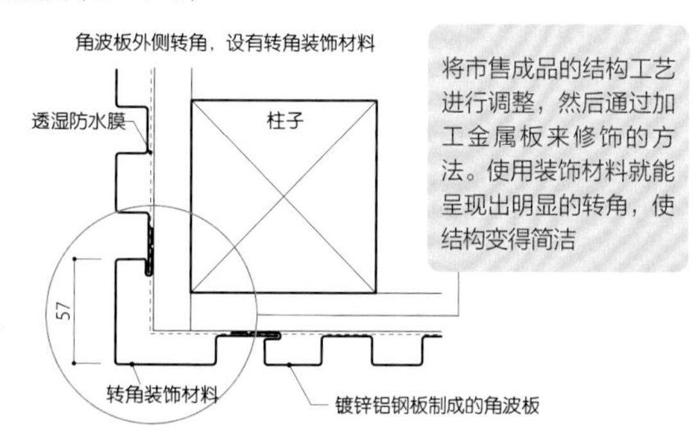
角波板外侧转角，设有转角装饰材料
透湿防水膜
柱子
57
转角装饰材料
镀锌铝钢板制成的角波板
将市售成品的结构工艺进行调整，然后通过加工金属板来修饰的方法。使用装饰材料就能呈现出明显的转角，使结构变得简洁

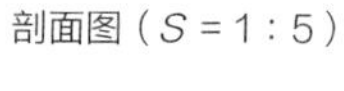

剖面图（$S=1:5$）

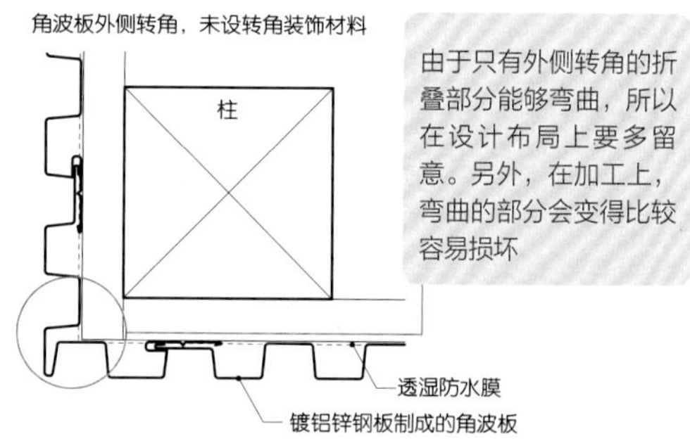
角波板外侧转角，未设转角装饰材料
柱
透湿防水膜
镀铝锌钢板制成的角波板
由于只有外侧转角的折叠部分能够弯曲，所以在设计布局上要多留意。另外，在加工上，弯曲的部分会变得比较容易损坏

使用装饰材料来修饰小波浪钢板外侧转角。

通过弯曲加工来修饰小波浪钢板外侧转角的。

剖面图（$S=1:5$）

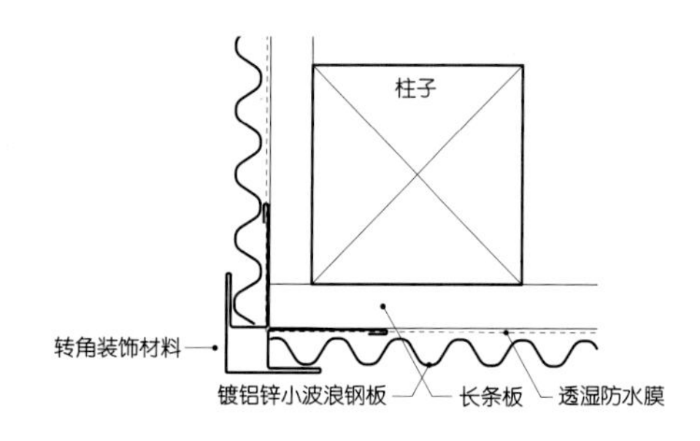
柱子
转角装饰材料
镀铝锌小波浪钢板
长条板
透湿防水膜

剖面图（$S=1:5$）

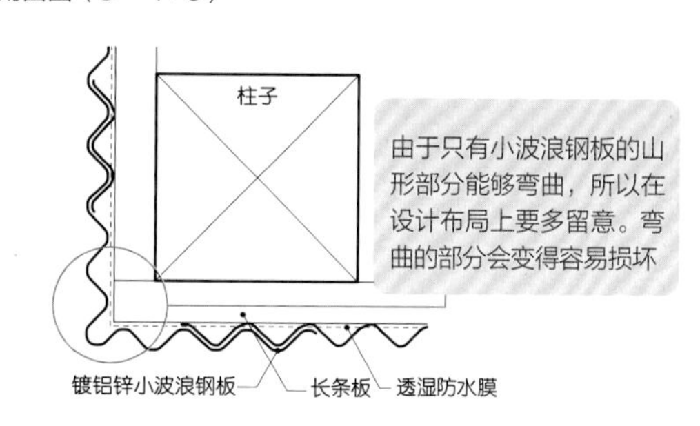
柱子
由于只有小波浪钢板的山形部分能够弯曲，所以在设计布局上要多留意。弯曲的部分会变得容易损坏
镀铝锌小波浪钢板
长条板
透湿防水膜

外墙通风部位的防虫通风建材

外墙通风的入口处一定要设置防虫网。铺外墙的时候应重点确认防虫网铺设是否无间隙。

最好在基底防渗板上部设置防虫通风建材。

外墙、地基周围的剖面图（S＝1：3）

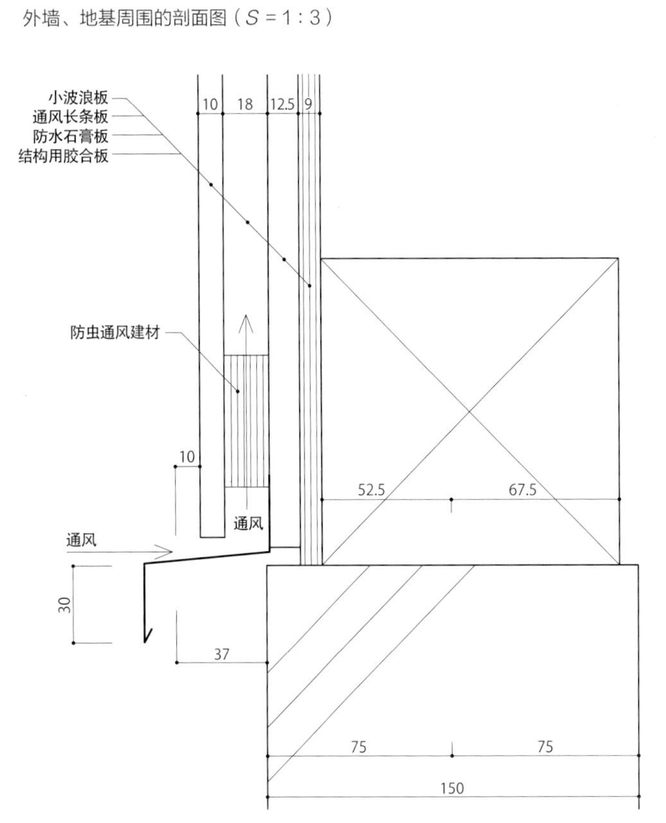
小波浪板
通风长条板
防水石膏板
结构用胶合板
10
18
12.5
9
防虫通风建材
10
52.5
67.5
通风
通风
30
37
75
75
150

白砂墙的外侧转角

白砂墙的外侧转角有以下两种施工工艺。田中工务店较多采用左侧的。

将白砂墙外侧转角做成圆角的案例。圆角给人柔和的印象，而且与“加入骨材的灰泥”或喷涂工艺很搭。由于没有埋入灰泥尺，所以也不会看到此类器具。

将白砂墙外侧转角做成直角的案例。由于在施工时，会埋入FUKUVI公司生产的灰泥尺，所以施工会很轻松，不过灰泥尺的前端会露出来。

5-7 外墙・外部结构

采用通风金属网的灰泥墙+无通风结构的规格

由于这种施工工艺既没有外墙，也没有采用通气层，所以成本较低。同时，这也决定了住宅无法长期使用，也成不了优良住宅，所以目前已不采用。

不需要使用砂浆基底板就能直接固定在通风长条板上的金属网。
能够简单又经济地进行湿式基底和外墙通风的施工。
另外，如果不将长条板的间距控制在300mm以内，可能会导致弯曲。

在过去的灰泥墙基底中，也有不采用外墙通风工艺的情况。由于防水效果不理想，所以现在不再采用。
当然，此种工艺不适用于长期居住的住宅。

5-8 外墙・外部结构

白砂墙(石浆)准防火结构

在外墙基材上铺石膏板，以形成准防火结构。

依照砂浆基底的准防火结构规格，在基底上贴防水石膏板。

外墙、地基周围的剖面图(S＝1：4)

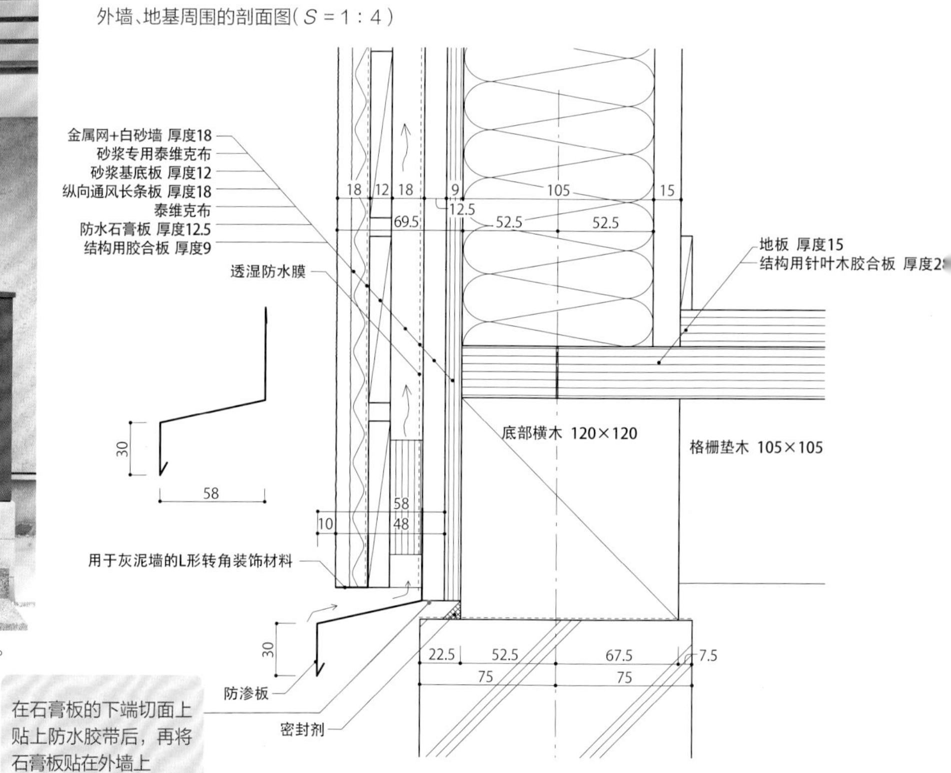

金属网+白砂墙 厚度18
砂浆专用泰维克布
砂浆基底板 厚度12
纵向通风长条板 厚度18
泰维克布
防水石膏板 厚度12.5
结构用胶合板 厚度9
透湿防水膜
地板 厚度15
结构用针叶木胶合板 厚度2
底部横木 120×120
格栅垫木 105×105
用于灰泥墙的L形转角装饰材料
防渗板
密封剂
在石膏板的下端切面上贴上防水胶带后，再将石膏板贴在外墙上

5-9 外墙·外部结构

镀铝锌钢板制的防渗板

即使采用湿式工艺也一定要设置镀铝锌钢板制的防渗板。

在地基部分装设镀铝锌钢板防渗板的例子。应装设在不会阻碍外墙通风的位置。

外墙、地基周围的剖面图（S=1:4）

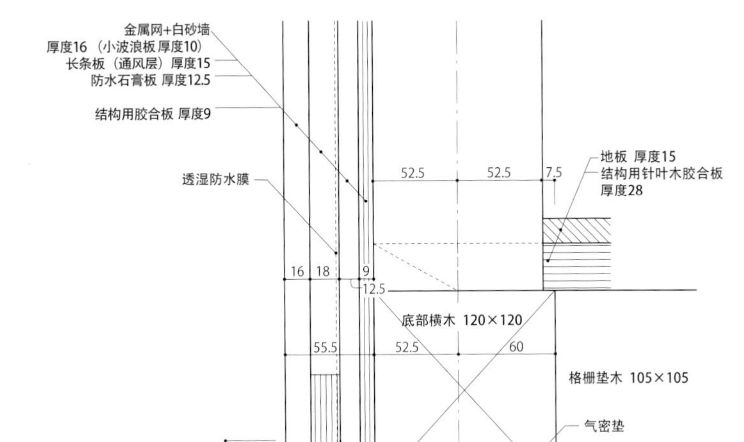
金属网+白砂墙
厚度16（小波浪板厚度10）
长条板（通风层）厚度15
防水石膏板 厚度12.5
结构用胶合板 厚度9
透湿防水膜
地板 厚度15
结构用针叶木胶合板
厚度28
底部横木 120×120
格栅垫木 105×105
气密垫
防渗板
密封剂
52.5
52.5
7.5
16
18
9
12.5
55.5
60
30
10
30
75
75
150

放入木工尺，确保灰泥墙与防渗板之间有10mm以上的通风空间

5-10 外墙·外部结构

白砂墙+木质装饰建材

湿式的墙壁和屋檐天花板的木材装饰工艺。与屋檐天花板浑然一体，外观优美。

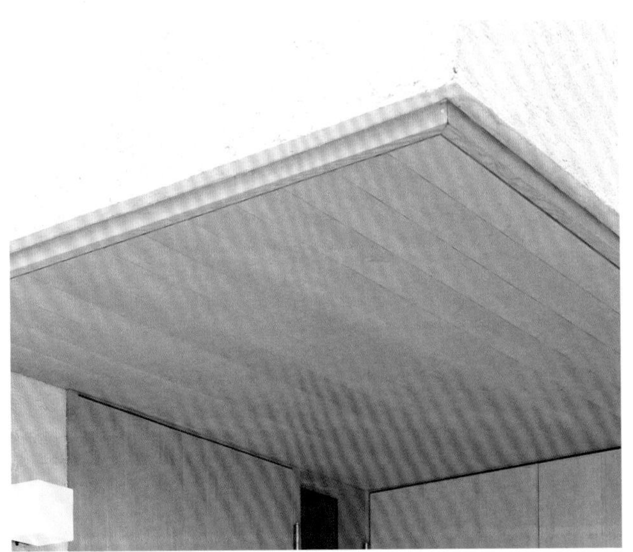
由于此处不会经常淋雨，所以在施工10年后，也没有看到腐烂、严重损坏的情况。本设计参考了伊礼智设计室的结构工艺。

外墙装饰建材部分剖面图（S=1:4）

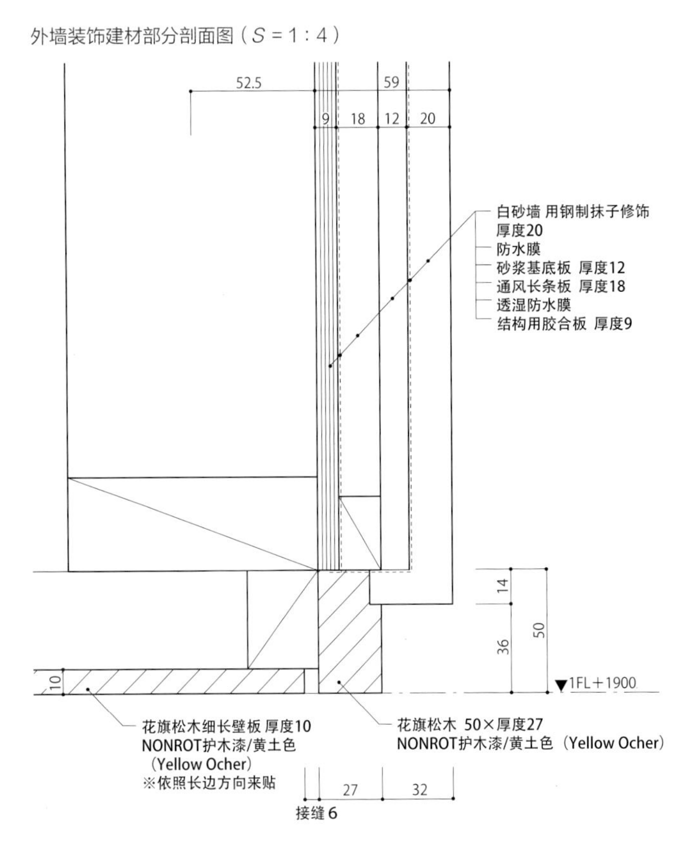
52.5
59
9
18
12
20
白砂墙 用钢制抹子修饰
厚度20
防水膜
砂浆基底板 厚度12
通风长条板 厚度18
透湿防水膜
结构用胶合板 厚度9
14
50
36
10
1FL+1900
花旗松木细长壁板 厚度10
NONROT护木漆/黄土色
（Yellow Ocher）
※依照长边方向来贴
花旗松木 50×厚度27
NONROT护木漆/黄土色（Yellow Ocher）
27
32
接缝6

镀铝锌钢板制的屋檐天花板装饰建材（防渗透型）

考虑到从下往上看的视角，对防渗板进行了加工，以隐藏屋檐天花板的小口。常用于阳台下的屋檐天花板处。

以防渗板来修饰镀铝锌钢板制的外墙与屋檐天花板的例子。将其当成防渗板的前端，就能简单地去除水分，也不会弄脏屋檐天花板。这种结构工艺既简单又实用。

外墙装饰建材部分的剖面图（S = 1 : 3）

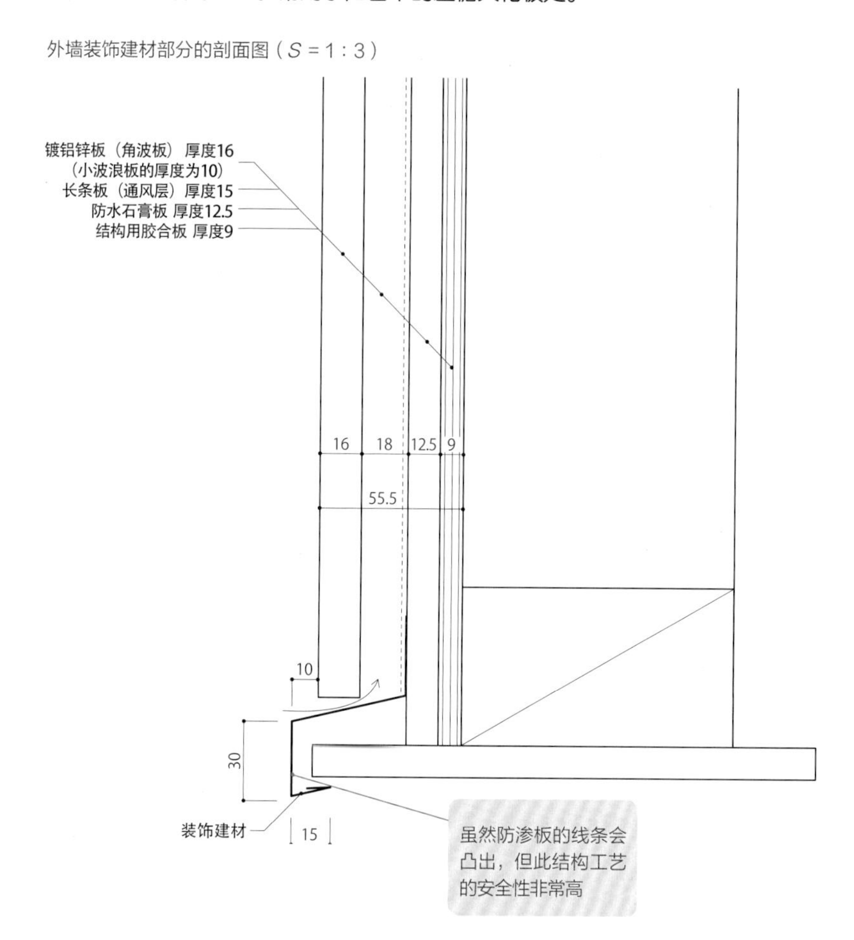
镀铝锌板（角波板）厚度16
（小波浪板的厚度为10）
长条板（通风层）厚度15
防水石膏板 厚度12.5
结构用胶合板 厚度9
16
18
12.5
9
55.5
10
30
15
装饰建材
虽然防渗板的线条会凸出，但此结构工艺的安全性非常高

镀铝锌钢板制的屋檐天花板装饰建材

比起上部的结构工艺，更多地考虑了屋檐下视角中的外观而加工防渗板的设计案例。

阳台下方的屋檐天花板与外墙的交接处。如同设计图所示，要先将材质和颜色与外墙建材相同的镀铝锌钢板弯曲后，制成装饰材料，用于装饰交接处（设计：伊礼智设计室）。

外墙装饰建材部分的剖面图（S = 1 : 4）

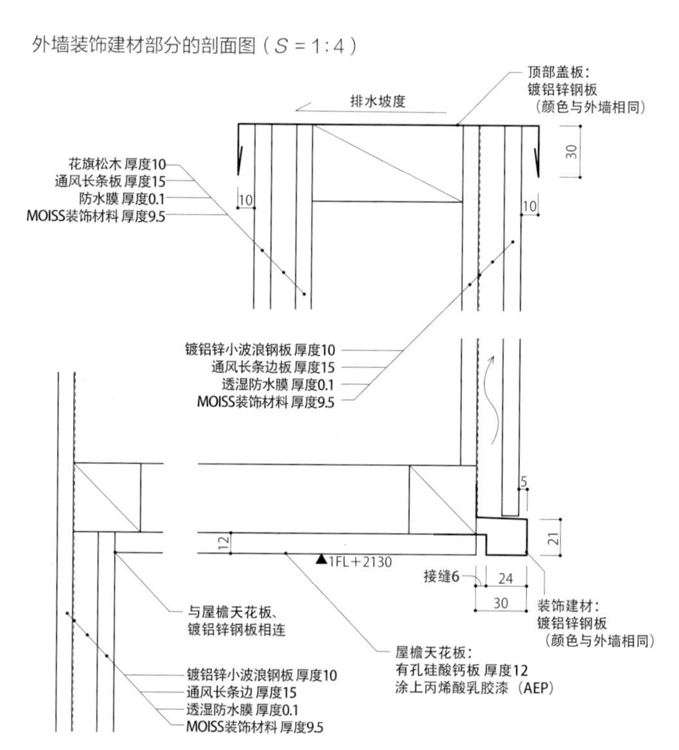
顶部盖板：
镀铝锌钢板
（颜色与外墙相同）
排水坡度
30
花旗松木 厚度10
通风长条板 厚度15
防水膜 厚度0.1
MOISS装饰材料 厚度9.5
10
10
镀铝锌小波浪钢板 厚度10
通风长条边板 厚度15
透湿防水膜 厚度0.1
MOISS装饰材料 厚度9.5
5
21
12
▲1FL＋2130
接缝6
24
30
装饰建材：
镀铝锌钢板
（颜色与外墙相同）
与屋檐天花板、
镀铝锌钢板相连
屋檐天花板：
有孔硅酸钙板 厚度12
涂上丙烯酸乳胶漆（AEP）
镀铝锌小波浪钢板 厚度10
通风长条边 厚度15
透湿防水膜 厚度0.1
MOISS装饰材料 厚度9.5

5-13 外墙・外部结构

使用小波浪钢板作为屋檐天花板装饰建材

在此例子中，把墙外的镀铝锌小波浪钢板切开后不做其他处理，直接将其当成防渗板。

结构工艺很简单，而且外观美观（设计：伊礼智设计室）。

外部装饰建材部分的剖面图（$S=1:3$）

镀铝锌小波浪钢板 厚度10
长条板 厚度18
透湿防水膜
结构用胶合板 厚度9

10 18 9

※外墙的镀铝锌小波浪钢板与屋檐天花板的柳桉木防水胶合板只是拼在一起

10

屋檐天花板：柳桉木防水胶合板 厚度5.5

镀铝锌小波浪钢板的无修饰切面

为了将柳桉木防水胶合板的切面隐藏起来，所以要让镀铝锌钢板凸出约10mm

5-14 外墙・外部结构

平铺式屋檐天花板装饰建材

在此例中，如同屋顶那样，以平铺式的方式来建造外墙，并将边缘部分进行弯曲处理，使其成为装饰建材。

平铺式外墙除了会成为具有特色的设计外，也能使墙与屋顶融为一体，让建筑看起来犹如条块组合（设计：伊礼智设计室）。

外墙装饰建材部分的剖面图（$S=1:3$）

平铺式镀铝锌钢板 厚度0.35
通风长条板 厚度18
透湿防水膜
防水石膏板 厚度12.5
结构用胶合板 厚度9

10 18 12.5 9

硅酸钙板 厚度12

防渗板只是经过弯曲加工的镀铝锌钢板，结构工艺很简单

5-15 外墙・外部结构

金属制顶部盖板

阳台的扶手墙无论为何种材质，顶端一定要设置金属盖板。

用来当作扶手墙顶部盖板的金属板。让金属板在相邻的墙面上大幅地立起来，就能防止雨水流进墙壁内侧。

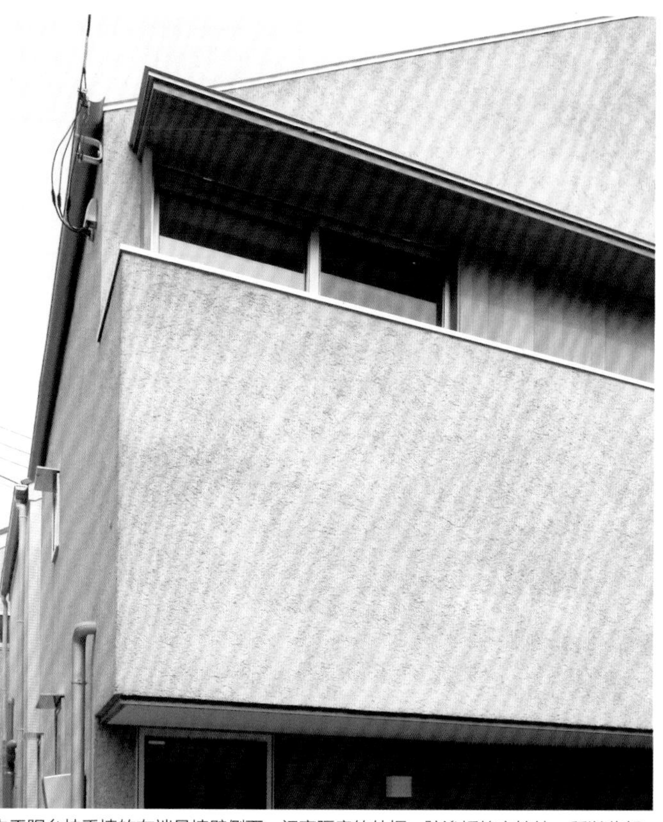

由于阳台扶手墙的左端是墙壁侧面、门窗隔扇的外框、防渗板的交接处，所以此部分会成为防水弱点（设计：伊礼智设计室）。

5-16 外墙・外部结构

在凹凸不平的外墙上装设晒衣用金属零件

镀铝锌钢板等凹凸不平的外墙上不能直接安装晒衣用金属零件，应当先安装基材。

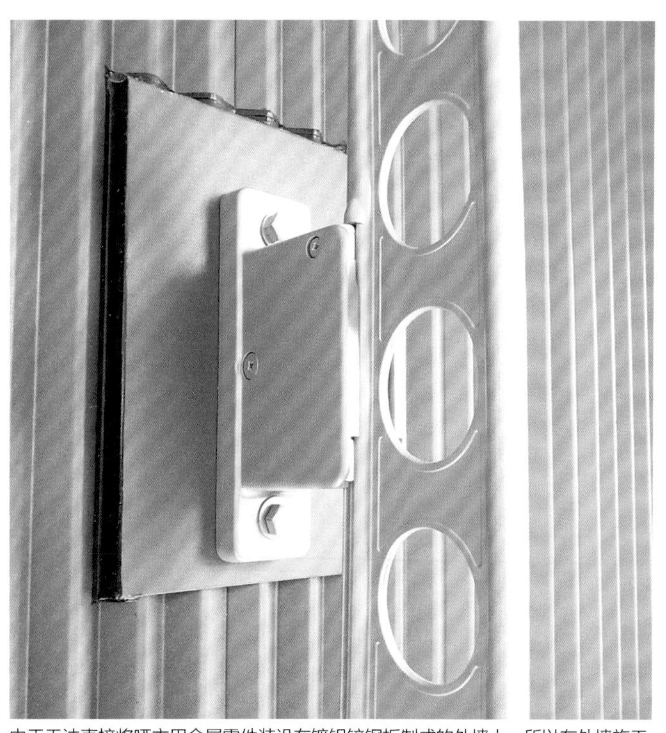

由于无法直接将晒衣用金属零件装设在镀铝锌钢板制成的外墙上，所以在外墙施工前，要先设置木质基底，并在基底上贴上金属板，这样才能装上晒衣用的金属零件。

晒衣用金属零件装设部位的剖面图（S = 1：4）

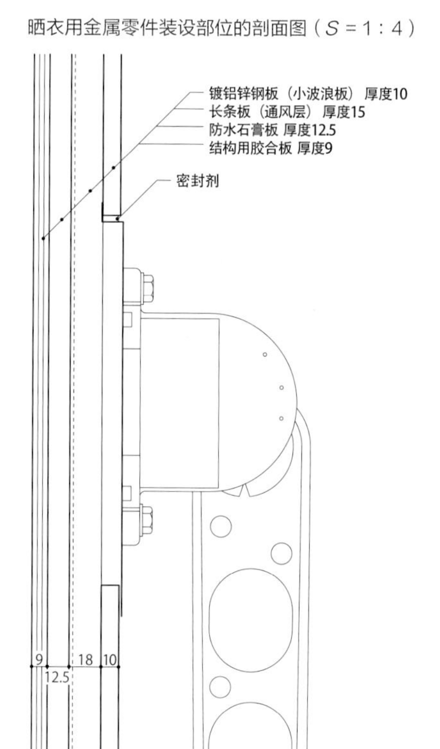
镀铝锌钢板（小波浪板）厚度10
长条板（通风层）厚度15
防水石膏板 厚度12.5
结构用胶合板 厚度9
密封剂
9
12.5
18
10

在装有防雨板的现成窗框上贴木质镶板

现成的防雨板外侧铺板的设计案例。对于有防火规定的地区要灵活采用，以适应标准。

在这两个住宅实例中，都是在“与框一体成型的现成防雨板（无镶板的防雨板外框）”上贴木材来当作镶板，使其看起来犹如木质防雨板的收纳套外框。先在防雨板套的上部与侧面装上金属外框，然后再装设镶板。

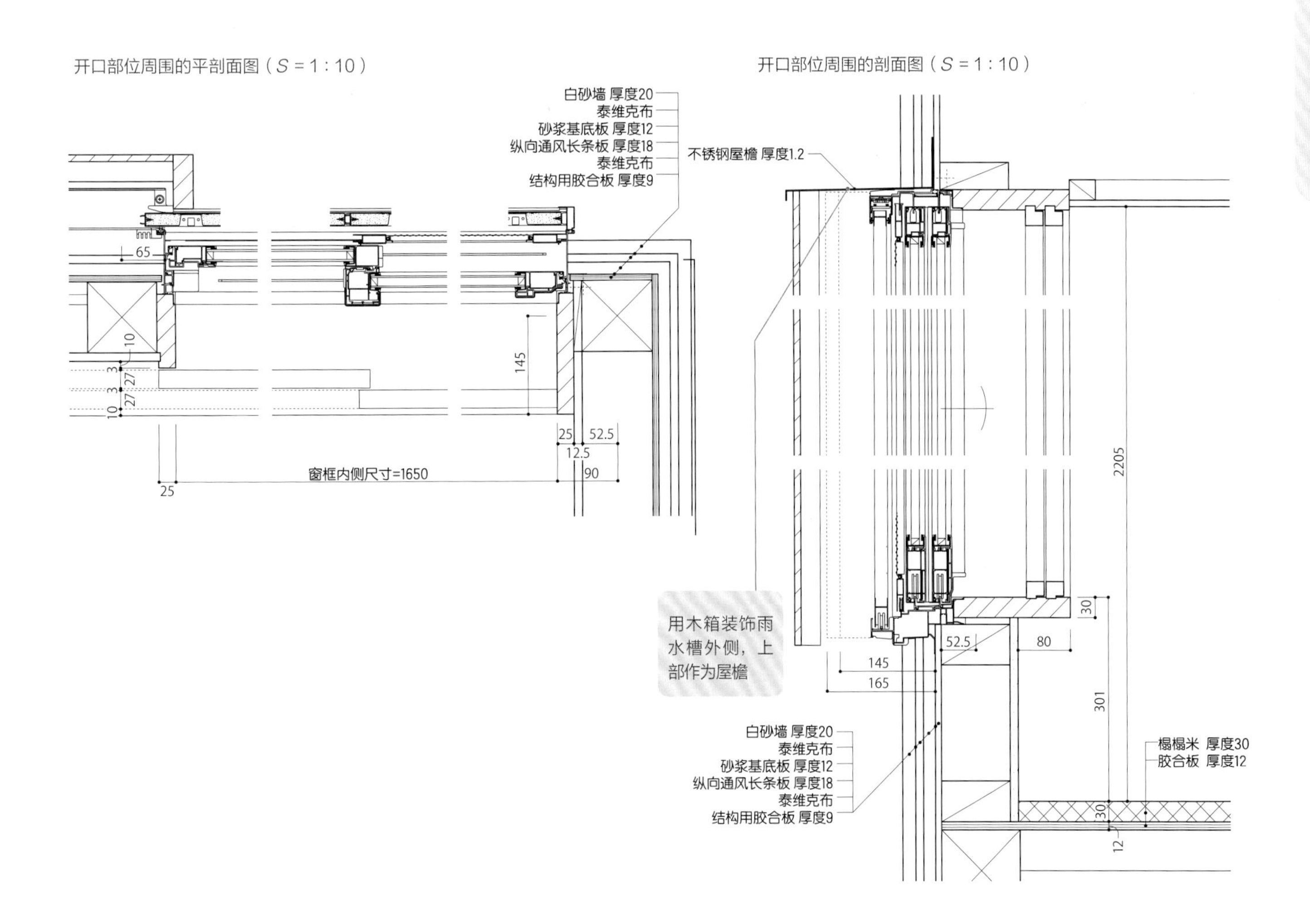
开口部位周围的平剖面图（S＝1：10）
白砂墙 厚度20
泰维克布
砂浆基底板 厚度12
纵向通风长条板 厚度18
泰维克布
结构用胶合板 厚度9
65
10
3
27
3
27
10
145
25
52.5
12.5
90
窗框内侧尺寸=1650
25
开口部位周围的剖面图（S＝1：10）
不锈钢屋檐 厚度1.2
2205
30
52.5
80
145
165
301
30
12
用木箱装饰雨水槽外侧，上部作为屋檐
白砂墙 厚度20
泰维克布
砂浆基底板 厚度12
纵向通风长条板 厚度18
泰维克布
结构用胶合板 厚度9
榻榻米 厚度30
胶合板 厚度12

木制花台

将花台设置在腰窗外侧的例子。除了可当作陈设架与座位以外，也能成为外观特色。

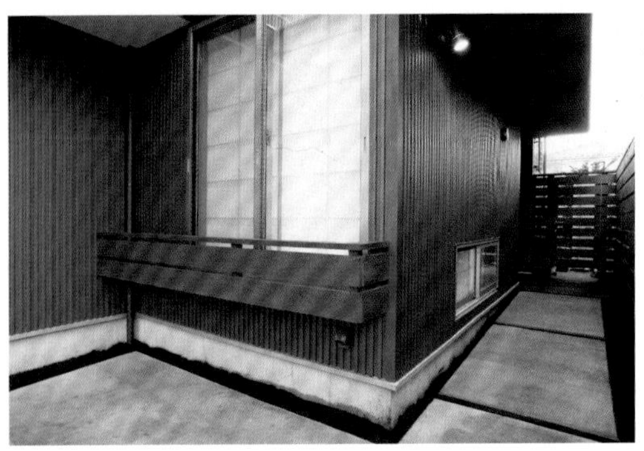

用现成的托架做成的花台。托架以外的木材部分可替换。

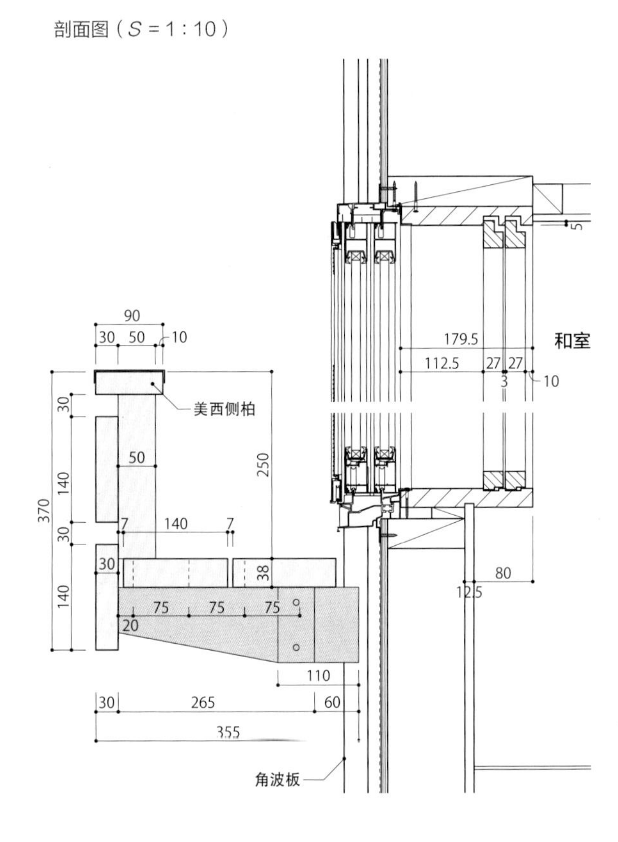

剖面图（S＝1：10）
90
30
50
10
美西侧柏
50
250
370
30
140
30
140
7
140
7
30
38
75
75
75
20
110
30
265
60
355
角波板
179.5
112.5
27
27
3
10
和室
80
12.5
5

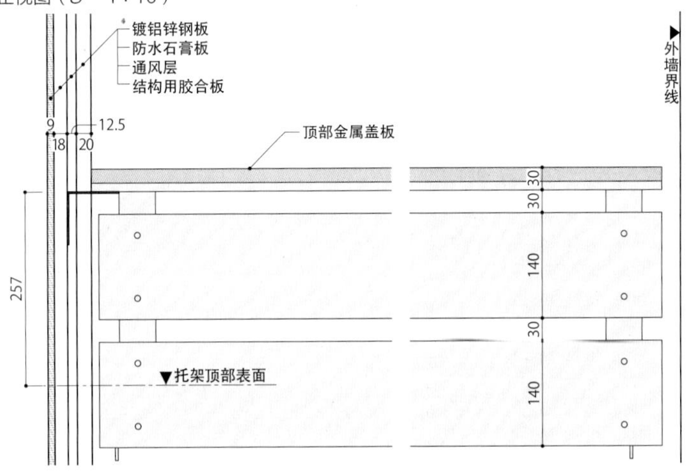

正视图（S＝1：10）
镀铝锌钢板
防水石膏板
通风层
结构用胶合板
9
12.5
18
20
顶部金属盖板
外墙界线
257
30
140
30
140
托架顶部表面

地窗的格子状花架

地窗外设置的格子状花架。通常在有人通过的地方或房屋正面采用这样的格子状花架。

在地窗上设置格子状花架的例子。用缩短间距来呈现现代风格。由于此处经常会淋到雨，所以除了采用美西侧柏等耐久性较高的材料外，最好还要采取防止材质腐化的措施，如在切面等处涂上硅氧树脂密封剂。

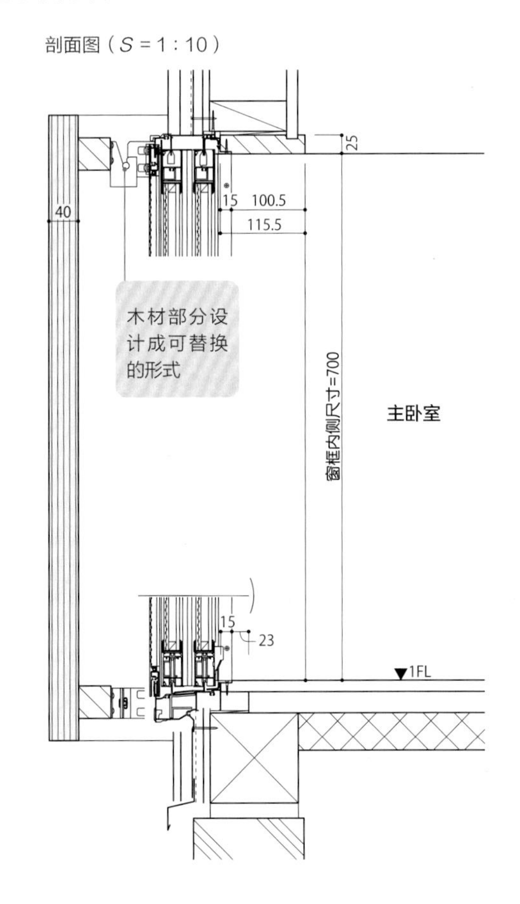

剖面图（S＝1：10）
25
40
15
100.5
115.5
木材部分设计成可替换的形式
窗框内侧尺寸=700
主卧室
15
23
1FL

信箱口1

在入户门旁的外墙上安装信箱口。虽然由各个成品组合而成，但在隔热性和气密性方面较弱，需要进行相应的改造。

宫 武

先将镀铝锌钢板制成的角波板的一部分挖空，再将市售的信箱口嵌进该处，内侧则采用椴木胶合板。

信箱部分的剖面图（S = 1 : 8）

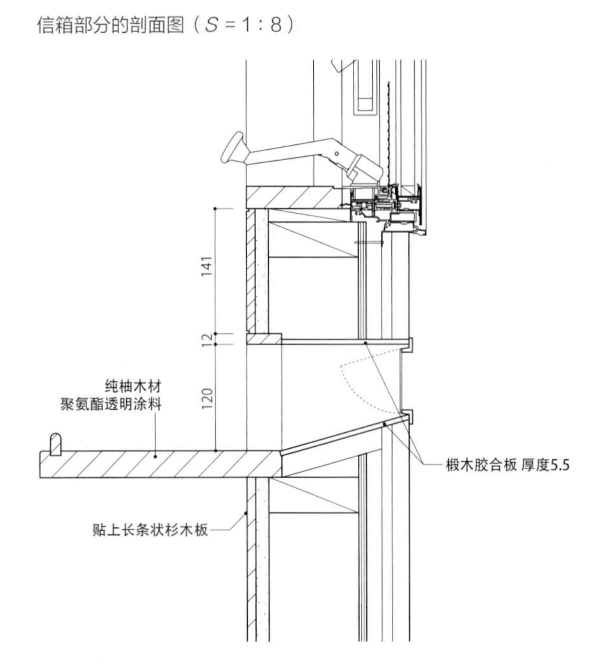

141
12
120
纯柚木材
聚氨酯透明涂料
椴木胶合板 厚度5.5
贴上长条状杉木板

信箱口2

同上例，贯通外墙的信箱口。除了信箱口的隔热性、气密性外，还考虑玄关与居室的门窗等防止散热的设计。

将墙壁制作成信箱空间的例子。
从内侧可以看到信箱口。

信箱部分的剖面图（S = 1 : 20）

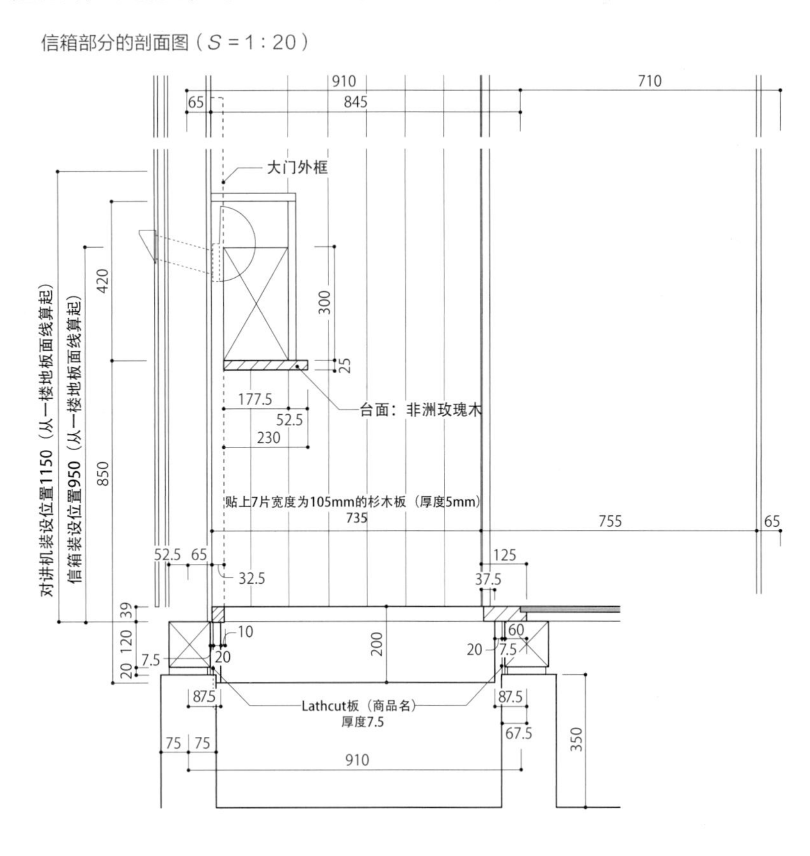

910
710
65
845
大门外框
420
300
25
177.5
52.5
230
台面：非洲玫瑰木
对讲机装设位置1150（从一楼地板面线算起）
信箱装设位置950（从一楼地板面线算起）
850
贴上7片宽度为105mm的杉木板（厚度5mm）
735
755
65
52.5
65
32.5
125
37.5
39
120
20
7.5
10
20
200
20
60
7.5
87.5
Lathcut板（商品名）
厚度7.5
87.5
67.5
75
75
910
350

5-22 外墙・外部结构

利用现成信箱制作而成的多功能门柱

如果入户门在深处，可制作一个兼具门牌显示作用的多功能门柱。此处用成品制作了一个简单的门柱。

柏 熊

在此例中，先将铝制的现成信箱（IOS DESIGN）装设在铝制角材上，再用不干胶把姓氏门牌贴在信箱上，最后装设对讲机。
信箱下方装设了照度感应器，地面上则装设了照明设备，能照亮外部结构。

5-23 外墙・外部结构

防撞板

如果自行车等物猛烈撞上镀铝锌钢板外墙，就会造成外墙的凹陷。为了避免这种情况发生，在墙壁的下侧贴上了用来防止自行车碰撞的板材。

没有（专门）停放自行车的位置时，可以按照图中所示设置停放区域。

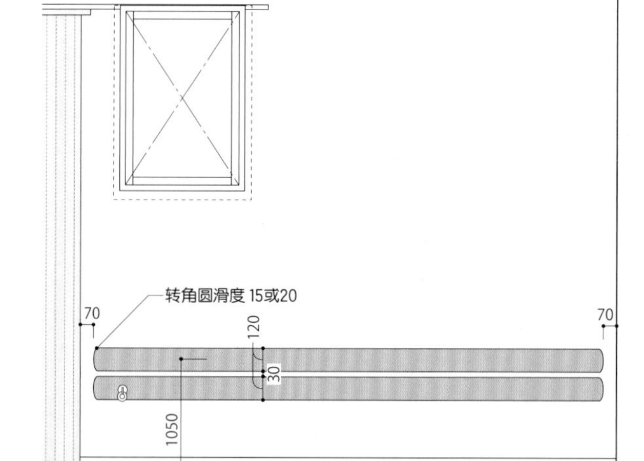

正视图（S＝1：40）
转角圆滑度 15或20
70
70
120
30
1050

运用小屋顶制成的木制车库

加装小屋顶的车库设计案例。因为是在外墙加装的，所以要注意连接的结构工艺。

设置木制格栅拉门的室内车库。由于光线会透过拉门和天窗照射进来，所以白天时车库内会很亮。

天窗采用聚碳酸酯板制作。

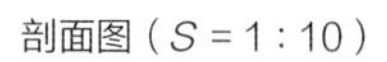

剖面图（S＝1：10）

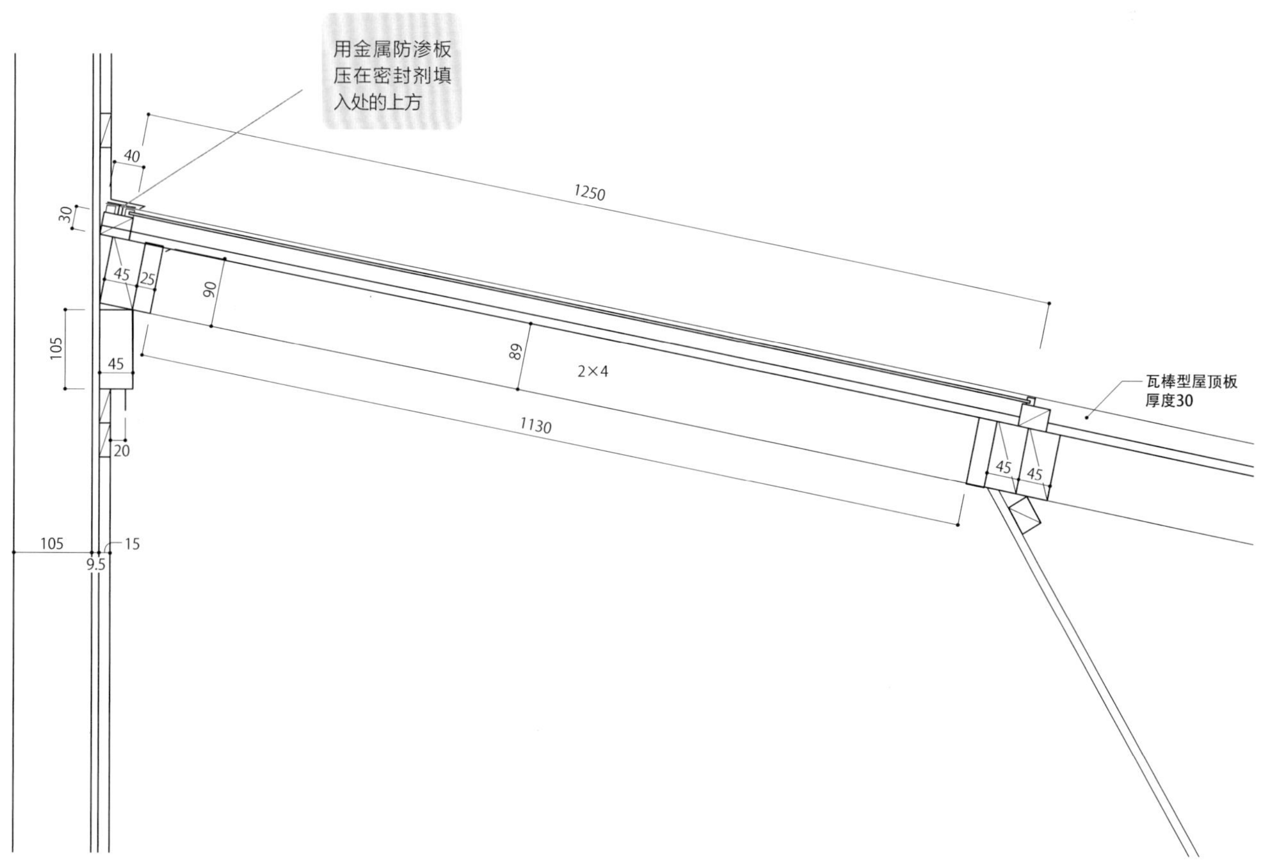
用金属防渗板
压在密封剂填
入处的上方
40
1250
30
45
25
90
105
45
89
2×4
1130
20
45
45
瓦棒型屋顶板
厚度30
105
15
9.5

木制车库内的木制拉门

在内建车库的入口设置木制拉门的设计案例。虽然是手动的，但比起电动门可节约大量成本。

设置木制格栅拉门的室内车库。由于光线会透过拉门照射进来，所以白天时车库内会很明亮。

剖面图（S＝1：15）　　木制拉门立面图（S＝1：60）

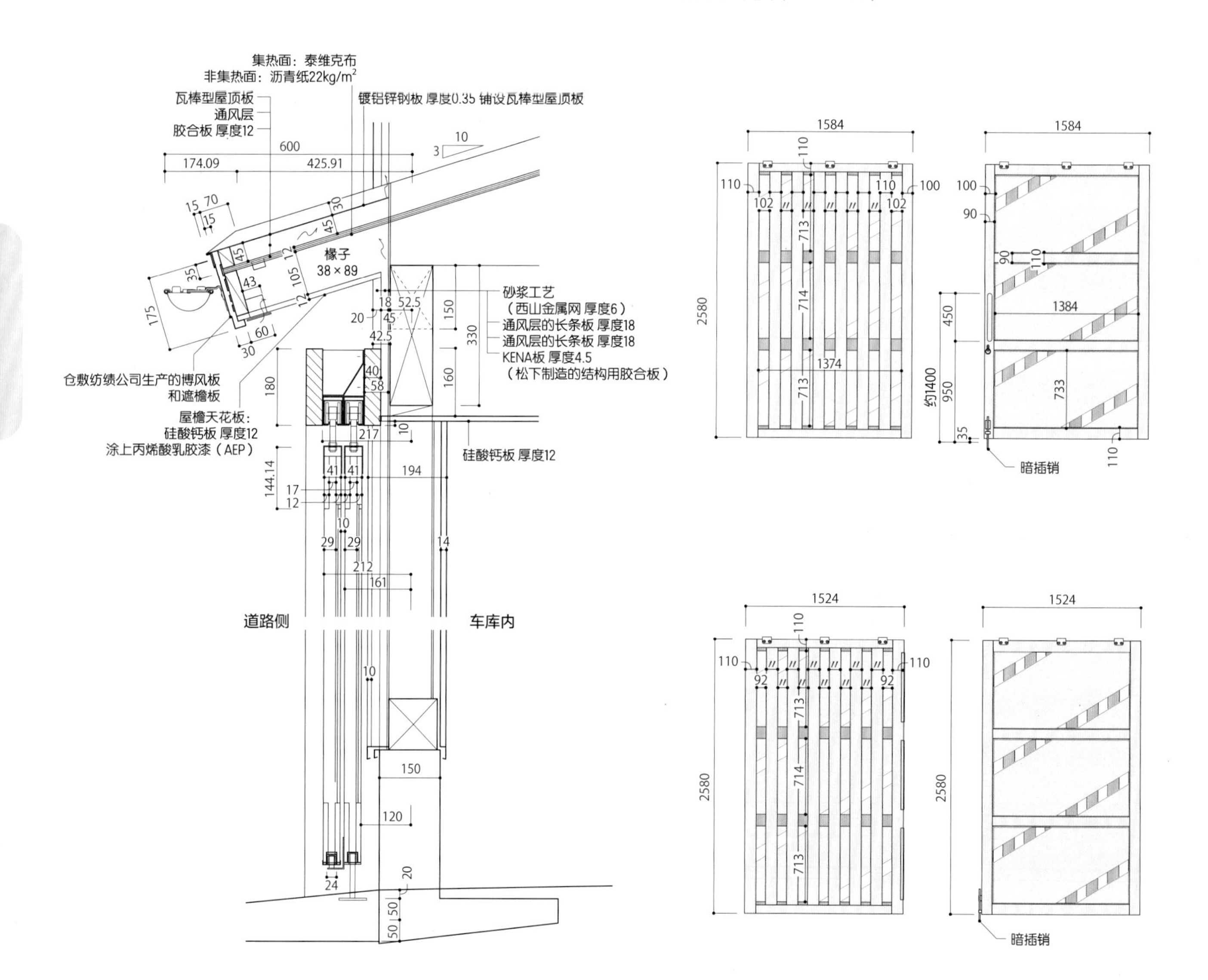
集热面：泰维克布
非集热面：沥青纸22kg/m²
瓦棒型屋顶板
通风层
胶合板 厚度12
镀铝锌钢板 厚度0.35 铺设瓦棒型屋顶板
椽子
38×89
砂浆工艺
（西山金属网 厚度6）
通风层的长条板 厚度18
通风层的长条板 厚度18
KENA板 厚度4.5
（松下制造的结构用胶合板）
仓敷纺绩公司生产的博风板
和遮檐板
屋檐天花板：
硅酸钙板 厚度12
涂上丙烯酸乳胶漆（AEP）
硅酸钙板 厚度12
道路侧
车库内
暗插销
暗插销

与防火结构融为一体的木制车库

车库的木质屋顶。和正房在结构上是独立的，没有防火规范上的问题。

木制车库与采用防火结构的建筑相连。由于车库采用一般的木造结构，所以车库与建筑之间不会相互影响。

屋顶部分的剖面图（S = 1：6）

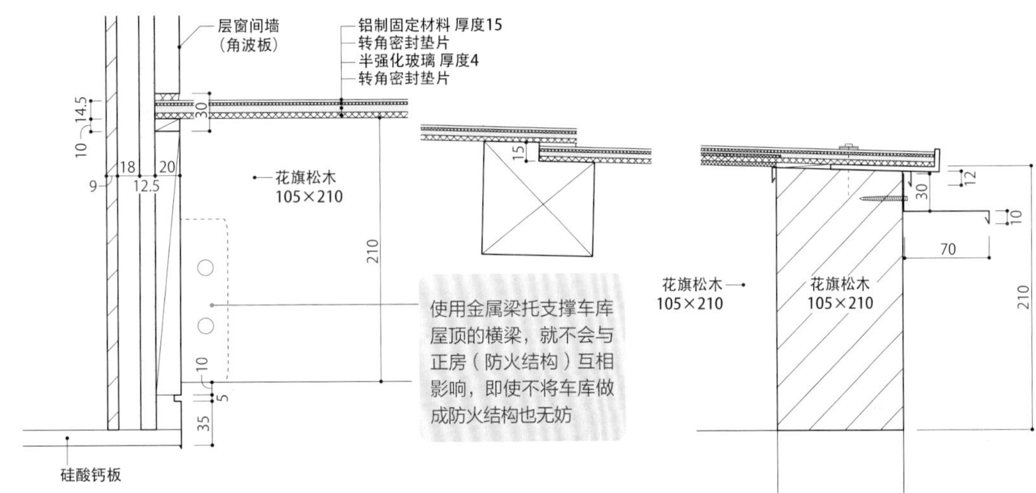

层窗间墙
（角波板）
铝制固定材料 厚度15
转角密封垫片
半强化玻璃 厚度4
转角密封垫片
花旗松木
105×210
使用金属梁托支撑车库屋顶的横梁，就不会与正房（防火结构）互相影响，即使不将车库做成防火结构也无妨
花旗松木
105×210
花旗松木
105×210
硅酸钙板

剖面图（S = 1：40）

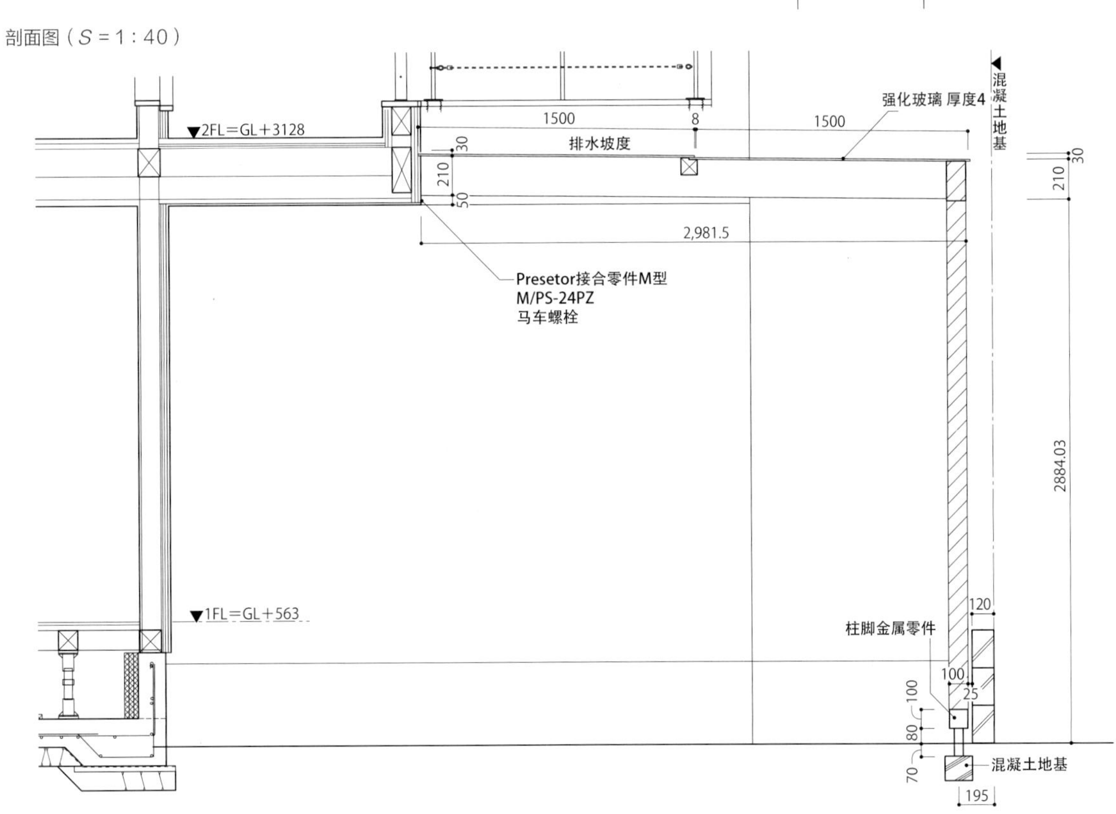

▼2FL=GL+3128
1500
8
1500
强化玻璃 厚度4
排水坡度
2,981.5
Presetor接合零件M型
M/PS-24PZ
马车螺栓
2884.03
▼1FL=GL+563
柱脚金属零件
混凝土地基
195

姓氏门牌兼信箱

利用木制扶手墙设置的姓氏门牌和信箱的设计案例。虽然用的是成品，但外观效果很好。

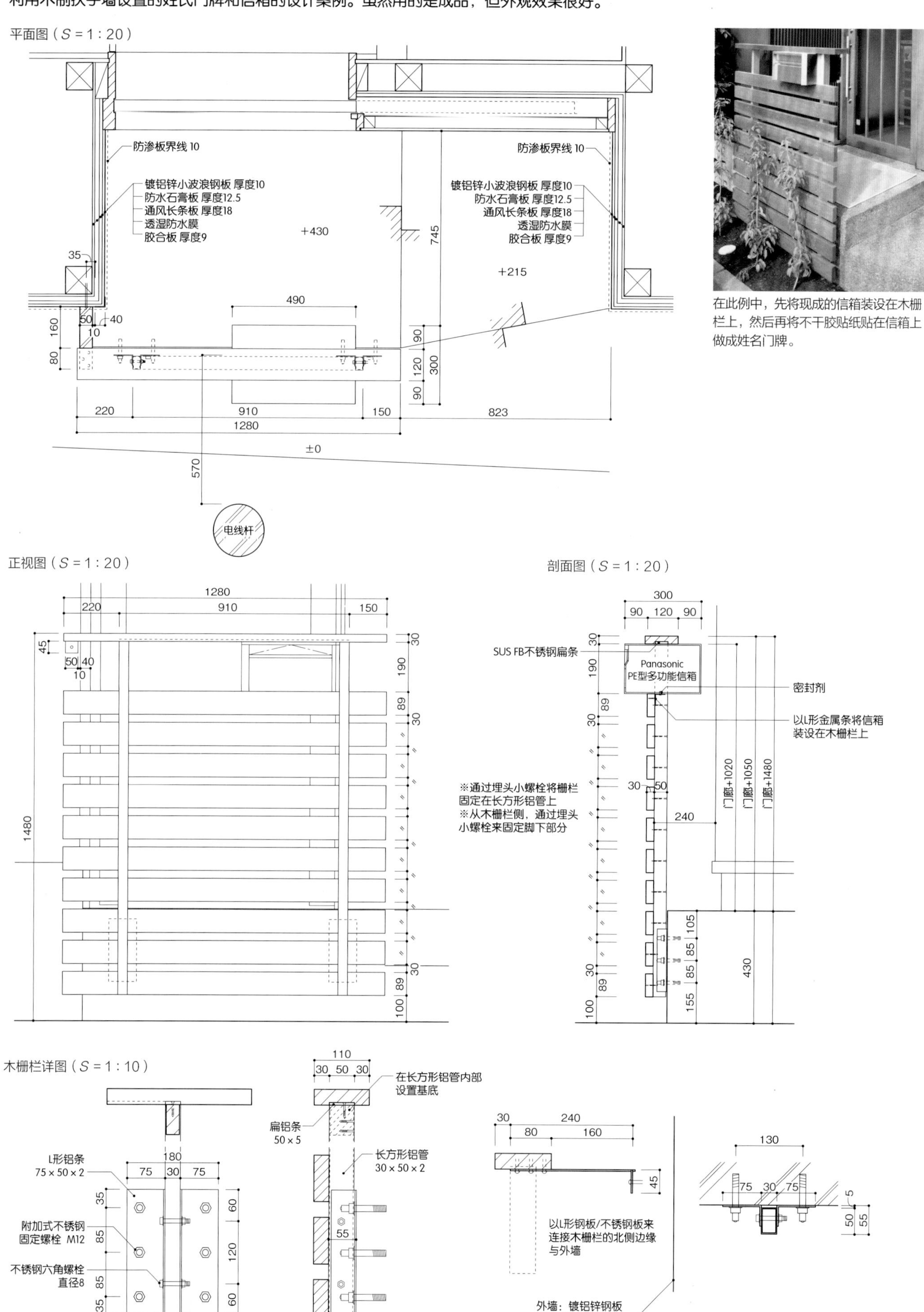
平面图（S＝1：20）
防渗板界线 10
镀铝锌小波浪钢板 厚度10
防水石膏板 厚度12.5
通风长条板 厚度18
透湿防水膜
胶合板 厚度9
+430
+215
745
490
160
80
50
40
10
35
90
120
300
220
910
150
823
1280
±0
570
电线杆
正视图（S＝1：20）
1280
220
910
150
45
50 40
10
190
89
30
1480
100
剖面图（S＝1：20）
300
90 120 90
SUS FB不锈钢扁条
Panasonic
PE型多功能信箱
密封剂
以L形金属条将信箱装设在木栅栏上
※通过埋头小螺栓将栅栏固定在长方形铝管上
※从木栅栏侧，通过埋头小螺栓来固定脚下部分
30
50
240
门廊+1020
门廊+1050
门廊+1480
105
85
155
430
木栅栏详图（S＝1：10）
L形铝条
75×50×2
附加式不锈钢固定螺栓 M12
不锈钢六角螺栓
直径8
180
75 30 75
35
85
60
120
130
25
110
30 50 30
在长方形铝管内部设置基底
扁铝条
50×5
长方形铝管
30×50×2
55
5
30
240
80
160
45
以L形钢板/不锈钢板来连接木栅栏的北侧边缘与外墙
外墙：镀铝锌钢板
（小波浪板）
130
75 30 75
5
50
55

在此例中，先将现成的信箱装设在木栅栏上，然后再将不干胶贴纸贴在信箱上做成姓名门牌。

第6章

屋檐·屋顶

由于屋檐与屋顶会对外观产生影响，所以要以简约利落的设计为主。小屋檐的制作和安装非常简单，对金属板进行加工后只需将其安装在墙上即可。另外，为了不让屋顶的山形墙或屋檐边缘变得粗犷，除了要仔细研究细节外，同时也要留意外墙和屋顶通风的连贯性、防渗板的位置，以及雨水槽等物的形状、配置、加工方式等。

6-1 屋檐・屋顶

板檐

突出的杉木板屋檐。和屋檐天花板的杉木板连接起来，非常美观。

在杉木板屋檐上贴金属板。

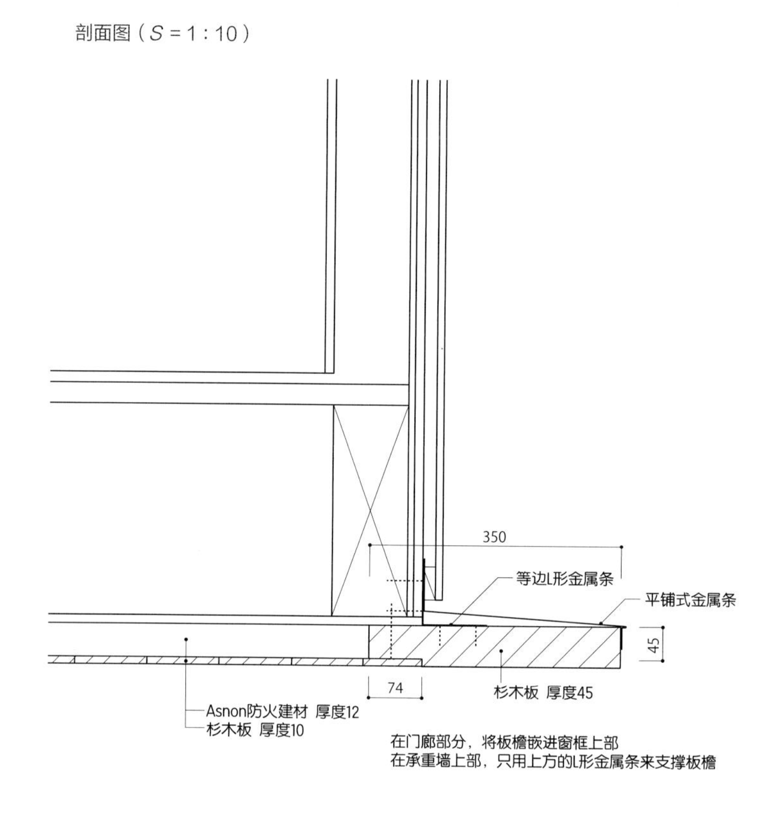

剖面图（S＝1：10）
350
等边L形金属条
平铺式金属条
45
74
杉木板 厚度45
Asnon防火建材 厚度12
杉木板 厚度10
在门廊部分，将板檐嵌进窗框上部
在承重墙上部，只用上方的L形金属条来支撑板檐

板檐会装设在外墙基底的长条板或柱子等处。

6-2 屋檐・屋顶

不锈钢制的小屋檐

在此例中，将1.2mm厚的不锈钢板进行弯曲加工后，制成屋檐。如果屋檐的凸出长度没有限制的话，这样就足以单独使用。

可以在前端设置开孔，挂上竹帘。

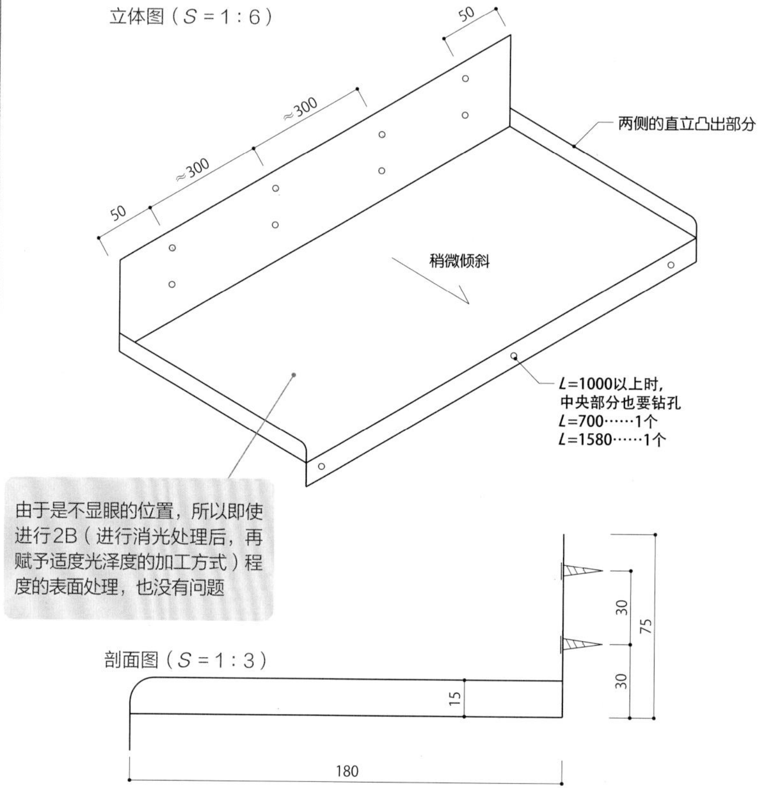

立体图（S＝1：6）
50
≈300
≈300
50
两侧的直立凸出部分
稍微倾斜
L=1000以上时，
中央部分也要钻孔
L=700……1个
L=1580……1个
由于是不显眼的位置，所以即使进行2B（进行消光处理后，再赋予适度光泽度的加工方式）程度的表面处理，也没有问题
剖面图（S＝1：3）
15
30
30
75
180

不锈钢制的屋檐

从外墙垂下来的玄关屋檐。带着淡淡清香的松木板铺在屋檐天花板上，暖暖的色调与玄关门的颜色融合得恰到好处。

从上方观看不锈钢制的屋檐。由于图中的屋檐凸出长度较长，所以要采用不锈钢杆悬吊屋檐（参考了伊礼智设计室的结构工艺）。

从屋檐的天花板侧所看到的情况。图中的屋檐采用了独立的不锈钢肋板结构，在装潢部分，只在不锈钢基底的天花板侧贴上了木板。

屋檐剖面图（S＝1：10）

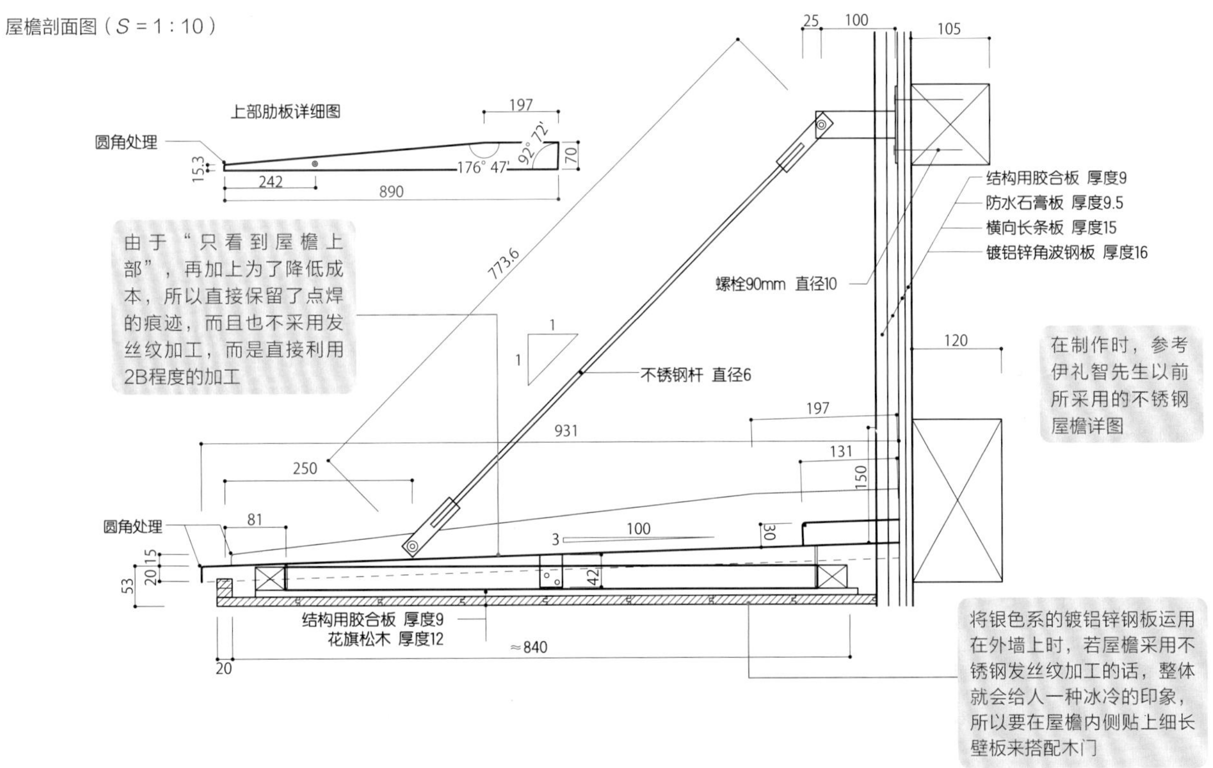

上部肋板详细图
圆角处理
15.3
242
890
197
176° 47′
92° 72′
70
由于“只看到屋檐上部”，再加上为了降低成本，所以直接保留了点焊的痕迹，而且也不采用发丝纹加工，而是直接利用2B程度的加工
773.6
25
100
105
结构用胶合板 厚度9
防水石膏板 厚度9.5
横向长条板 厚度15
镀铝锌角波钢板 厚度16
螺栓90mm 直径10
1
1
不锈钢杆 直径6
120
在制作时，参考伊礼智先生以前所采用的不锈钢屋檐详图
197
931
131
250
150
圆角处理
81
3
100
30
15
20
53
42
结构用胶合板 厚度9
花旗松木 厚度12
≈840
20
将银色系的镀铝锌钢板运用在外墙上时，若屋檐采用不锈钢发丝纹加工的话，整体就会给人一种冰冷的印象，所以要在屋檐内侧贴上细长壁板来搭配木门

屋檐正视图（S＝1：10）

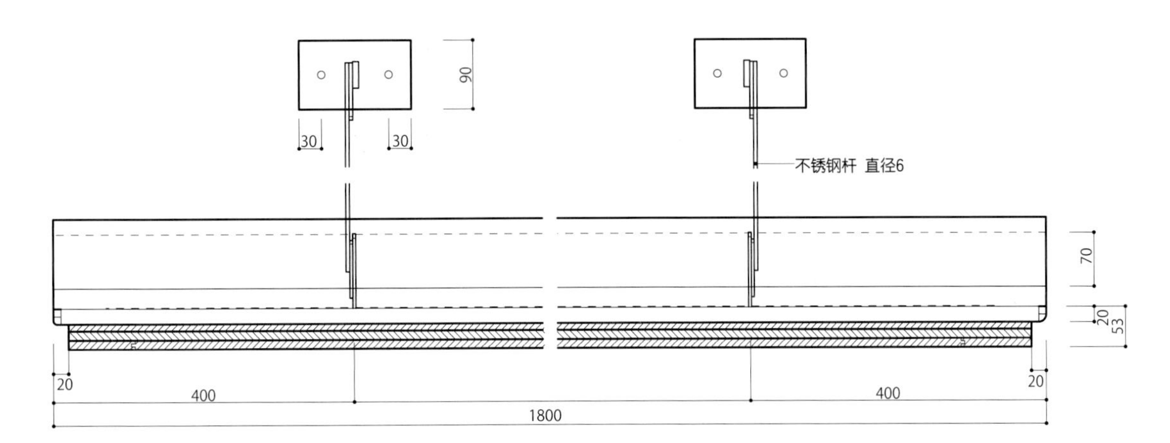

90
30
30
不锈钢杆 直径6
70
20
53
20
400
400
20
1800

相连屋檐（金属板+J级板材）

门廊和窗檐做整体设计的设计案例。还兼做路面的屋檐。

从左侧看相连屋檐。悬吊在墙上的屋檐通过J级板材进行支撑，上方则会连接从墙上伸出的不锈钢杆。画面近端部分的剖面图如下图所示。

从右侧观看相连屋檐。屋檐天花板所采取的J级板材具备实木般的存在感和高级感，也很美观。

屋檐剖面图（S = 1：10）

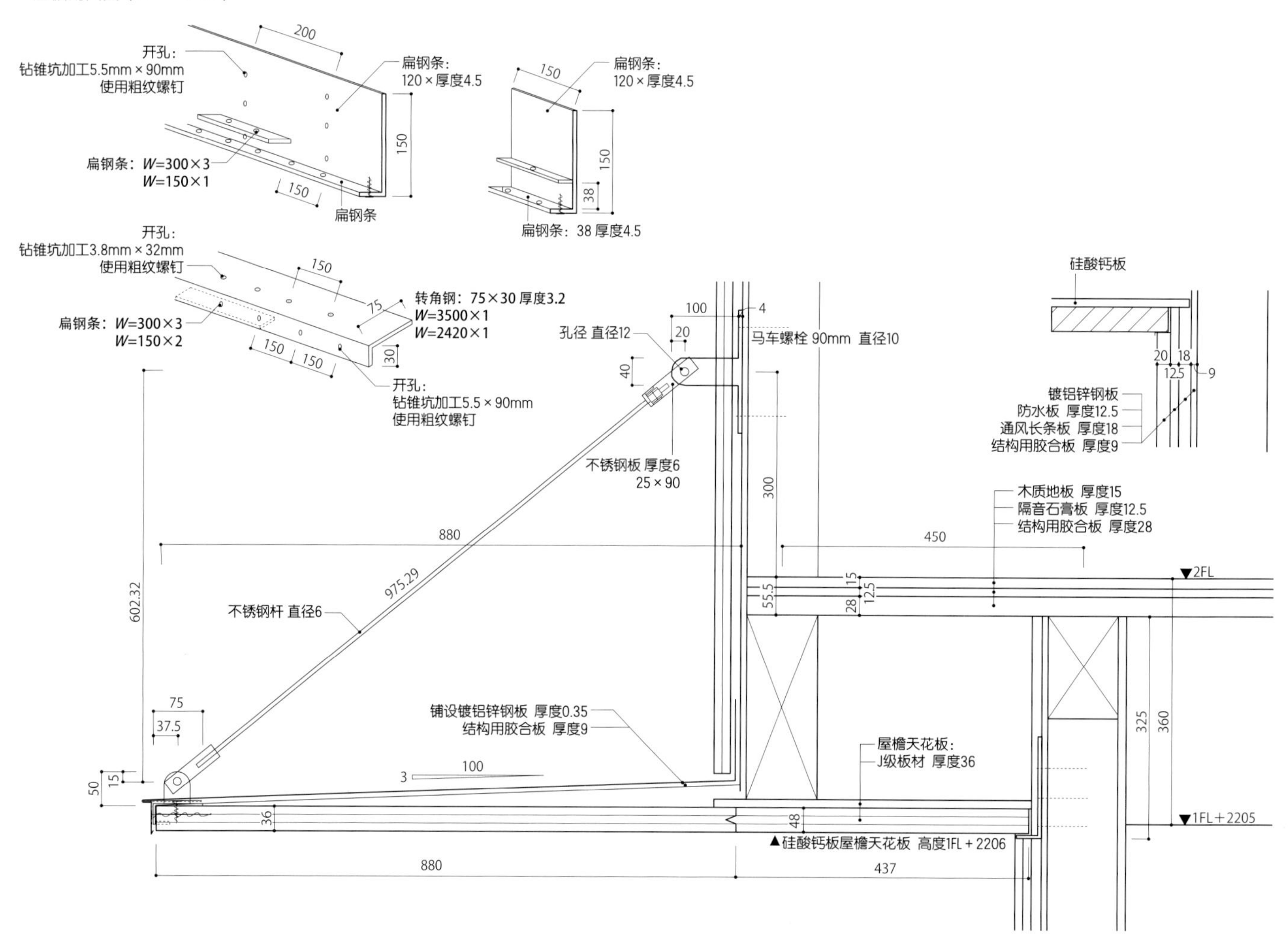

开孔：
钻锥坑加工5.5mm×90mm
使用粗纹螺钉
200
扁钢条：
120×厚度4.5
150
扁钢条：W=300×3
W=150×1
150
扁钢条
150
扁钢条：
120×厚度4.5
150
38
扁钢条：38 厚度4.5
开孔：
钻锥坑加工3.8mm×32mm
使用粗纹螺钉
150
75
转角钢：75×30 厚度3.2
W=3500×1
W=2420×1
扁钢条：W=300×3
W=150×2
150
150
30
开孔：
钻锥坑加工5.5×90mm
使用粗纹螺钉
100
4
20
孔径 直径12
马车螺栓 90mm 直径10
40
不锈钢板 厚度6
25×90
300
880
975.29
602.32
不锈钢杆 直径6
75
37.5
50
15
铺设镀铝锌钢板 厚度0.35
结构用胶合板 厚度9
3
100
36
48
880
437
▲硅酸钙板屋檐天花板 高度1FL＋2206
屋檐天花板：
J级板材 厚度36
硅酸钙板
20
18
12.5
9
镀铝锌钢板
防水板 厚度12.5
通风长条板 厚度18
结构用胶合板 厚度9
木质地板 厚度15
隔音石膏板 厚度12.5
结构用胶合板 厚度28
450
15
55.5
12.5
28
▼2FL
325
360
▼1FL＋2205

很薄的屋顶山形墙

为了不让檩条和椽子伸出外墙，所以在截面上安装小部件做成山形墙，看起来非常明快。

屋顶山形墙部分的施工情况。在搭建成井字形的檩条与椽子上贴厚胶合板，通过其刚性来承受施加在山形墙上的负重，这样就能使其底材变得较薄。同时也能打造出屋顶的水平结构。

山形墙部分的剖面图（S＝1：8）

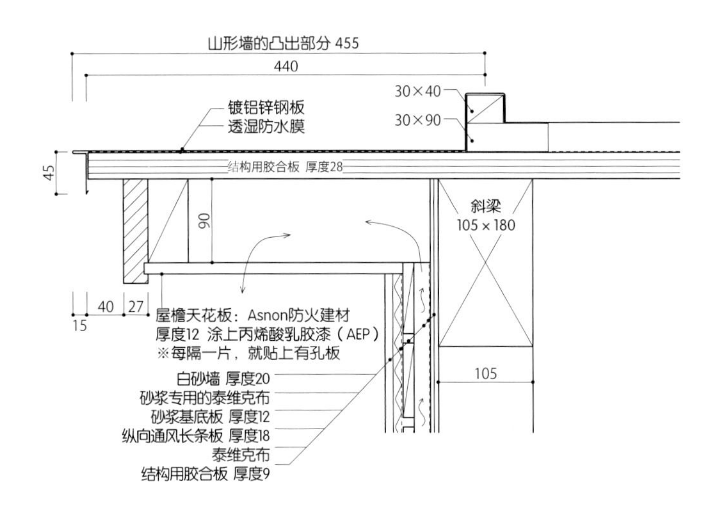
山形墙的凸出部分 455
440
30×40
30×90
镀铝锌钢板
透湿防水膜
45
结构用胶合板 厚度28
90
斜梁
105×180
40
27
15
屋檐天花板：Asnon防火建材
厚度12 涂上丙烯酸乳胶漆（AEP）
※每隔一片，就贴上有孔板
白砂墙 厚度20
砂浆专用的泰维克布
砂浆基底板 厚度12
纵向通风长条板 厚度18
泰维克布
结构用胶合板 厚度9
105

屋顶通风层的屋檐边缘（防火闸）

将防火闸设置在屋檐边缘而不是屋檐天花板的边缘，使之不太显眼。

在此案例中，为了不让防火闸变得显眼，所以装设位置不是在屋檐天花板，而是在屋檐边缘部分。实际操作中还会再装上雨水槽，防火闸会变得更加不显眼。

屋檐边缘部分的剖面图（S＝1：8）

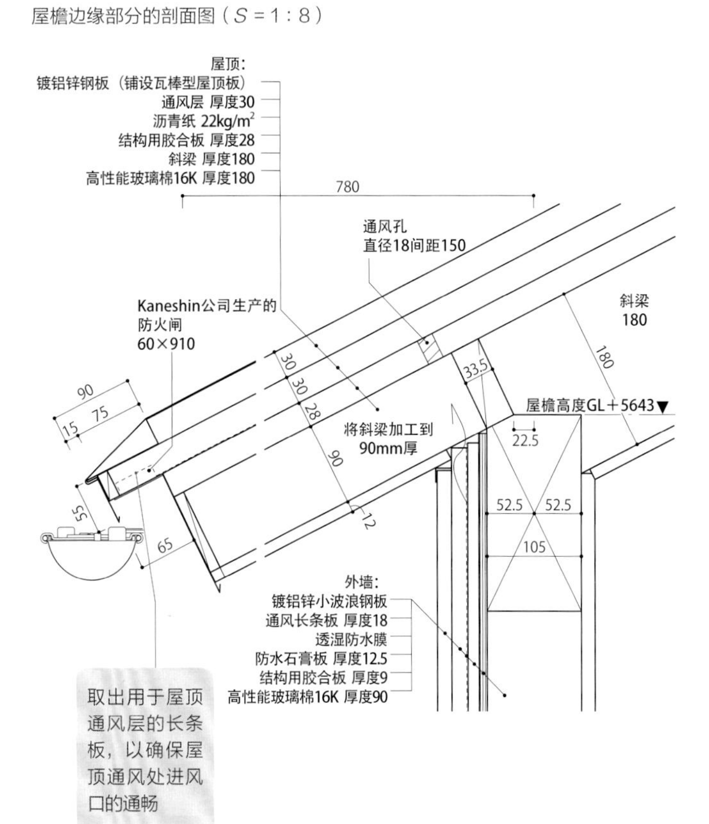
屋顶：
镀铝锌钢板（铺设瓦棒型屋顶板）
通风层 厚度30
沥青纸 22kg/m²
结构用胶合板 厚度28
斜梁 厚度180
高性能玻璃棉16K 厚度180
780
通风孔
直径18间距150
斜梁
180
Kaneshin公司生产的
防火闸
60×910
90
15
75
30
30
28
33.5
180
屋檐高度GL＋5643▼
将斜梁加工到
90mm厚
22.5
90
55
12
52.5
52.5
65
105
外墙：
镀铝锌小波浪钢板
通风长条板 厚度18
透湿防水膜
防水石膏板 厚度12.5
结构用胶合板 厚度9
高性能玻璃棉16K 厚度90
取出用于屋顶通风层的长条板，以确保屋顶通风处进风口的通畅

屋顶通风层的山形墙（与外墙通风层相连）

将外墙通风层和屋顶通风层直接相连，使山形墙不凸出于屋檐的设计案例。

若不想让屋顶山形墙凸出的话，就要让屋顶的金属板伸长，将其做成唐草瓦，由此来排水（唐草瓦指的是为防止屋檐淋雨，用金属板做成的挡雨装置）。

山形墙部分的剖面图（S＝1：8）

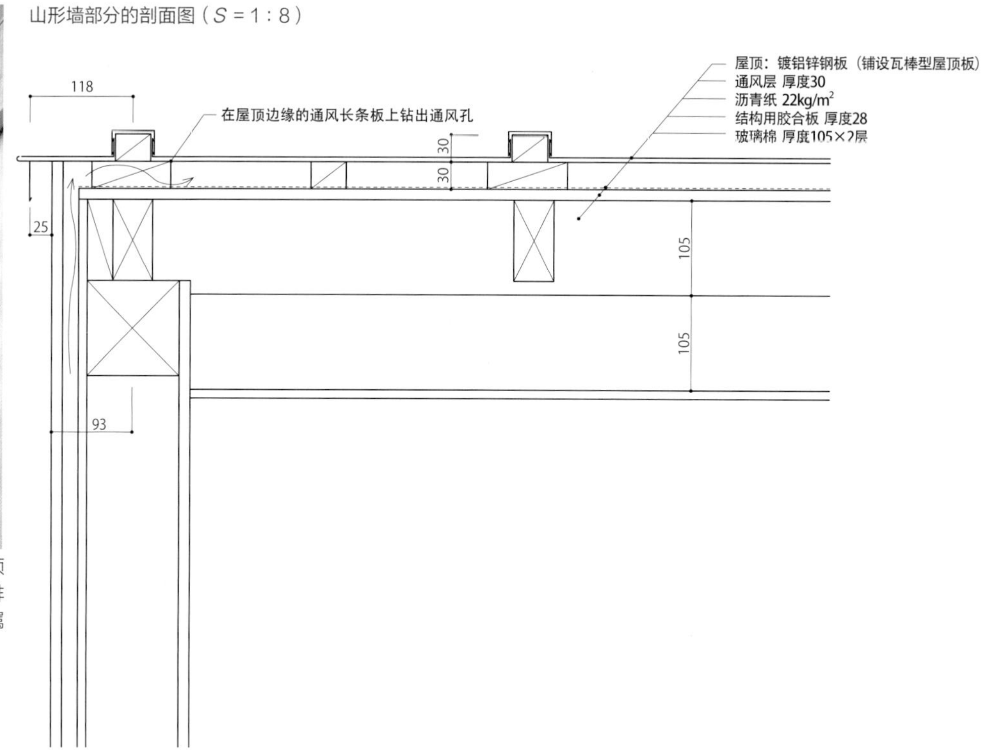
屋顶：镀铝锌钢板（铺设瓦棒型屋顶板）
通风层 厚度30
沥青纸 22kg/m²
结构用胶合板 厚度28
玻璃棉 厚度105×2层
在屋顶边缘的通风长条板上钻出通风孔
118
30
30
25
105
105
93

屋顶通风层的屋檐边缘（与外墙通风层相连）

将外墙通风层和屋顶通风层直接相连，使山形墙不凸出于屋檐的设计案例。

当屋檐边缘没有向外凸出时，就会让屋顶的通风层与外墙相连。黑色部分是市售的人工木材，用来当作瓦棒型屋顶板的基底。另外，在基底的施工期间，会将屋顶金属板基底的补强建材放入通风椽子的中间。

屋檐边缘部分的剖面图（S＝1：8）

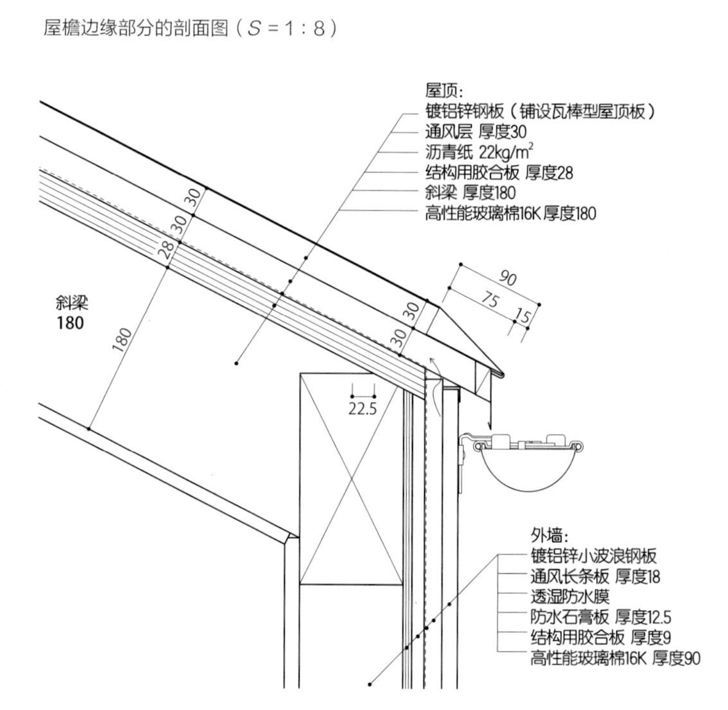
屋顶：
镀铝锌钢板（铺设瓦棒型屋顶板）
通风层 厚度30
沥青纸 22kg/m²
结构用胶合板 厚度28
斜梁 厚度180
高性能玻璃棉16K 厚度180
斜梁
180
30
30
28
180
90
75
15
30
30
22.5
外墙：
镀铝锌小波浪钢板
通风长条板 厚度18
透湿防水膜
防水石膏板 厚度12.5
结构用胶合板 厚度9
高性能玻璃棉16K 厚度90

6-9 屋檐・屋顶

金属板制成的屋顶山形墙

为防止山形墙的博风板劣化，用屋顶金属板将其包裹的设计案例。

当屋顶山形墙没有向外凸出时，使用屋顶金属板来包覆山形墙，就能让山形墙与屋顶看起来融为一体。

6-10 屋檐・屋顶

装设博风板的屋顶山形墙

在山形墙上装设博风板的结构工艺。

当屋顶山形墙没有向外凸出时，也可以选择在山形墙上装设由美西侧柏制成的博风板。

6-11 屋檐・屋顶

金属板制成的屋顶山形墙与屋脊包覆材

为了保护房屋的换气部件及防止其进水，要用金属板将其包裹严实。

当屋顶边缘没有向外凸出时，屋顶山形墙所呈现的模样。
镀铝锌钢板制成的唐草瓦被山形墙覆盖住，外墙建材则被插进其内侧。

当屋顶边缘向外凸出时，屋顶山形墙所呈现的模样。
与左图相同，会让镀铝锌钢板紧贴在山形墙上。
在与屋檐天花板的交接处，设有用来通风的空隙。

6-12 屋檐 · 屋顶

以木材为基底的屋檐

用木质基材做成四坡屋顶并铺上金属板。

要让屋檐显得很轻巧，采用四坡屋顶会比较好。在此案例中，先用木质基底搭建成四坡屋顶，最后再在透湿防水膜上铺上金属板。

6-13 屋檐 · 屋顶

将垂直雨水槽设置在不显眼的位置

如下图所示，由于不想将垂直雨水槽设置在外墙的内侧转角，所以沿着屋顶山形墙来装设横向雨水槽。

垂直雨水槽会对外观设计产生影响，若想使其不显眼，就必须在横向雨水槽的装设方式上多下一些功夫（设计：伊礼智设计室）。

屋檐边缘部分的剖面图（$S = 1:8$）

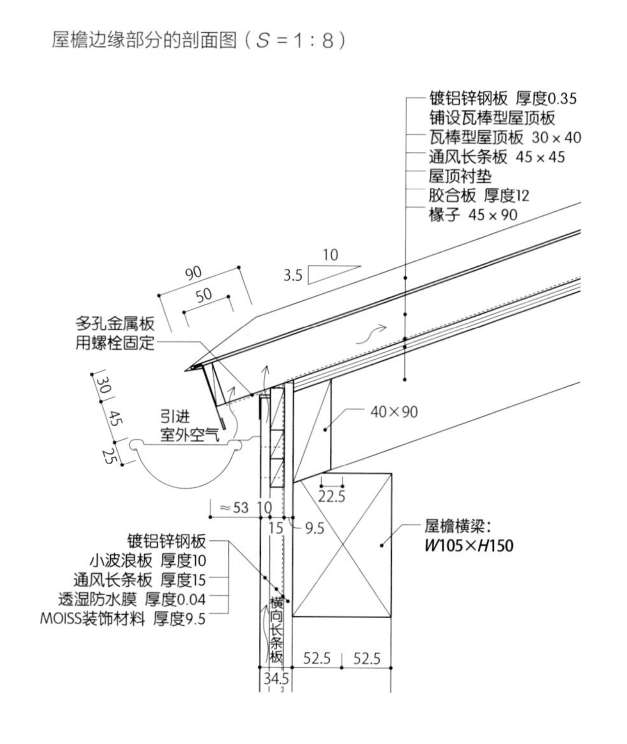
镀铝锌钢板 厚度0.35
铺设瓦棒型屋顶板
瓦棒型屋顶板 30×40
通风长条板 45×45
屋顶衬垫
胶合板 厚度12
椽子 45×90
90
50
3.5
10
多孔金属板
用螺栓固定
30
45
25
引进
室外空气
40×90
22.5
≈53
10
15
9.5
屋檐横梁：
W105×H150
镀铝锌钢板
小波浪板 厚度10
通风长条板 厚度15
透湿防水膜 厚度0.04
MOISS装饰材料 厚度9.5
横向长条板
52.5
52.5
34.5

第7章

阳台

阳台会对房屋的外观设计产生很大影响，尤其是扶手部分。根据所选用材质的不同，给人的印象也会有很大的差异，所以在挑选材质时最好仔细考虑。另外，由于扶手也具备遮挡来自外部的视线、防止摔落等作用，所以要多加留意。最好还要考虑让阳台兼做第二居室和花园的功能。

扶手·支柱（木材）

使用美西侧柏与日本扁柏方材制成的扶手。

考虑到使用的耐久性与晒棉被时所产生的污垢等问题，现在大多采用合成木材。

扶手部分的剖面图（S＝1：20）

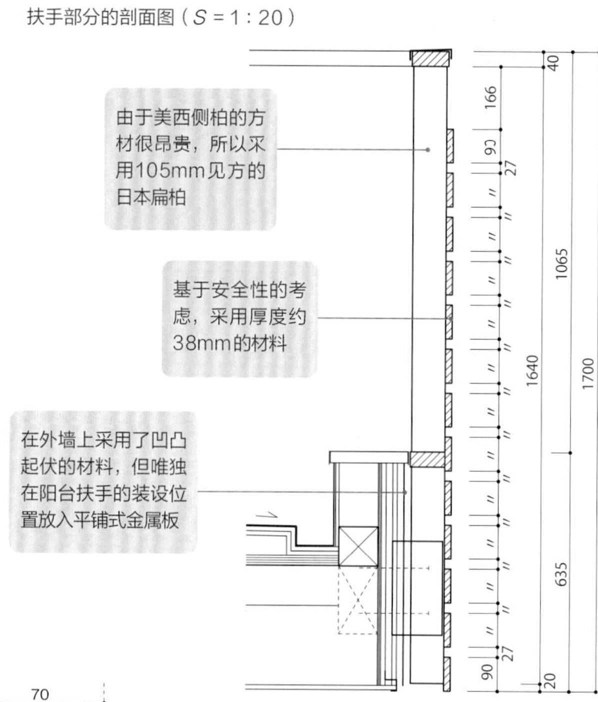
由于美西侧柏的方材很昂贵，所以采用105mm见方的日本扁柏
基于安全性的考虑，采用厚度约38mm的材料
在外墙上采用了凹凸起伏的材料，但唯独在阳台扶手的装设位置放入平铺式金属板
40
166
90
27
1065
1640
1700
635
20

支柱连接处详图（S＝1：4）

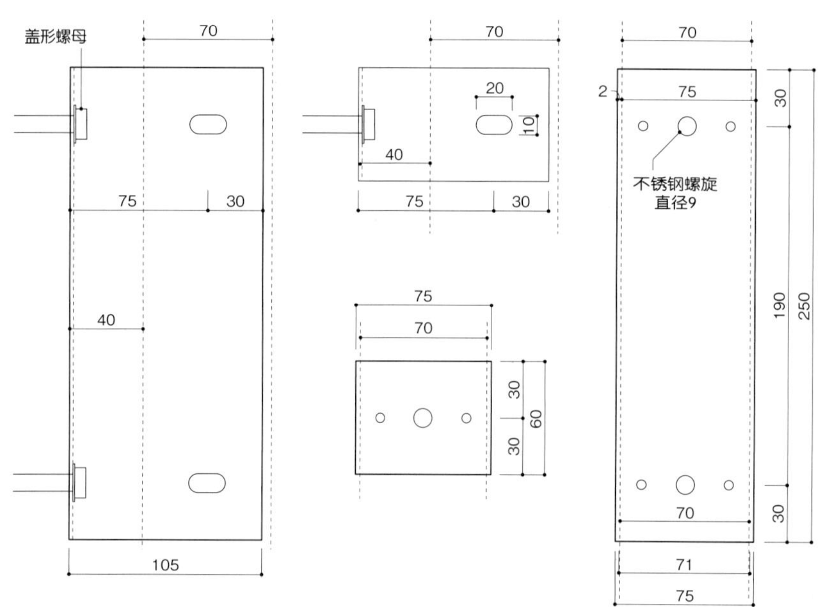
盖形螺母
70
75
30
40
105
20
10
2
不锈钢螺旋直径9
190
250
60
71

平面图（S＝1：15）

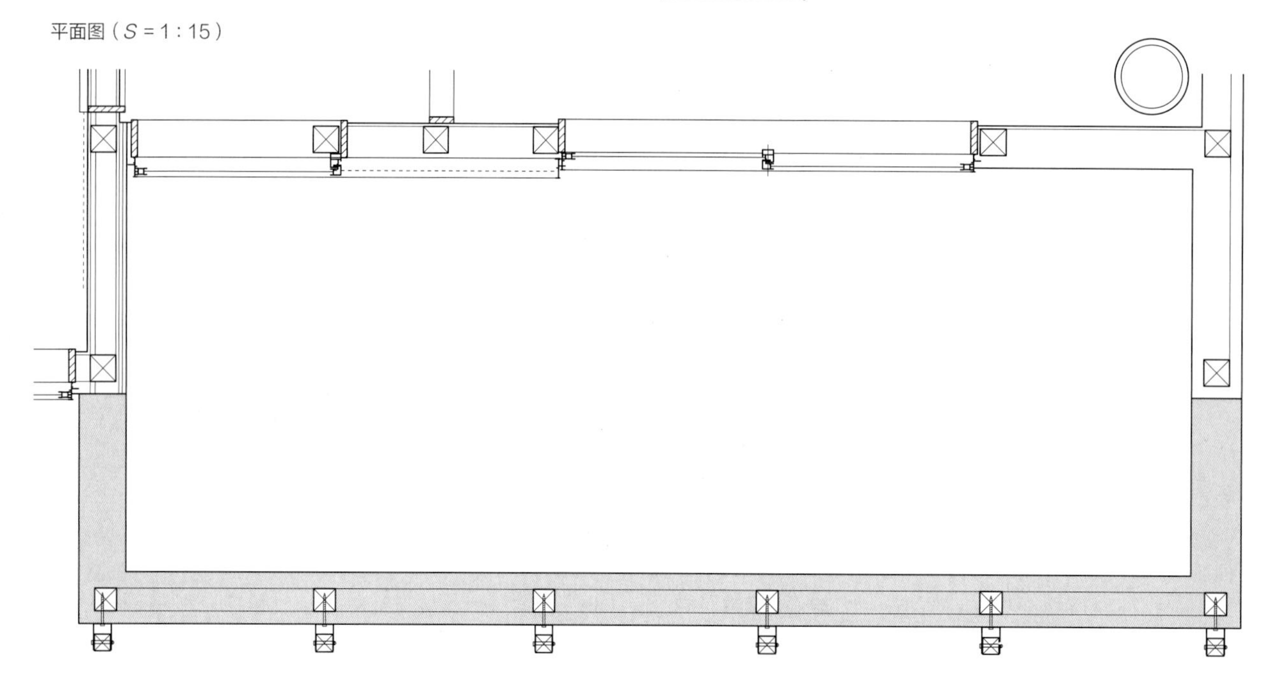

7-2 阳台

扶手·支柱（钢材）

重视耐久性，仅用熔融镀锌钢制作阳台扶手的设计案例。

用熔融镀锌钢制作的扶手。来自电镀加工中心的简约设计。

扶手部分的剖面图（S = 1：6）

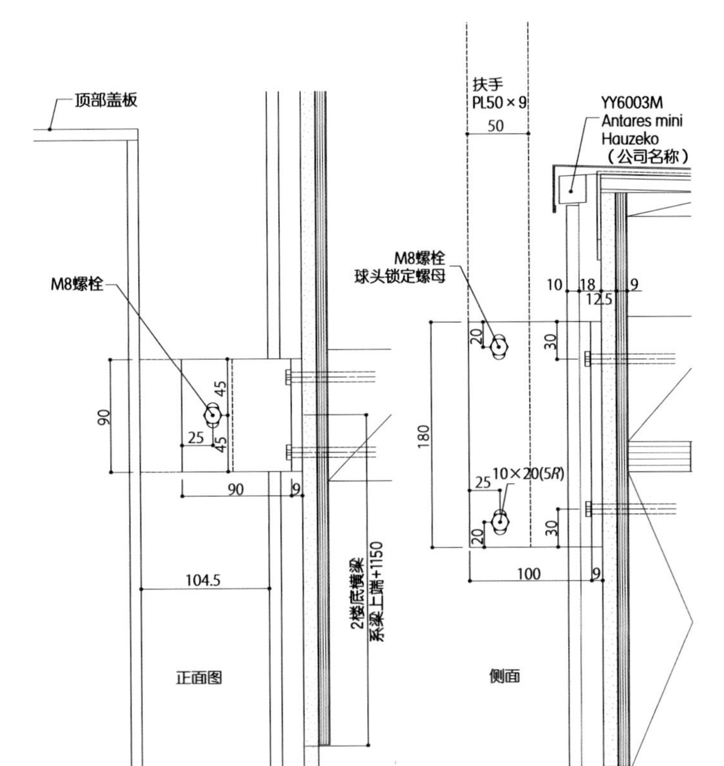

顶部盖板
M8螺栓
90
45
25
45
90
9
104.5
2楼底梁
系梁上端+1150
正面图
扶手
PL50×9
50
YY6003M
Antares mini
Hauzeko
（公司名称）
M8螺栓
球头锁定螺母
10
18
9
12.5
20
30
180
10×20(5R)
25
20
30
100
9
侧面

7-3 阳台

扶手（合成木材）+支柱（钢材）+纵向护栏（钢材）

由于阳台没有屋顶，考虑到耐久性而在熔融镀锌不锈钢支柱上安装合成木材的扶手。

将合成木材扶手装设在熔融镀锌不锈钢支柱上的例子。由于材料都具备较高的耐久性，所以不用担心其会严重劣化。另外，如果全部都采用合成木材的话，费用会变得更加昂贵。

扶手部分的正视图（S = 1：4）

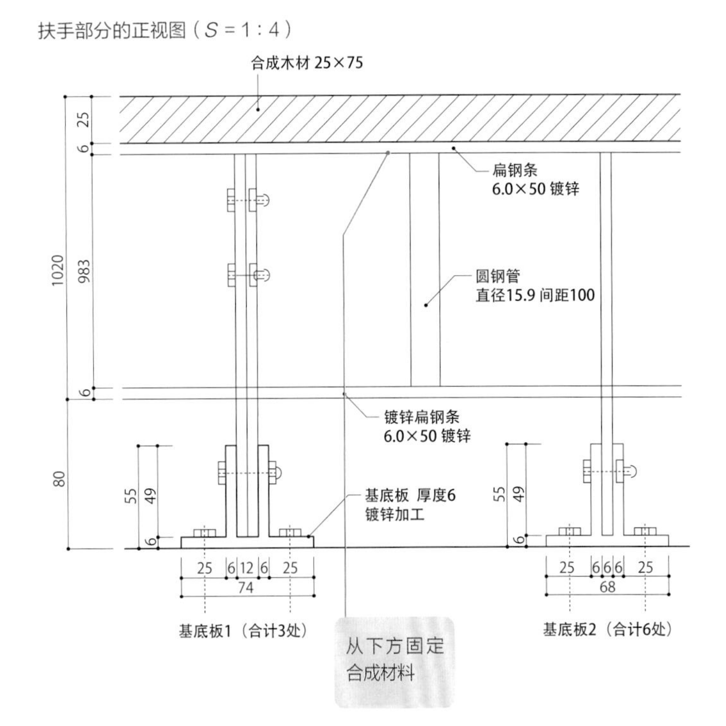

合成木材 25×75
25
6
1020
983
6
80
扁钢条
6.0×50 镀锌
圆钢管
直径15.9 间距100
镀锌扁钢条
6.0×50 镀锌
基底板 厚度6
镀锌加工
55
49
6
25
6
12
6
25
74
基底板1（合计3处）
从下方固定
合成材料
55
49
6
25
6
6
6
25
68
基底板2（合计6处）

扶手(合成木材)+支柱(铝材)+横向护栏(木材)

建在住宅密集地区的住宅的室内阳台。为了遮挡来自外部的视线，将合成木材贴在扶手墙上。

为了避免产生太大的压迫感，会在百叶护栏与扶手之间保留空隙。

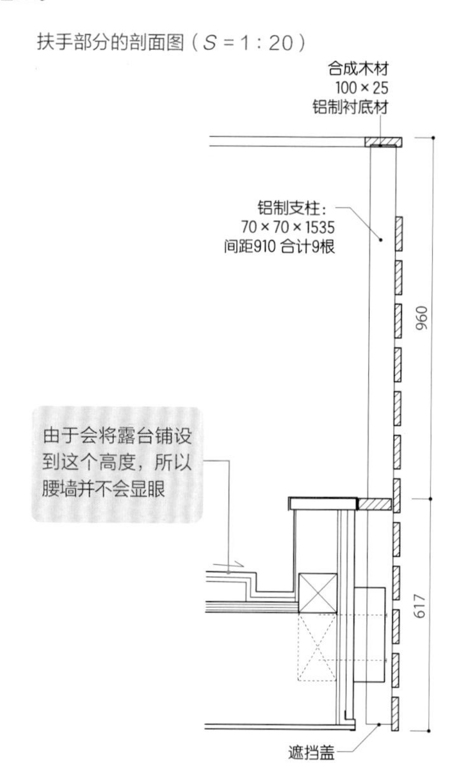
扶手部分的剖面图（S = 1 : 20）
合成木材
100 × 25
铝制衬底材
铝制支柱：
70 × 70 × 1535
间距910 合计9根
960
由于会将露台铺设到这个高度，所以腰墙并不会显眼
617
遮挡盖

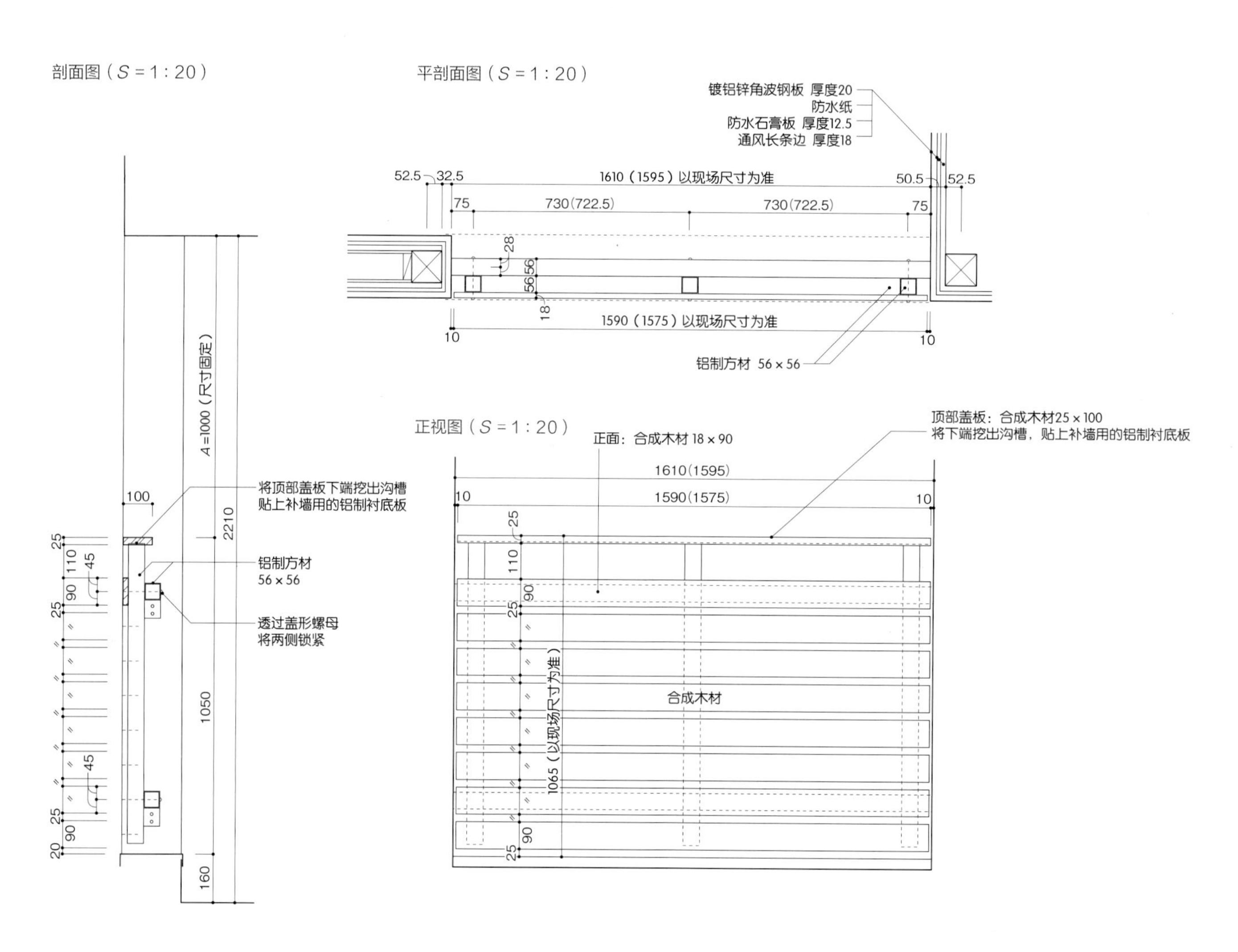
剖面图（S = 1 : 20）
A=1000（尺寸固定）
2210
1050
160
100
将顶部盖板下端挖出沟槽
贴上补墙用的铝制衬底板
铝制方材
56 × 56
透过盖形螺母
将两侧锁紧
平剖面图（S = 1 : 20）
镀铝锌角波钢板 厚度20
防水纸
防水石膏板 厚度12.5
通风长条边 厚度18
1610（1595）以现场尺寸为准
730(722.5)
730(722.5)
1590（1575）以现场尺寸为准
铝制方材 56 × 56
正视图（S = 1 : 20）
正面：合成木材 18 × 90
顶部盖板：合成木材25 × 100
将下端挖出沟槽，贴上补墙用的铝制衬底板
1610(1595)
1590(1575)
1065（以现场尺寸为准）
合成木材

扶手·支柱(钢材)+横向护栏(钢丝)

为了能够清楚地看到眼前的绿道而采用钢丝护栏的例子。

虽然在这种情况下，从绿道这边也能将阳台看得一清二楚，不过由于阳台具备较长的纵深，所以看不到室内的模样。

扶手部分的平剖面图（S = 1：25）

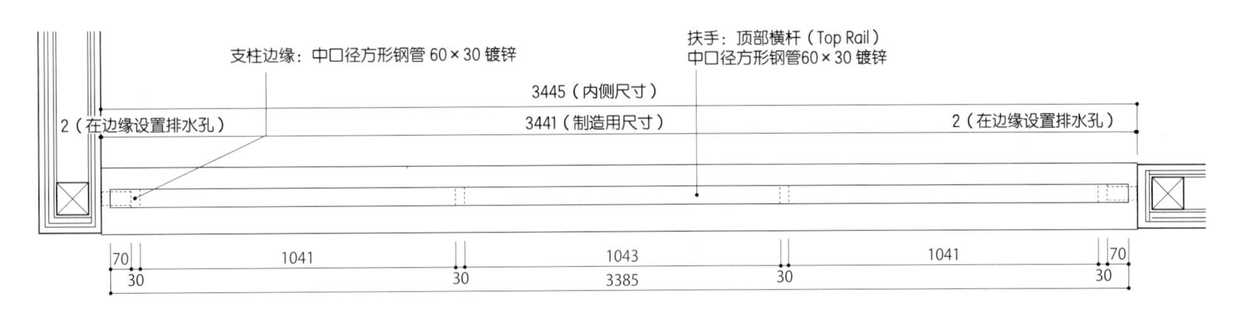
支柱边缘：中口径方形钢管 60×30 镀锌
扶手：顶部横杆（Top Rail）
中口径方形钢管60×30 镀锌
3445（内侧尺寸）
2（在边缘设置排水孔）
3441（制造用尺寸）
2（在边缘设置排水孔）
70
1041
1043
1041
70
30
30
3385
30
30

扶手部分的正视图（S = 1:25）

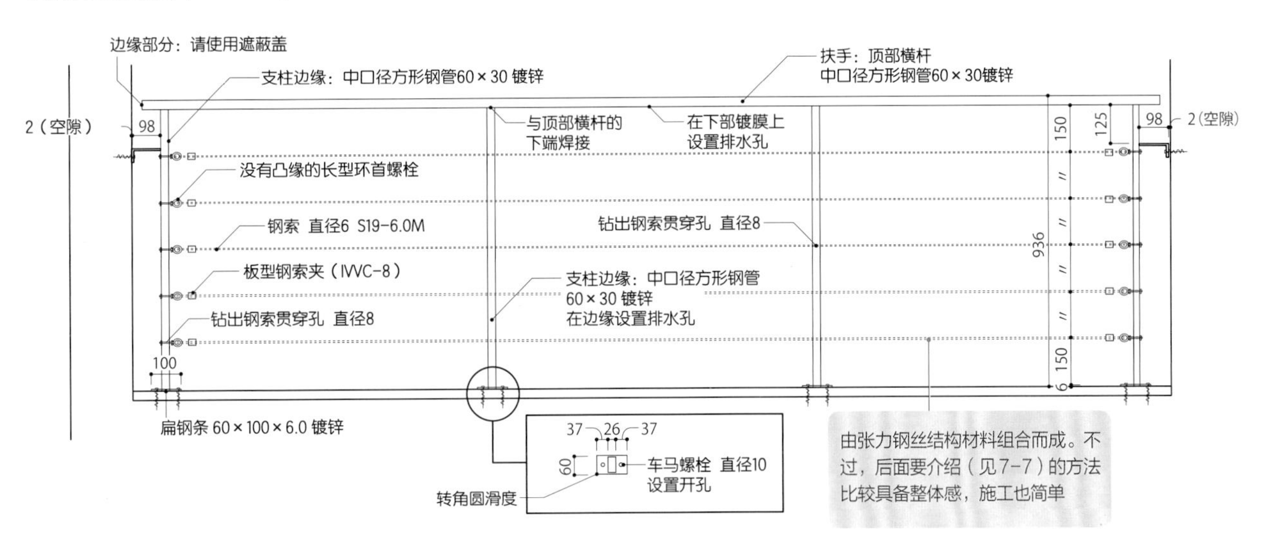
边缘部分：请使用遮蔽盖
支柱边缘：中口径方形钢管60×30 镀锌
扶手：顶部横杆
中口径方形钢管60×30镀锌
2（空隙）
98
与顶部横杆的
下端焊接
在下部镀膜上
设置排水孔
150
125
98
2（空隙）
没有凸缘的长型环首螺栓
钢索 直径6 S19-6.0M
钻出钢索贯穿孔 直径8
936
板型钢索夹（IVVC-8）
支柱边缘：中口径方形钢管
60×30 镀锌
在边缘设置排水孔
钻出钢索贯穿孔 直径8
100
150
6
扁钢条 60×100×6.0 镀锌
37
26
37
60
车马螺栓 直径10
设置开孔
转角圆滑度
由张力钢丝结构材料组合而成。不过，后面要介绍（见7-7）的方法比较具备整体感，施工也简单

扶手(圆木)+扶手墙(钢材+钢丝)

外观凸显出研磨圆木的存在感的扶手墙。圆木下面用钢丝，减弱圆木的沉重感。

圆木连接部分详图(S=1:4)

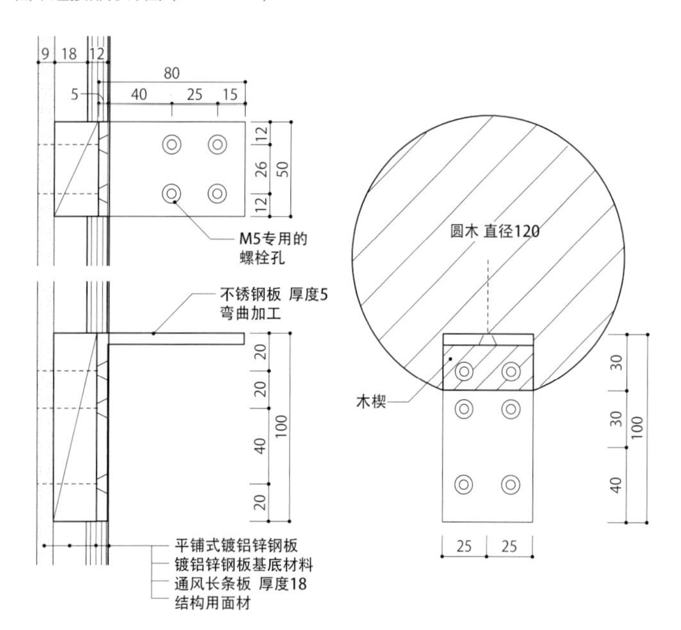
9
18
12
80
5
40
25
15
12
26
50
12
M5专用的
螺栓孔
不锈钢板 厚度5
弯曲加工
20
20
100
40
20
圆木 直径120
木楔
30
30
100
40
25
25
平铺式镀铝锌钢板
镀铝锌钢板基底材料
通风长条板 厚度18
结构用面材

在镀铝锌钢板的简约外观中，由日本扁柏制成的研磨圆木扶手更具特色。

正视图(S=1:15)

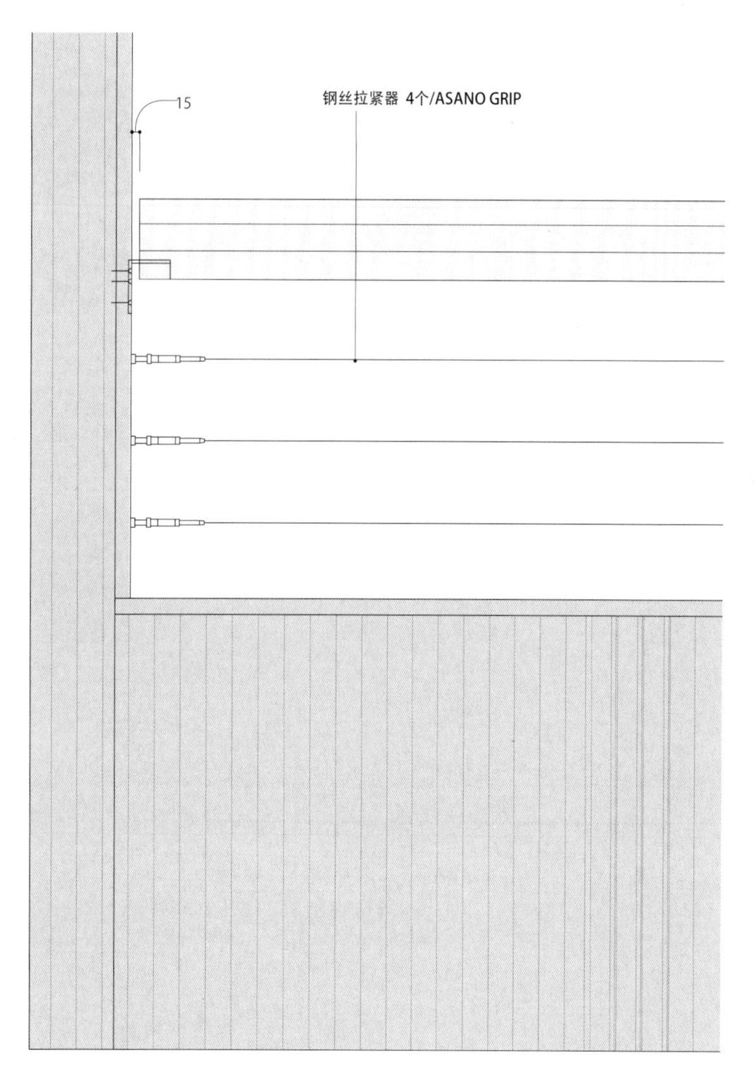
15
钢丝拉紧器 4个/ASANO GRIP

扶手部分剖面图(S=1:15)

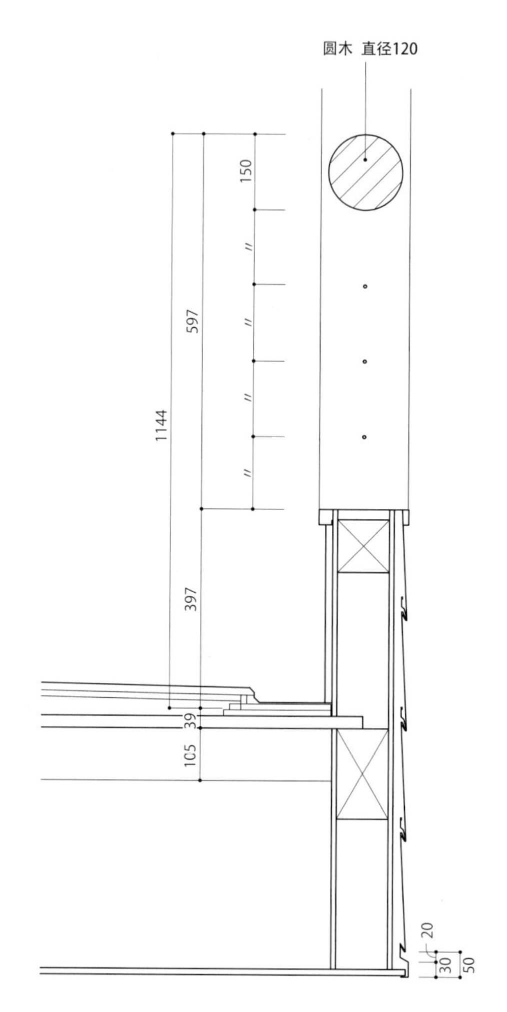
圆木 直径120
150
597
1144
397
39
105
20
30
50

扶手(圆木)+扶手墙(钢材+钢丝)

阳台由木制扶手、钢丝、不锈钢扁条等材料组成。外观给人一种简约利落的印象。

和案例7-5的外观相同而通透感更好，安装钢丝的部件使用成品，所以施工简单。

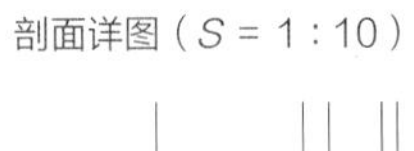

剖面详图（S = 1：10）

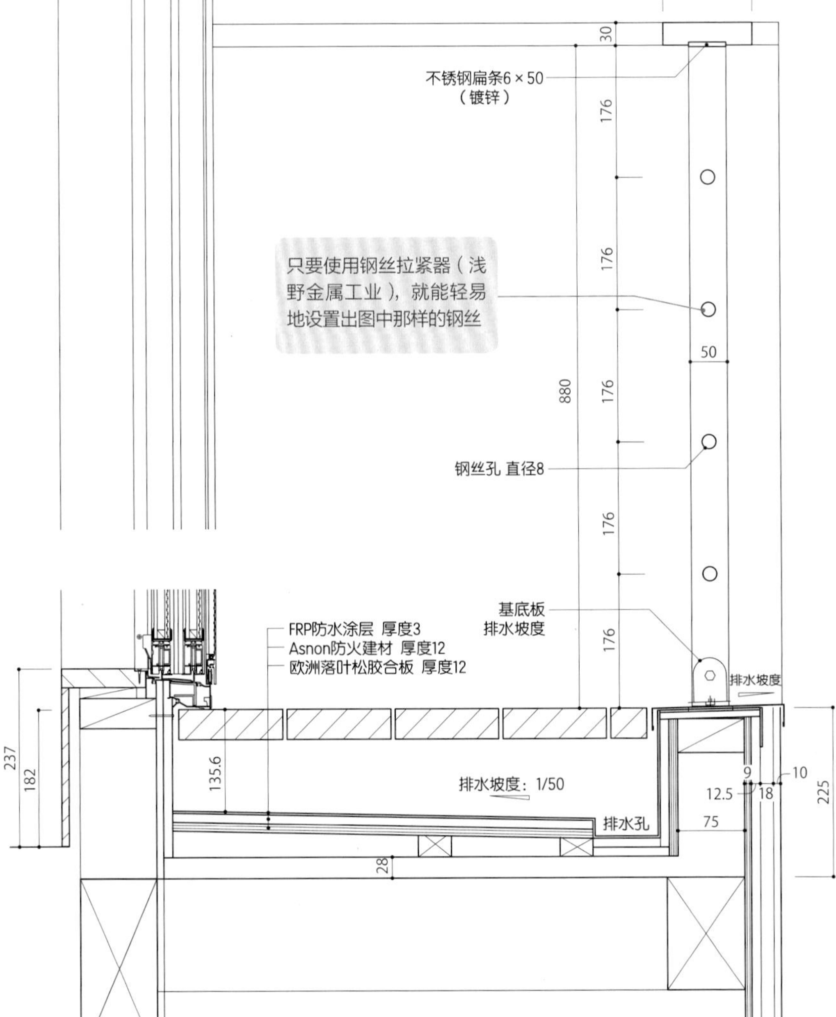
120
30
不锈钢扁条6×50
（镀锌）
176
只要使用钢丝拉紧器（浅野金属工业），就能轻易地设置出图中那样的钢丝
50
880
钢丝孔 直径8
基底板
排水坡度
FRP防水涂层 厚度3
Asnon防火建材 厚度12
欧洲落叶松胶合板 厚度12
排水坡度
237
182
135.6
排水坡度：1/50
排水孔
28
9
10
12.5
18
75
225

支柱详图（S = 1：3）

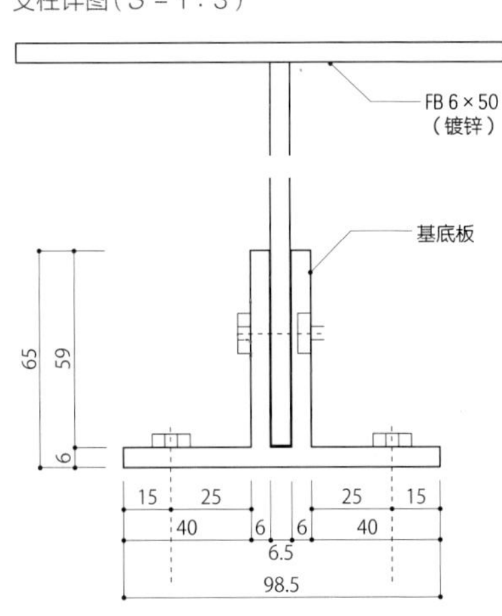
FB 6×50
（镀锌）
基底板
65
59
6
15
25
40
6
6.5
98.5

支柱详图（S = 1：3）

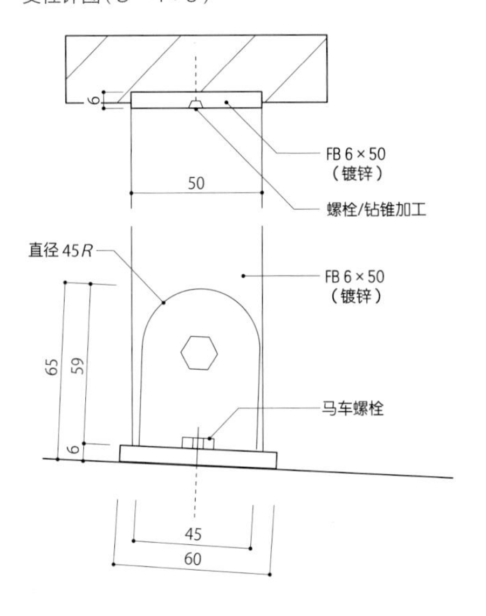
6
FB 6×50
（镀锌）
50
螺栓/钻锥加工
直径45R
FB 6×50
（镀锌）
65
59
6
马车螺栓
45
60

FRP防水工艺+露台

最普遍的采用 FRP 防水的木制阳台。露台材料要注意采用以便于更换为前提的结构工艺。

从室内所看到的阳台。为了减少阳台木制露台与室内地板之间的高低落差，所以在清扫框上装设了平坦式窗框。

这种设计能让渗进木制板材缝隙间的雨水先排到FRP防水地板再流至排水沟。若能做成“只要将木材移除，维护等作业就能顺利进行”的形式会更好。

阳台剖面图（S = 1：20）

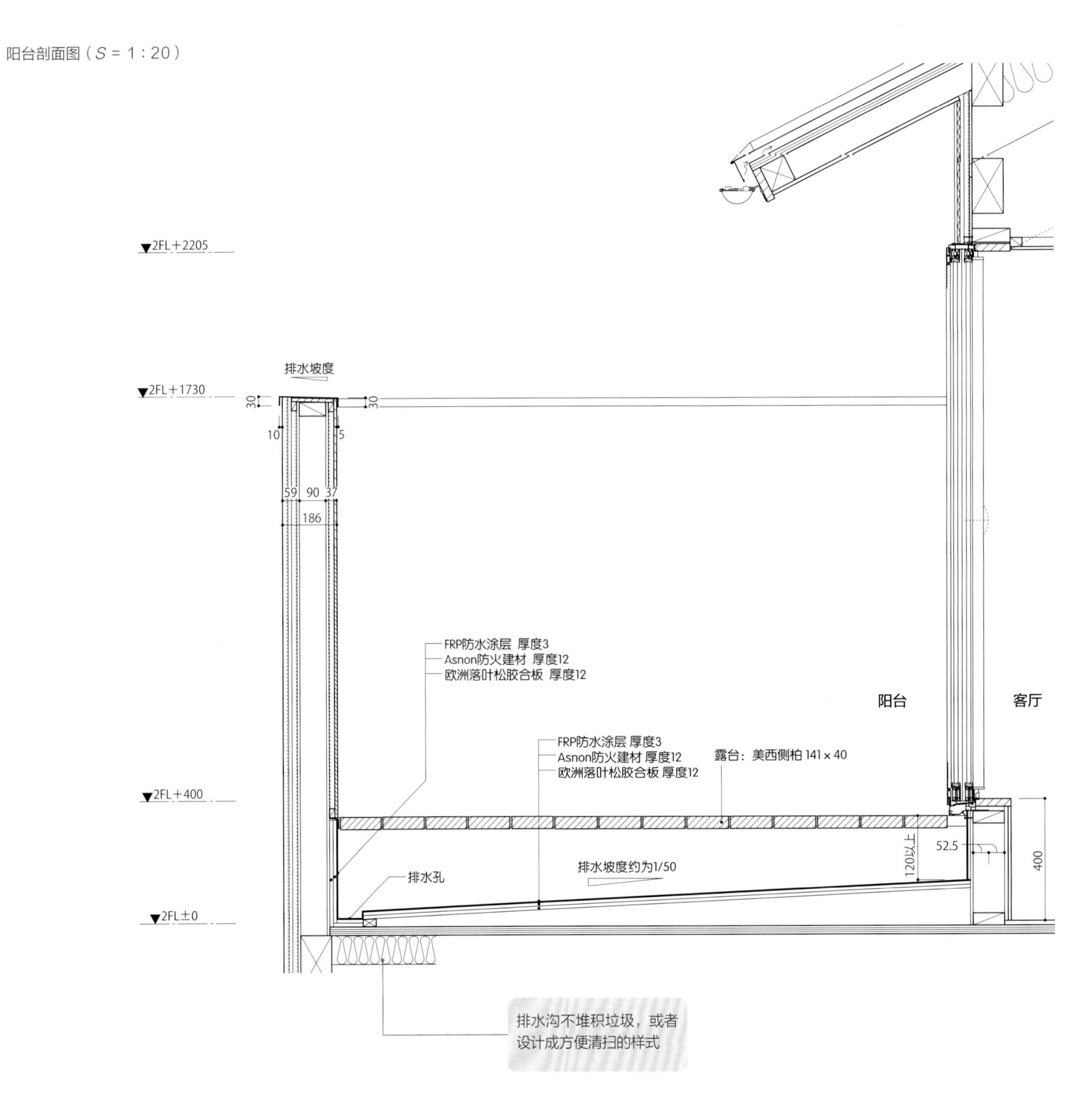

2FL+2205
排水坡度
2FL+1730
30
30
10
5
59
90
37
186
FRP防水涂层 厚度3
Asnon防火建材 厚度12
欧洲落叶松胶合板 厚度12
阳台
客厅
FRP防水涂层 厚度3
Asnon防火建材 厚度12
欧洲落叶松胶合板 厚度12
露台：美西侧柏 141×40
2FL+400
120以上
52.5
400
排水坡度约为1/50
排水孔
2FL±0
排水沟不堆积垃圾，或者
设计成方便清扫的样式

钢骨横梁阳台

考虑到耐久性，支撑部件采用钢骨横梁的阳台。这样的半永久结构，不用担心劣化。

装设在建筑上的钢骨横梁阳台。
由于采用木制扶手墙，所以看起来犹如木制阳台。

钢骨横梁会贯穿墙壁，装设在木造结构上。
由于钢骨横梁耐久性好，所以只要依照木材的劣化程度进行更换，就能维持很久。

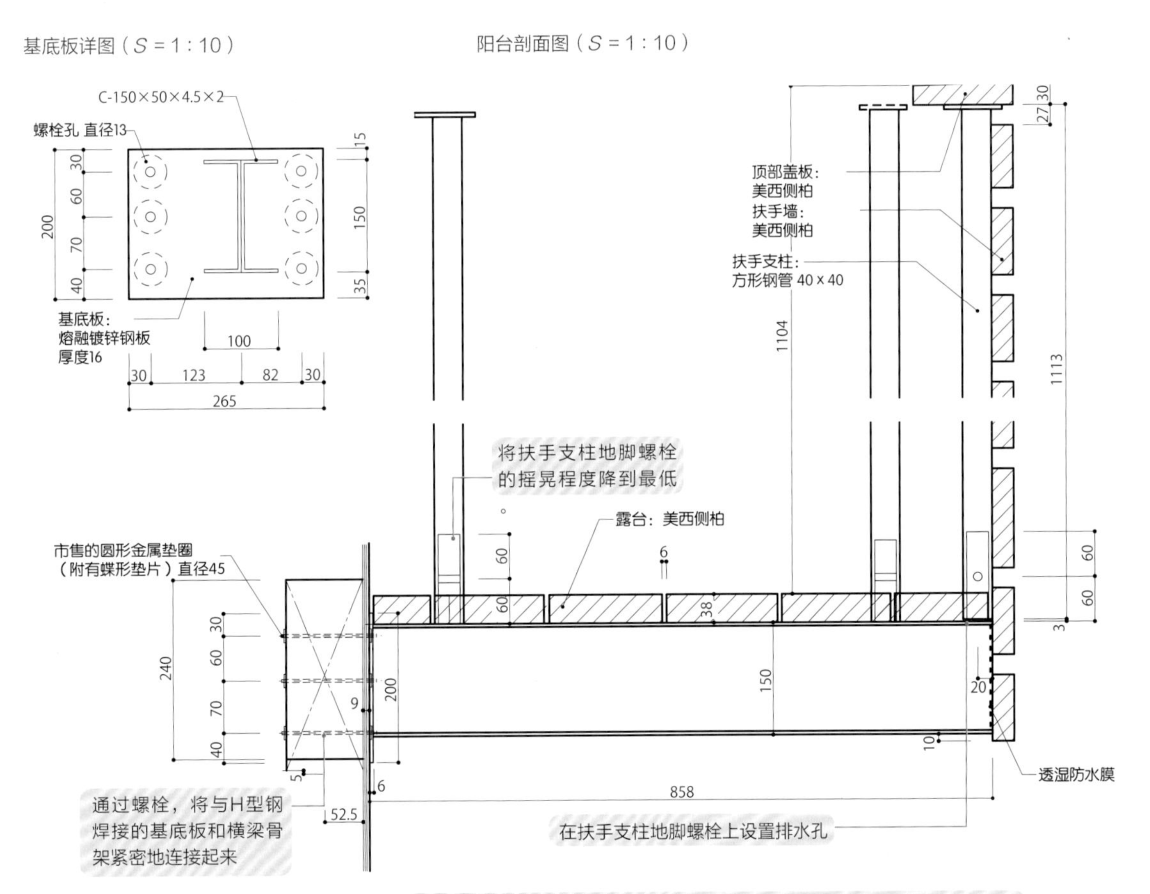

基底板详图（S＝1：10）
C-150×50×4.5×2
螺栓孔 直径13
200
30
60
70
40
15
150
35
基底板：
熔融镀锌钢板
厚度16
100
30
123
82
30
265
阳台剖面图（S＝1：10）
顶部盖板：
美西侧柏
扶手墙：
美西侧柏
扶手支柱：
方形钢管 40×40
1104
1113
27
30
将扶手支柱地脚螺栓
的摇晃程度降到最低
露台：美西侧柏
市售的圆形金属垫圈
（附有蝶形垫片）直径45
6
60
60
38
60
60
3
240
30
60
70
40
9
200
150
20
10
5
6
858
52.5
透湿防水膜
通过螺栓，将与H型钢
焊接的基底板和横梁骨
架紧密地连接起来
在扶手支柱地脚螺栓上设置排水孔

想要将以钢骨横梁来支撑的阳台设计成清爽风格时，或是不设置雨水排水路径时，此设计会是种有效的方法。由于阳台与木造骨架不会互相影响，所以此设计也能用于木制3层建筑的紧急出入口

狭小的异形阳台

利用仅有的空间设计的小面积阳台。

与外墙的线呈极小角度的阳台。

平钢的支柱上安装硬木的扶手墙。

从室内看去的扶手。设置阳台窗有很大好处。

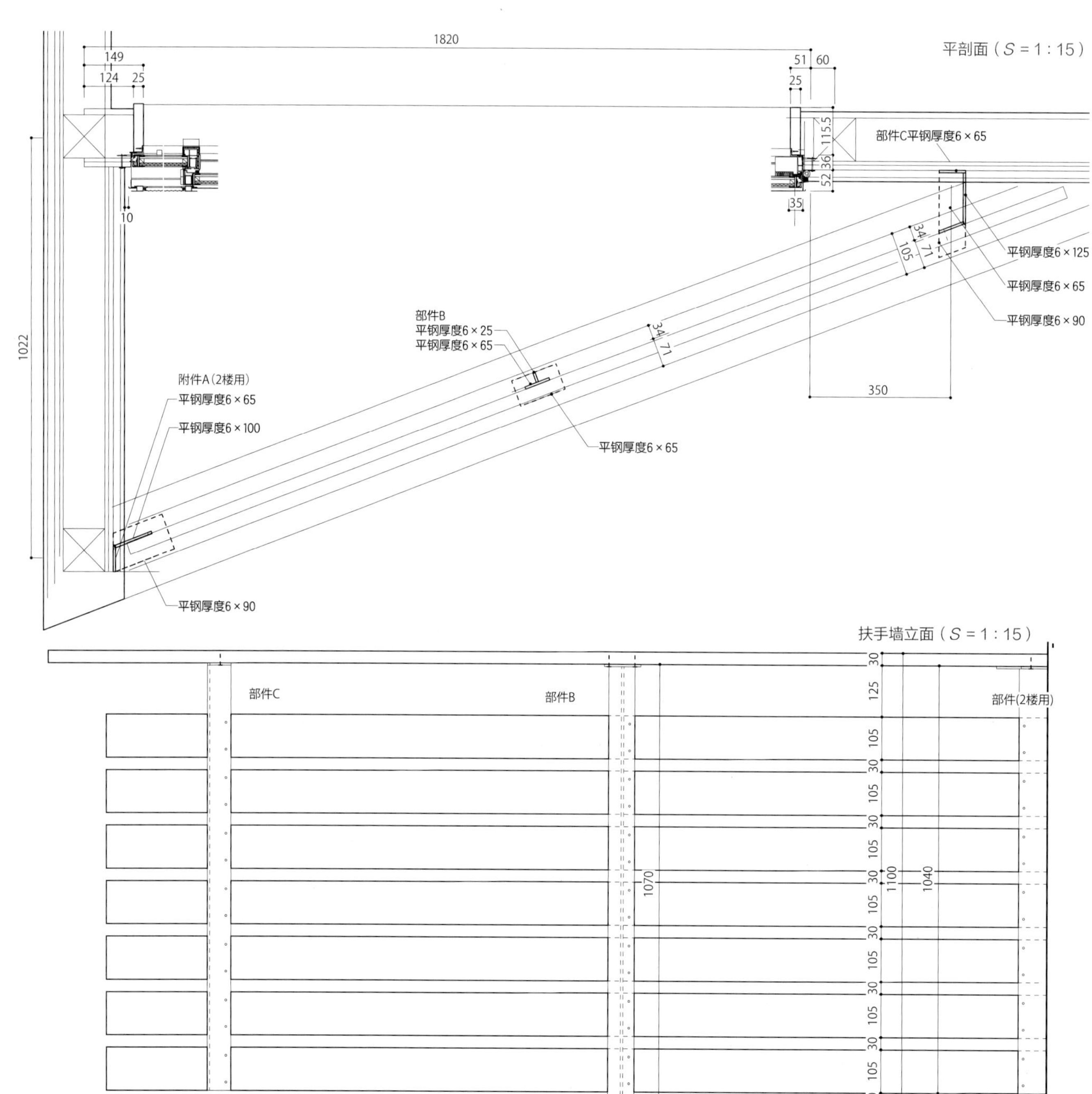
平剖面（S＝1：15）
1820
149
124
25
51
60
25
115.5
36
52
35
10
1022
部件C平钢厚度6×65
34
71
105
平钢厚度6×125
平钢厚度6×65
平钢厚度6×90
部件B
平钢厚度6×25
平钢厚度6×65
350
附件A（2楼用）
平钢厚度6×65
平钢厚度6×100
平钢厚度6×65
平钢厚度6×90
扶手墙立面（S＝1：15）
部件C
部件B
部件(2楼用)
30
125
105
1070
1100
1040

木制露台阳台

在平房空间深处设置的露台阳台。通过防潮措施大大抑制了木材的劣化。

分别从外部和内部看过去的露台阳台。宽大的屋檐和帘子能够保护木材不受雨水及紫外线伤害。

剖面图（S = 1 : 15）

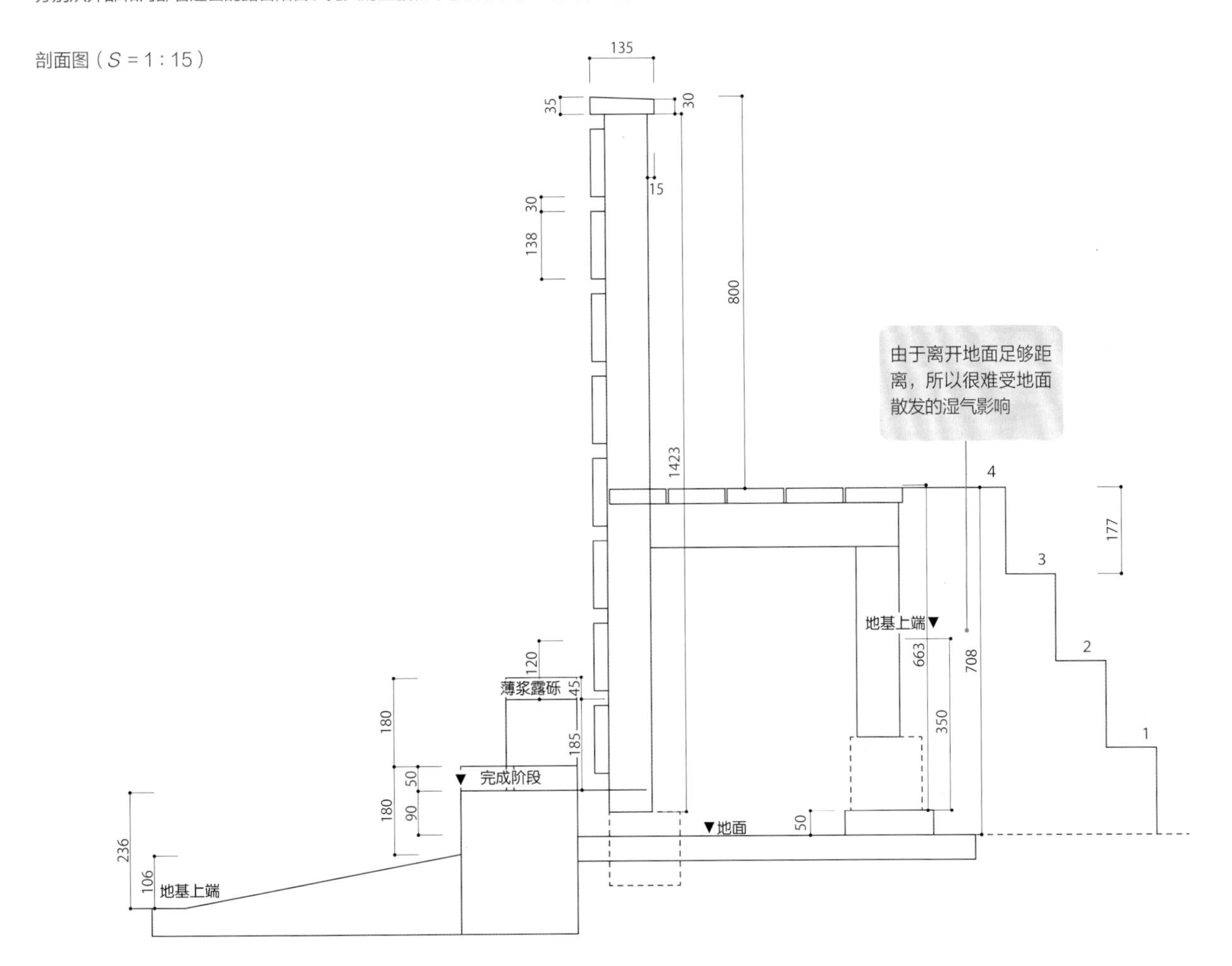
135
35
30
15
30
138
800
1423
由于离开地面足够距离，所以很难受地面散发的湿气影响
4
177
3
2
1
地基上端▼
663
708
350
120
薄浆露砾
45
185
180
50
▼ 完成阶段
90
180
▼地面
50
236
106
地基上端

屋檐边缘很深的山形大屋顶平房（八广的平房）

从客餐厅观看日式榻榻米客厅。只要将用来区隔两个房间的日式拉门或日式客厅的拉门打开就能获得开放的视野与通风效果。

由于阳台与道路相邻，所以装设了竹帘。

厨房（左图）与餐具柜（右图）。两者都采用木质装饰。将厨房设置在墙边，餐具柜则靠近客厅。

从西侧道路观看。以围墙、植物、车棚来间接地区隔道路与住宅。

盖在住宅密集地区的平房。虽然此建筑用地在都市地区中算是条件不错的，不过由于新的防火规范，所以建筑变成了准防火结构。在附近，拥有深屋檐的山形大屋顶民宅是很少见的。

客餐厅的天花板顺着屋顶，形成了斜面天花板，一直延伸到阁楼。虽然是平房，但用这种连接方式，就能打造出宽敞的挑高设计。另外，考虑到南侧空地日后会有遮挡，所以设置了天窗来确保采光与通风。此外，也采用了很多本公司的设计方式，像是大型吉村式格子拉门、嵌入式家具等。

从榻榻米区看到的阳台。

从书房看到的客餐厅。

阁楼的收纳空间。

建筑信息
所在地：东京都墨田区
结构：木结构平房
占地面积：160.85m²
1楼面积：69.69m²
阁楼面积：16.83m²
竣工年月：2011年8月

●平剖面图（S＝1：200）

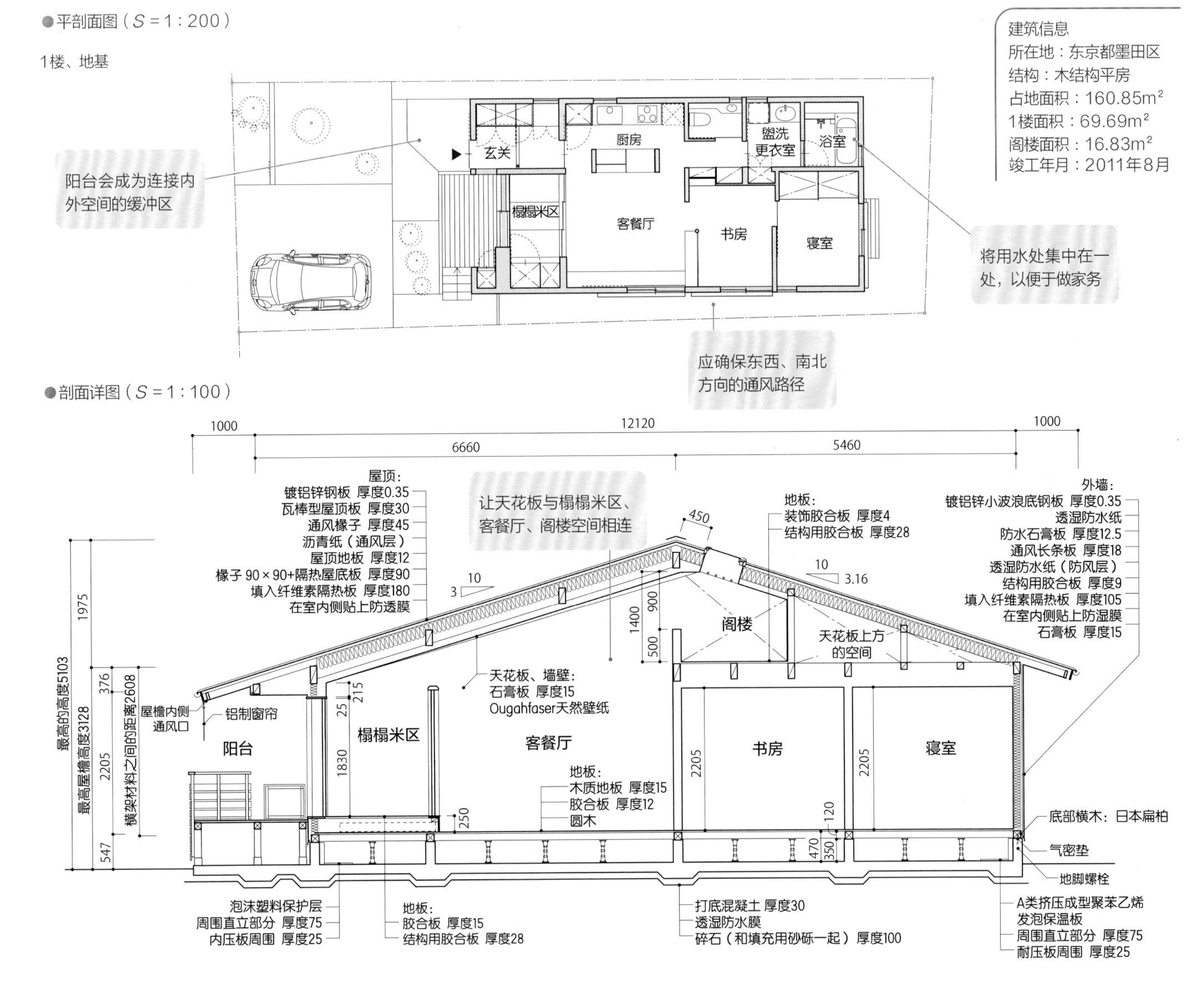
1楼、地基
玄关
厨房
盥洗
更衣室
浴室
榻榻米区
客餐厅
书房
寝室
阳台会成为连接内外空间的缓冲区
将用水处集中在一处，以便于做家务
应确保东西、南北方向的通风路径
●剖面详图（S＝1：100）
1000
12120
1000
6660
5460
屋顶：
镀铝锌钢板 厚度0.35
瓦棒型屋顶板 厚度30
通风椽子 厚度45
沥青纸（通风层）
屋顶地板 厚度12
椽子 90×90+隔热屋底板 厚度90
填入纤维素隔热板 厚度180
在室内侧贴上防透膜
让天花板与榻榻米区、客餐厅、阁楼空间相连
450
地板：
装饰胶合板 厚度4
结构用胶合板 厚度28
外墙：
镀铝锌小波浪底钢板 厚度0.35
透湿防水纸
防水石膏板 厚度12.5
通风长条板 厚度18
透湿防水纸（防风层）
结构用胶合板 厚度9
填入纤维素隔热板 厚度105
在室内侧贴上防湿膜
石膏板 厚度15
阁楼
天花板上方的空间
天花板、墙壁：
石膏板 厚度15
Ougahfaser天然壁纸
屋檐内侧通风口
铝制窗帘
阳台
榻榻米区
客餐厅
书房
寝室
地板：
木质地板 厚度15
胶合板 厚度12
圆木
底部横木：日本扁柏
气密垫
地脚螺栓
最高的高度5103
最高屋檐高度3128
横架材料之间的距离2608
1975
376
215
2205
1830
547
250
1400
900
500
2205
2205
120
470
350
泡沫塑料保护层
周围直立部分 厚度75
内压板周围 厚度25
地板：
胶合板 厚度15
结构用胶合板 厚度28
打底混凝土 厚度30
透湿防水膜
碎石（和填充用砂砾一起）厚度100
A类挤压成型聚苯乙烯发泡保温板
周围直立部分 厚度75
耐压板周围 厚度25

有大型阳台的3层房子（能看见榉树的房子）

从餐厅看向阳台。从室内可以看到外面的榉树。中庭右侧为儿童房。餐桌和厨台是定制的。

从餐厅可以看见小型榻榻米区域。
榻榻米区域通过拉门被隔为单间。

利用小型榻榻米区域制作的地板抽屉柜。
有多少面积就有多少收纳空间。

约30m^{2}的大阳台。将扶手墙的一部分做成钢丝，使榉树可以被人看到。

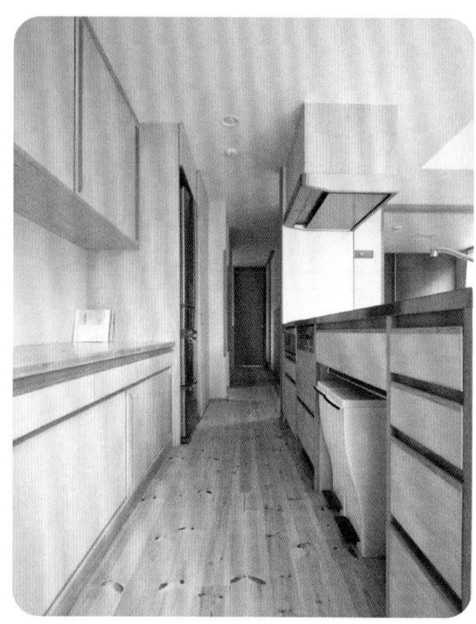

厨房与厨台的收纳。
除了抽屉及单扇门，其余部分均为定制。

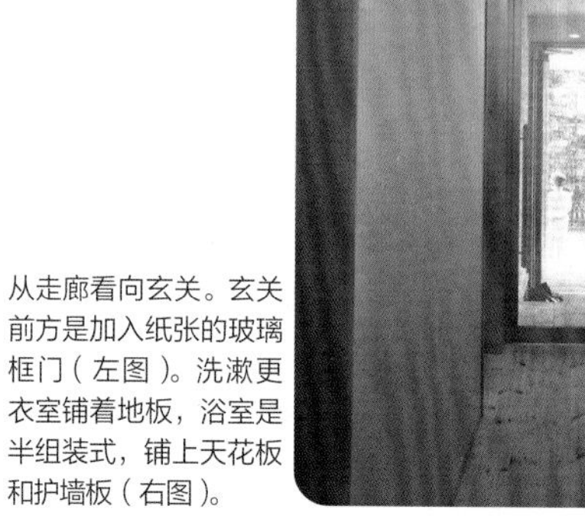

从走廊看向玄关。玄关前方是加入纸张的玻璃框门（左图）。洗漱更衣室铺着地板，浴室是半组装式，铺上天花板和护墙板（右图）。

● 剖面图（S＝1：80）

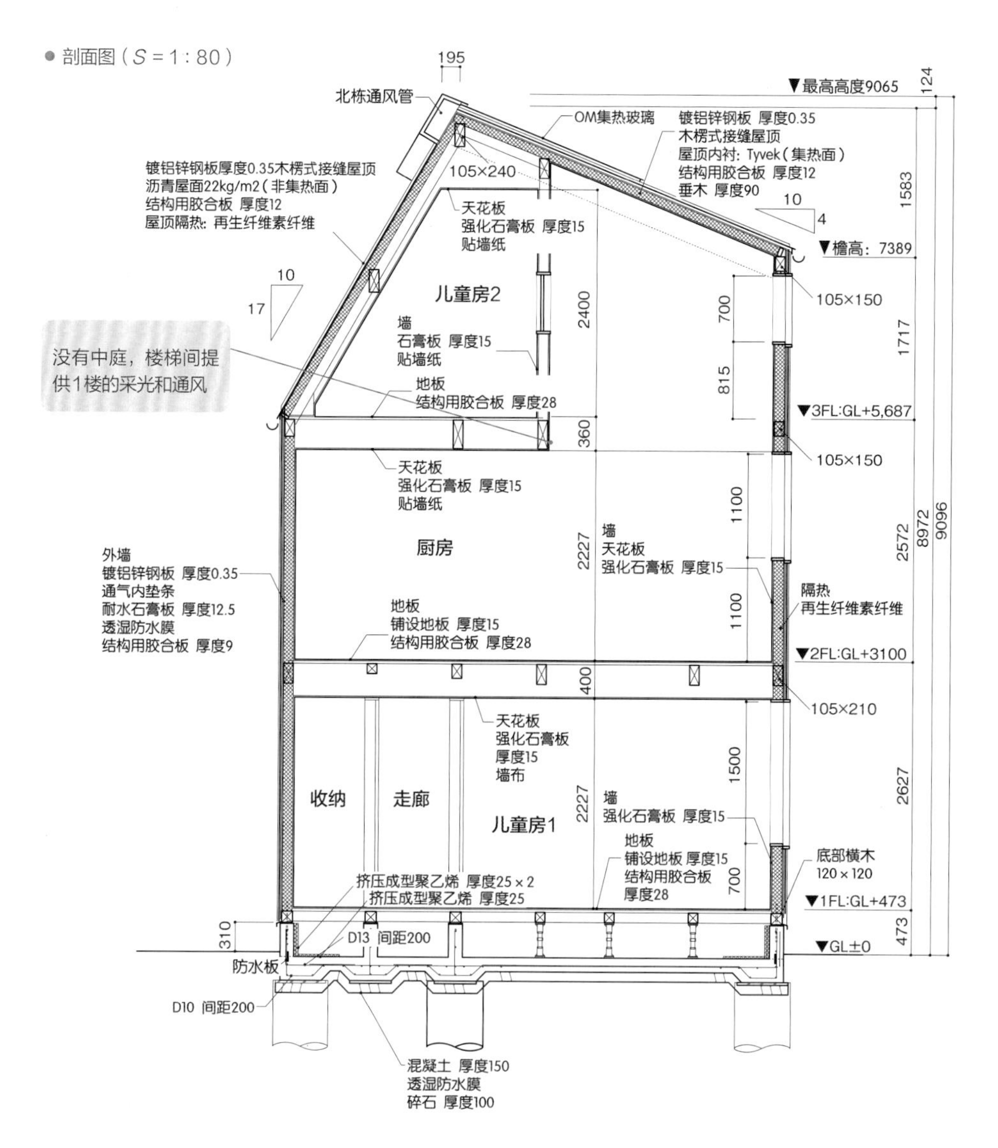
195
北栋通风管
▼最高高度9065
124
OM集热玻璃
镀铝锌钢板 厚度0.35
木楞式接缝屋顶
屋顶内衬：Tyvek（集热面）
结构用胶合板 厚度12
垂木 厚度90
镀铝锌钢板厚度0.35木楞式接缝屋顶
沥青屋面22kg/m2（非集热面）
结构用胶合板 厚度12
屋顶隔热：再生纤维素纤维
105×240
天花板
强化石膏板 厚度15
贴墙纸
1583
10
4
▼檐高：7389
10
17
儿童房2
2400
墙
石膏板 厚度15
贴墙纸
700
105×150
1717
没有中庭，楼梯间提供1楼的采光和通风
815
地板
结构用胶合板 厚度28
▼3FL:GL+5,687
360
105×150
天花板
强化石膏板 厚度15
贴墙纸
1100
厨房
2227
墙
天花板
强化石膏板 厚度15
2572
8972
9096
外墙
镀铝锌钢板 厚度0.35
通气内垫条
耐水石膏板 厚度12.5
透湿防水膜
结构用胶合板 厚度9
隔热
再生纤维素纤维
地板
铺设地板 厚度15
结构用胶合板 厚度28
1100
▼2FL:GL+3100
400
105×210
天花板
强化石膏板
厚度15
墙布
1500
收纳
走廊
儿童房1
2227
墙
强化石膏板 厚度15
2627
地板
铺设地板 厚度15
结构用胶合板
厚度28
700
底部横木
120×120
挤压成型聚乙烯 厚度25×2
挤压成型聚乙烯 厚度25
▼1FL:GL+473
310
D13 间距200
473
防水板
▼GL±0
D10 间距200
混凝土 厚度150
透湿防水膜
碎石 厚度100

闪着银光的镀铝锌钢板的外墙、为斜线限制而设计的非常陡的屋檐和有柱子的大阳台是其特征。

建筑信息

所在地：东京都江户川区
结构：木造3层
占地面积：89.07m²
1楼面积：41.63m²
2楼面积：49.87m²
3楼面积：37.75m²
总面积：125.25m²
阁楼面积：26.25m²
车库面积：15.33m²
竣工年月：2007年7月

●平面图（S＝1：200）

1楼、地基

主卧室2
主卧室1
走廊
儿童房1
玄关

1楼的设计十分简约，只有3个单间和玄关

2楼

洗漱
更衣室
浴室
走廊
楼梯下收纳
楼梯1
榻榻米空间
客餐厅
厨房
阳台

为了展示榉树林的景色，开了3扇阳台窗，外侧设置30m²左右的阳台

3楼

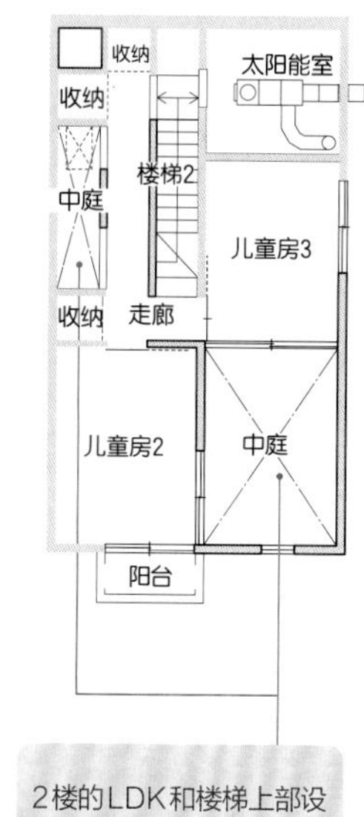
收纳
太阳能室
收纳
楼梯2
中庭
儿童房3
收纳
走廊
儿童房2
中庭
阳台

2楼的LDK和楼梯上部设置了中庭，不会感到狭小

园地的前面有榉树林荫道，户主的房屋就建于这个闲静的住宅区中。由于一家五口人都要单间，于是建了3层楼。

房间的分配：2楼为LDK和厨卫空间，1楼和3楼均设置了单间，1楼有3个单间，2楼南侧为LDK和大型阳台，客厅里面有小型榻榻米区域，北侧为洗漱更衣室、浴室。

由于是半防火建筑，因此内外装修用的木材在选用上受到了一定程度的限制。但门窗的框、踢脚板、阳台的扶手墙等选用的都是原木木材，从而保证了家中木质氛围的统一。

有大型车库的3层楼（荒川的房子2）

从小型榻榻米区看客厅。小型榻榻米区内有嵌入式暖桌。对于天花板，为了增加房梁之间的距离，可看到使用了LVL梁（单板层积材梁）。

餐厅和厨房。桌子和里面的长椅是定制的。

1楼的内建车库。利用车库的高度建造了一个2层居室。

从2楼看车库。主要用作儿子的房间，从窗户可以看见停在车库内的车。

建筑外部安装了一个很大的屋檐。屋檐天花板用30mm厚的交叉面板，如遇火灾则会被烧掉。

3楼的公共空间。定制的美国白蜡木原木长吧台。

● 剖面图（S＝1：80）

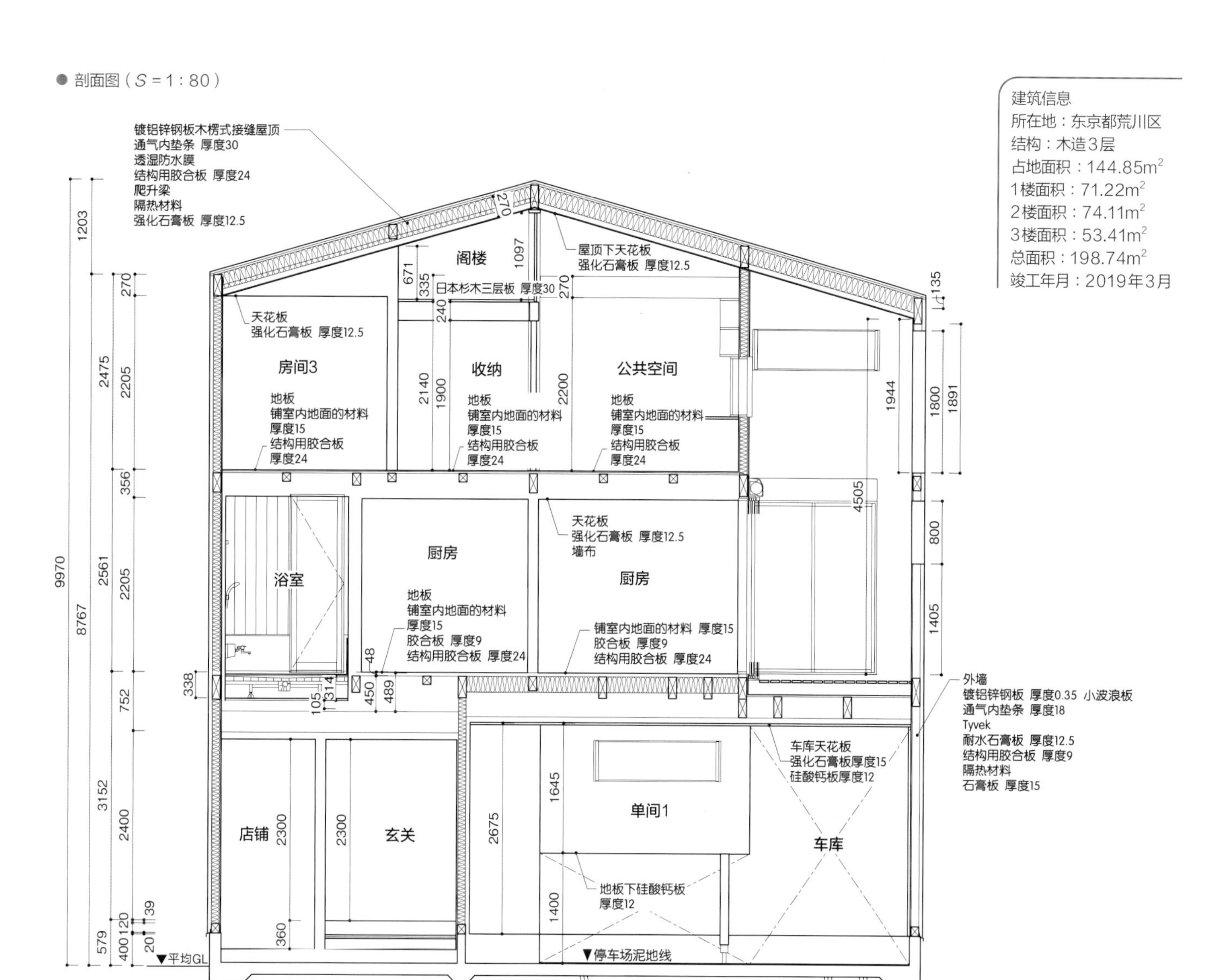
镀铝锌钢板木楞式接缝屋顶
通气内垫条 厚度30
透湿防水膜
结构用胶合板 厚度24
爬升梁
隔热材料
强化石膏板 厚度12.5
阁楼
屋顶下天花板
强化石膏板 厚度12.5
日本杉木三层板 厚度30
天花板
强化石膏板 厚度12.5
房间3
收纳
公共空间
地板
铺室内地面的材料
厚度15
结构用胶合板
厚度24
浴室
厨房
天花板
强化石膏板 厚度12.5
墙布
铺室内地面的材料 厚度15
胶合板 厚度9
结构用胶合板 厚度24
外墙
镀铝锌钢板 厚度0.35 小波浪板
通气内垫条 厚度18
Tyvek
耐水石膏板 厚度12.5
结构用胶合板 厚度9
隔热材料
石膏板 厚度15
车库天花板
强化石膏板厚度15
硅酸钙板厚度12
单间1
车库
店铺
玄关
地板下硅酸钙板
厚度12
▼平均GL
▼停车场泥地线

建筑信息
所在地：东京都荒川区
结构：木造3层
占地面积：144.85m²
1楼面积：71.22m²
2楼面积：74.11m²
3楼面积：53.41m²
总面积：198.74m²
竣工年月：2019年3月

● 平面图（S＝1：200）

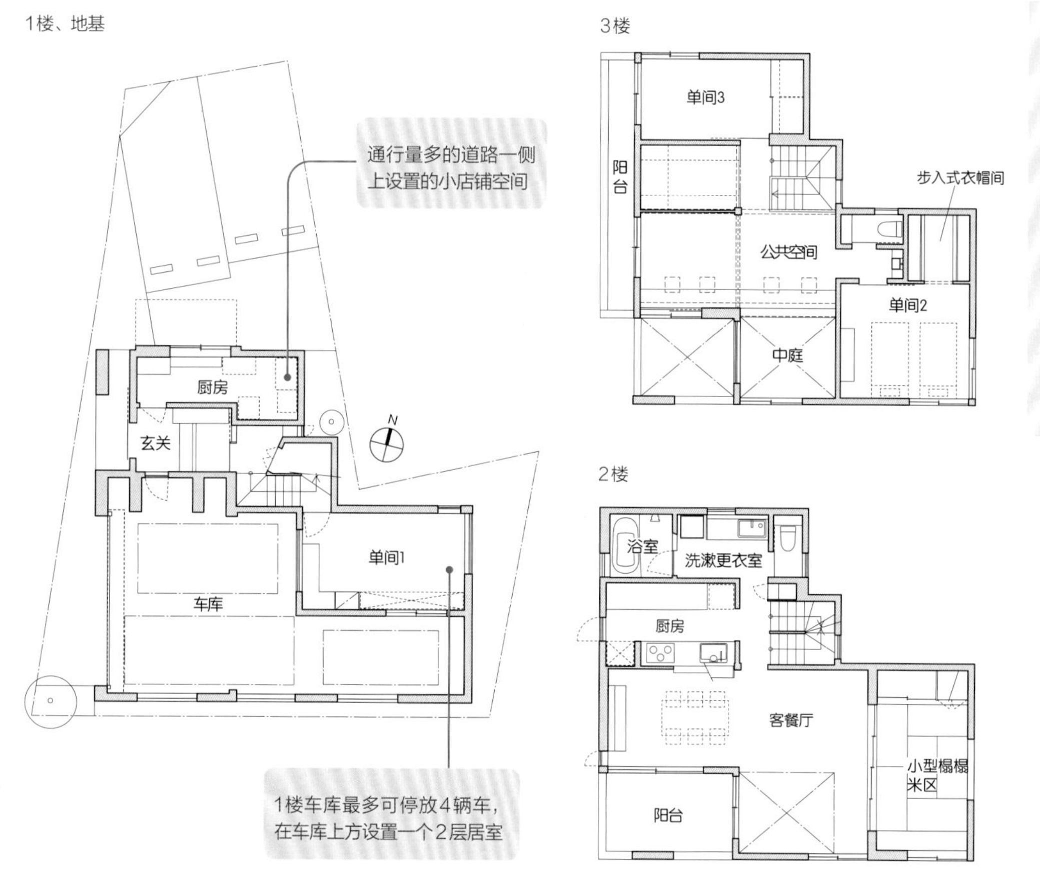
1楼、地基
通行量多的道路一侧上设置的小店铺空间
厨房
玄关
车库
单间1
1楼车库最多可停放4辆车，在车库上方设置一个2层居室
3楼
单间3
阳台
步入式衣帽间
公共空间
单间2
中庭
2楼
浴室
洗漱更衣室
厨房
客餐厅
小型榻榻米区
阳台

一对老夫妻和儿子3人居住。男主人卖便当，改造后1楼还设置了一间小店铺。另外，儿子的兴趣是开车和改装车，于是设置了最多可停放4辆车的内建式车库。由于1楼作为店铺和车库，所以计划将居住空间设在2楼和3楼。

关于房间的分配：1楼为店铺和车库、玄关；2楼为LDK和浴室、洗漱更衣室、小型榻榻米区域、阳台；3楼为单间、有长桌的公共空间等。